Georges Louis Le Clerc de Buffon

Naturgeschichte der Vögel

Bd. 1

Georges Louis Le Clerc de Buffon

Naturgeschichte der Vögel
Bd. 1

ISBN/EAN: 9783743471191

Hergestellt in Europa, USA, Kanada, Australien, Japan

Cover: Foto ©berggeist007 / pixelio.de

Weitere Bücher finden Sie auf **www.hansebooks.com**

Herrn von Buffons
Naturgeschichte
der Vögel.

Aus dem Französischen übersetzt,
mit Anmerkungen, Zusätzen, und vielen Kupfern
vermehrt,

durch

Friedrich Heinrich Wilhelm Martini,
der Arzneygelahrtheit Doktor und approbirten Praktikus in Berlin, Mitglied der Röm. Kayserl. Akad. der Naturforscher, der Heßischen Societ. der Wissenschaften ꝛc.

Erster Band,

mit ein und zwanzig Kupfertafeln.

Mit allergnädigstem Königl. Preuß. Privilegio.

Berlin 1772.
Bey Joachim Pauli, Buchhändler.

Innhalt

des

Iten Bandes der Vogelhistorie.

21)

Herrn von Büffons

Naturgeschichte

der

Vögel.

Naturgeschichte der Vögel.

Entwurf des ganzen Werkes.

Wir sind nicht gesonnen, die Naturgeschichte der Vögel so weitläuftig und vollständig, als die Geschichte der vierfüßigen Thiere zu liefern. Bey diesem ersten Versuch, so ausgebreitet und mühsam er auch immer seyn mogte, war die Ausführlichkeit wenigstens eher möglich, weil sich die Anzal der vierfüßigen Thiere nicht über zwey hundert Gattungen erstrecket, wovon mehr, als ein dritter Theil, in unsern und in den angrenzenden Gegenden anzutreffen ist. Es war daher leicht, erst alle innländische Thiere dieser Art nach eignen Beobachtungen zu beschreiben. Unter den auswärtigen waren die mehresten schon aufmerksamen Reisenden so bekannt geworden, daß man es gar wohl wagen konnte, ihre Geschichte, nach den Berichten so bewährter Männer, zu liefern. Ueberdies konnten wir hoffen, bey hinlänglicher Sorgfalt, mit der Zeit alle diese Thiere zu einer genauen Untersuchung selbst zu bekommen. Man wird auch wohl einsehen, daß wir uns mit dieser Hofnung nicht umsonst geschmeichelt haben, weil wir im Stande gewesen, alle vierfüßige Thiere, bis auf eine geringe Zahl derselben zu beschreiben, von denen wir, da sie uns nachhero noch zu Theil geworden, in einem Nachtrag das Nöthigste sagen werden. Dieses Werk ist eigentlich die Frucht beynahe zwanzigjähriger Bemühungen und Nachforschungen. Ob wir aber gleich in dieser langen Zeit keine Gelegenheit verabsäumet, uns mit der Geschichte der Vögel bekannter zu machen, und alle die seltensten Arten derselben herbeyzuschaffen; ob es uns gleich in so weit geglücket hat, diesen Theil des Königlichen Kabinets zahlreicher und vollständiger zu machen, als es irgend eine Sammlung dieser Art in ganz Europa geben mag; so müssen wir doch bekennen, daß uns zur Vollständigkeit noch eine beträchtliche Menge von gefiederten Thieren fehlet. Indessen ist es gewiß, daß man die bey uns fehlende Gattungen in allen Sammlungen vergeblich suchen würde. Die Gewißheit, daß wir, ohnerachtet wir schon sieben bis acht hundert Gattungen zusammen haben, doch noch weit von der Vollständigkeit entfernet sind, nehmen wir daher, weil wir oft Vögel bekommen, wovon wir nirgends eine Beschreibung finden, und weil wir auch viele von denjenigen Vögeln, deren unsere neuere Schriftsteller gedenken, weder besitzen, noch herbeyzuschaffen, vermögend gewesen. Es mag wohl überhaupt

funf-

funfzehn hundert bis zwey tausend Gattungen von Vögeln geben; dürfen wir also wohl hoffen, sie iemals alle nebeneinander in einer Sammlung zu sehen? Inzwischen ist dieses noch eine der geringsten Schwierigkeiten, die sich mit der Zeit noch wohl heben liesßen. Es liegen aber noch viel andere Hindernisße im Wege, davon wir zwar einige glücklich überwunden, die andern aber für ganz unübersteigbar halten. Man wird mir erlauben, mich hier in eine umständliche Schilderung aller dieser Schwierigkeiten einzulassen. Die Erzählung derselben ist um so viel nothwendiger, weil man sonst weder die Gründe des Entwurfs, noch die Ursachen der Form bey meinem Werke zu beurtheilen im Stande wäre.

Es giebt unter den Vögeln nicht allein eine weit größere Menge von Gattungen, als unter den vierfüßigen Thieren, sondern diese Gattungen sind auch weit mehrerer Abänderungen fähig. Diese gehören unter die nothwendigen Folgen des Gesetzes der Zusammenfügungen, wobey die Anzal der durch dieselbe herauskommenden Wesen ungleich stärker zunimmt, als die Anzal der Elemente. Die Natur selbst scheint auch diese Regel desto genauer zu beobachten, je stärker sie diese Gattungen gewißer Geschlechter vervielfältigen will: Denn die Geschlechter großer Thiere, welche nur selten werfen, und nur wenige Jungen hervorbringen, bestehen auch nur aus wenigen verwandten Gattungen, und haben unter sich gar keine merkliche Abänderungen. Die kleinen Thiere hingegen scheinen mit vielen andern Familien verwandt, und jede Gattung derselben ungemein vieler Abänderungen fähig zu seyn. Unter den Vögeln wird man eine noch weit größere

Menge solcher Abänderungen, als unter den vierfüßigen kleinen Thieren, gewahr, weil die Vögel, überhaupt betrachtet, viel zahlreicher, kleiner und fruchtbarer sind, oder sich ungleich stärker, als jene, vermehren. [1]) Außer dieser allgemeinen Ursache, giebt es noch einige besondere, worauf sich die vielerley Abänderungen unterschiedener Vogelgeschlechter gründen. Bey den vierfüßigen Thieren kann man eben keinen merklichen Unterschied unter männlichen und weiblichen Thieren wahrnehmen, bey den Vögeln aber ist er schon weit größer, und fällt sehr deutlich in die Augen. Es giebt weibliche Vögel, welche in Ansehung der Größe und der Farben so weit von ihren Männchen abweichen, daß man sie beyde für ganz unterschiedene Gattungen halten sollte.

1) Meines Erachtens richtet sich die Natur, in Ansehung der sparsamen, oder zahlreichern Gattungen, im ganzen Thierreiche nach einerley Gesetzen. Unter den Vögeln giebt es, wie unter den vierfüßigen Thieren, große und kleine Geschlechter, die sich im ganzen Thierreiche desto sparsamer oder häufiger vermehren, je größer oder kleiner sie sind. Was in diesem Fall von **Elephanten**, **Nasenhörnern**, **Kamelen** u. s. w. gesagt werden kann, läßt sich auch vom **Strauß**, vom **Kasuar**, vom **Kranich** u. s. w. behaupten, und was von den kleinern Vögeln, in Ansehung ihrer Abänderungen und Menge wahr ist, gilt auch von den kleinen Geschlechtern der vierfüßigen Thiere. Wir dürfen z. B. nur die Menge verschiedener **Finken**, **Lerchen**, **Schwalben**, rc. gegen die vielerley Abänderungen von **Eichhörnchen**, **Mäusen**, **Eidexen**, u. s. w. halten, um uns zu überzeugen, daß nicht bloß die kleinen Vögel, sondern alle kleine Geschlechter von Thieren, sich vorzüglich vermehren, und uns die zahlreichesten Abänderungen vor Augen stellen. M.

sollte. Hierdurch ist, so gar unter den geschicktesten Beobachtern der Natur, schon mancher verleitet worden, das Männchen und Weibchen einer einzigen Gattung, als zwo besondere von einander völlig unterschiedene Gattungen zu beschreiben. Die Bestimmung also der Aehnlichkeit oder des Unterschiedes, welcher zwischen einem männlichen Vogel und seinem Weibchen zu bemerken ist, muß in der Beschreibung eines Vogels allemal den ersten Hauptzug ausmachen.

Wenn man demnach alle Vögel genau kennen lernen will, so ist es nothwendig, von jeder Gattung das Männchen und Weibchen, und wo möglich, auch einige Jungen zu haben, und mit einander vergleichen zu können, weil auch diese von den völlig erwachsenen und alten oft sehr unterschieden sind. Nähmen wir nun wirklich zwey tausend Gattungen von Vögeln an, so gehörten zu ihrer deutlichen Kenntniß wenigstens acht tausend einzelne Vögel, die man in einer vollständigen Sammlung vereinigen müßte. [z]) Läßt sich aber eine so große

z) Wider die Unentbehrlichkeit einer so großen Menge von Vögeln für einen genauen Kenner derselben ließen sich noch wohl mancherley Einwendungen machen:

1) ist es noch zweifelhaft, ob wir in der That zwey tausend wirkliche Gattungen von Vögeln haben.

2) läßt sich nicht von allen der große Unterschied zwischen Männchen und Weibchen behaupten; so wenig, als man von allen Gattungen sagen kann:

3) daß alle Jungen, wenn sie völlig befiedert sind, im Ansehen so merklich von ihren Aeltern abweichen. Ich will

zum

Sammlung von Vögeln, als möglich, denken? welche überdies mehr als noch einmal so zahlreich werden müßte, wenn man die Abänderungen jeder Gattung hinzufügen wollte, deren einige, wie z. B. die Hüner und Tauben, sich dermaßen vervielfältigt haben, daß man schon genug zu thun hat, wenn man ihre häufige Abänderungen alle beschreiben und anzeigen wollte.

Die große Menge von wirklichen Gattungen, die noch viel zahlreichere Abänderungen, die beträchtliche Verschiedenheit der Formen, der Größe und Farben bey den Männchen und Weibchen, bey den jungen, erwachsenen und alten Vögeln, die mannigfaltige Abweichungen, die vom Einfluße des Himmelsstriches, der Nahrung und von den zufälligen Umständen herrühren, wenn ein Vogel zu dem zahmen Geflügel gehöret, eingekerkert oder aus dem eigenthümlichen Vaterland entführet, ferner, wenn er entweder durch die Natur getrieben oder gezwungen wird, große Wanderschaften zu thun — Kurz: alle diese Ursachen der Veränderung und Ausartung vereinigen und vervielfältigen sich hier, um die Hindernisse

zum Beyspiel nur einige bekannte Vögel, als Schwalben, Lerchen, Sperlinge, Nachtigallen, Kanarienvögel, Wachteln und dergleichen anführen. Sollte nicht iedes gesunde Auge bey diesen und vielen andern Gattungen, sowohl an den völlig befiederten Jungen, als an den Männchen oder Weibchen, sogleich den Sperling, die Schwalbe, die Nachtigall u. s. f. erkennen, ohne die Jungen, die Männchen, die Weibchen und ihre Abänderungen bey einander zu haben?

M.

dernisse und Schwierigkeiten in der Naturgeschichte der Vögel zu häufen, wenn man sie auch bloß von Seite der Benennungen oder der einfachen Kenntniß der Gegenstände betrachtet. Wie vermehren sich aber alsdann alle diese Schwierigkeiten, so bald es darauf ankömmt, eine richtige Beschreibung und Geschichte der Vögel zu liefern? Diese beyden Theile der Vögelkenntniß, die viel wesentlicher, als ihre Benennungen sind, und in der Naturgeschichte nie von einander getrennet werden dürfen, lassen sich hier ungemein schwer mit einander vereinigen. Jeder hat seine besondere und eigenthümliche Schwierigkeiten, die wir, bey dem eifrigen Bestreben, sie alle zu übersteigen, allzu nachdrücklich empfunden haben. Die deutliche Bestimmung der mancherley Farben, durch Wörter und Ausdrücke, macht ohnstreitig eine der vorzüglichsten Schwierigkeiten aus. Unglücklicher Weise beziehen sich die sichtbarsten Unterscheidungsmerkmale bey den Vögeln mehr auf die mancherley Mischungen ihrer Farben, als auf ihre Gestallten. Bey den vierfüßigen Thieren ist ein gutes schwarzes Kupfer zu einer deutlichen Vorstellung und richtigen Kenntniß schon hinlänglich. Ihre Farben sind nicht so mannigfaltig und mehr einförmig; sie lassen sich also leichter bestimmen oder durch Worte begreiflich machen. Bey den Vögeln wäre dieses ganz unmöglich, oder man würde doch wenigstens durch allzu wortreiche Beschreibungen ihrer Farben wirkliche lange Weile verursachen. Mir ist sogar noch keine Sprache bekannt, in welcher sich die Abweichungen, Schattirungen, und Mischungen der Farben richtig ausdrucken ließen. Dennoch hat man hier die Farben als wesentliche, und öfters als die einzigen Merkmale zu betrachten, woran man einen Vogel erkennen, und ihn von allen andern unterscheiden kann. Das hat mich bewogen, die Vögel, wenn ich sie lebendig erhalten konnte, nicht allein in Kupfer stechen, sondern auch mit lebendigen Farben ausmalen zu lassen. Denn in so fern die Vögel mit ihren eigenthümlichen und natürlichen Farben abgebildet sind, kann man sie durch einen einzigen Blick, deutlicher und besser, als durch die weitläuftigste Beschreibungen, kennen lernen, welche doch mehrentheils eben so widerlich, als schwer, allemal aber sehr unvollkommen und unverständlich zu seyn pflegen.

Unterschiedene Personen sind, beynahe zu gleicher Zeit, auf den Einfall gerathen, Vögel in Kupfer stechen, und illuminiren zu lassen. In Engelland werden, unter dem Titel: **Brittische Zoologie**, sowohl die **vierfüßigen Thiere**, als die **Vögel Großbrittanniens**, auf illuminirten Kupferplatten herausgegeben. 3) Hr. **Edwards** hatte vorher schon eine große Menge von illuminir-

ten

3) Von der *British Zoology* des Hrn. **Pennant** sind in London seit 1763 VI Theile in Folio mit 107 Kupferpl., im Jahr 1768 aber eine kleine Aufl. in gr. 8vo mit 132 Kupfertafeln erschienen. Die erste kostet 66 Rthlr. Die Seltenheit sowohl, als der hohe Preiß der Originals, hat den Hrn. Jo. Jak. Haid und Sohn in Augspurg bewogen, eine lat. und deutsche Uebersetzung dieses Werkes auf Pränumeration anzukündigen, welche außer den Anmerkungen des Hrn. Chr. Gottl. **Murr**, 132 illuminirte Kupfertafeln, und zwar in der 2ten Hauptabtheilung die Vögel enthalten wird. Man kann hierüber des Herrn Prof. **Beckmanns phys. ökon. Bibl.** I B. S. 182 und **Berl. Samml.** IV Band, S. 185 rc. nachlesen.

M.

ten Vögeln bekannt gemacht. 4) Man hat Ursach, diesen beyden Werken den Vorzug unter andern mit lebendigen Farben erleuchteten Kupfern dieser Art einzugestehen. Obgleich meine schon bis zu sechs hundert angewachsene Kupferplatten auf gleiche Weise ausgemalet sind, so hoffe ich doch, daß man sie nicht schlechter, als die englischen, und weit besser, als diejenigen finden wird, welche der Hr. Rektor Frisch 5) in Deutschland ausgefertiget hat. 6) Wir getrauen uns sogar, zu behaupten, daß unsre Samm-

4) Alles, was *Edwards* in seiner *Natural history of Birds* Lond. 1749 — 51 in 4 Bänden in gr. 4to und in seinen *Gleanings of Natural history* Tom I — III. Lond. 1758 — 64 in gr. 4to auf 152 Kupferpl. sauber illuminirt herausgegeben, hat Hr. Joh. Mich. Seeligmann in seiner Sammlung verschiedener ausländischer und seltner Vögel, oder in seinem Recueil des oiseaux étrangers de Catesby & Edwards zu Nürnb. in Fol. den Deutschen in VII Bänden mit saubern Kupfern und guten Beschreibungen seit 1749 — 72 geliefert. Alle Vögel, die Katesby in seiner Naturgesch. von Karolina zeichnen lassen, sind hier mit den Edwardischen vereiniget, und für die Deutschen eine höchst brauchbare Sammlung von Vögeln und andern seltnen Thieren aus beyden Werken gemacht worden. M.

5) Joh. Leonh. Frische rc. Vorstellung der Vögel in Deutschland und einiger Fremden, mit ihren natürlichen Farben. Berl. 1734 Fol. Das vollständige Werk, das im Jahr 1764 wieder aufgelegt worden, kostet mit allen Ergänzungen ohngefähr 62 Rthlr. S. Hamb. Mag. IV B. p. 394—418. M.

6) Ob gleich die Frischischen illuminirten Vögel in Deutschland mit vielem Beyfall aufgenommen worden, und aller-

Sammlung von ausgemalten Kupferplattten, in Ansehung der Menge vorgestellter Gattungen, der Zuverläßigkeit in den Zeichnungen, die alle nach der Natur gemacht worden, der Richtigkeit des Kolorits, der Genauigkeit in der Stellung u. s. w. allen andern vorgezogen zu werden, verdienen, 7) und man

allerdings zur Kenntniß dieser anmuthigen Geschöpfe vieles beygetragen haben; so scheinen doch die ausgemalten Abbildungen der Vögel, ihrer Nester und Eyer, wovon Hr. Aug. Ludw. Wirsching, Kupferstecher in Nürnberg, bereits 31 Platten mit Vögeln, und eben so viel mit Nestern und Eyern in Fol. ausgegeben, in Ansehung der Malerey, vor jenen, einen großen Vorzug zu gewinnen. Die leztern werden künftig, auch in Ansehung der Beschreibungen, sehr vortheilhaft ausfallen, weil die vom Hrn. Hofr. Schmiedel angefangne Bogen vom Herrn D. Günther in Kahla, einem großen Kenner der Vögel, künftig fortgesetzt werden sollen. Man sehe Hrn. Pr. Beckm. phys. ökon. Bibl. 2 St. p. 328. und Jen. gel. Zeit. 71. p. 778 — 780 M.

7) Ich will hier der ausgemalten Platten mit Fleiß nicht gedenken, die man zu Jo. *Gerini Ornithologia* Edente *Laurentio de Laurentiis* in VI Bänden zu Florenz seit 1765, oder zu der Storia naturale degli Uccelli. 1767. Fol. verfertiget hat. Sie machen zusammen einen großen Vorrath aus; allein sie scheinen mir alle nicht nach der Natur gestochen und gemalt zu seyn. Die meisten Vögel erblickt man auf denselben in sehr gezwungenen Stellungen, und sind, wie es das Ansehen hat, bloß nach den Beschreibungen der Schriftsteller gezeichnet und ausgemalt. Die Farben sind auf diesen Platten sehr schlecht vertheilt, und ein großer Theil der Kupferstiche aus unterschiedenen Werken, besonders aus dem Edwards und Brisson rc. entliehen.

Ueber-

man wird leicht finden, daß wir nichts von dem allen verabsäumet haben, was darzu erfordert wird, in jeder Abbildung das Original deutlich und sicher zu erkennen. Das glückliche Talent des Herrn Martinet, welcher alle diese Vögel gezeichnet und gesto-

Ueberhaupt kann man von diesem Werke sagen, daß es die Naturgeschichte der Vögel, durch die allzuhäufigen Fehler in den Benennungen, und durch die willkührliche Vermehrung der Gattungen, eher verwirrter und schwerer macht, als erleichtert und aufkläret. Man findet oft vier bis fünf Abänderungen von einerley Gattung, als ganz unterschiedene Vögel angegeben.

Anm. des V.

Außer den bereits angezeigten Schriften verdienen von den Freunden gefiederter Thiere noch folgende neuere Werke bemerkt zu werden.

1) *Ornithologie* ou Methode concernant la Division des oiseaux en Ordres, Sections, Genres, Especes & leurs variétés *par* Mr. *Brisson*. VI Voll. in 4to. à Par. 1760—63. avec figg. enluminées.

2) *Ornithologia* f. Synopsis methodica, sistens Avium divisionem in ordines, sectiones, genera, species, ipsarumque varietates. Auct. A. D. *Brisson*. Tom. I. II. Lugd. Bat. gr. 8vo 1763.

3) Histoire naturelle éclaircie dans une de ses principales Parties l' *Ornithologie* &c. Ouvrage traduit du Latin du *Synopsis Avium de Ray*, augmenté d'un grand nombre de descriptions & de remarques historiques sur le caractere des oiseaux, leur industrie & leurs ruses, par Mr. *Salerne*. D. en Med. Vol. in 4to. gr. Papier enrichi de 31 Planches dessinées d'après nature, à Par. 1767.

4) Hallens Naturgeschichte der Vögel. Berl. 1760. gr. 8vo, mit K.

5)

gestochen hat, ingleichen die aufgeklärten Kenntniße und Aufmerksamkeit des jüngern Hrn. Daubenton, welcher dieses große Unternehmen ganz allein unter seinen Augen ausführen lassen, müssen jedem Kenner sogleich in die Augen fallen. Ich betrachte dieses Unternehmen darum als groß und wichtig, weil es von einer unermeßlichen Weitläuftigkeit ist, und unabläßliche Sorgfalt sowohl, als Aufmerksamkeit auf alle Kleinigkeiten voraussetzet. Mehr als achtzig Künstler und Handwerker haben seit fünf, und nun schon seit mehrern Jahren, beständig an diesem Werk arbeiten müssen, ob wir uns gleich nur auf eine so geringe Anzal von Exemplaren eingeschränket haben, daß wir iezo Gelegenheit finden, unsere Sparsamkeit bey der Auflage zu bedauren.

Da wir die Naturgeschichte der vierfüßigen Thiere so häufig in Frankreich abdrucken lassen, ohne

5) Jak. Theod. Kleins Vorbereitung zu einer vollständigen Vögelhistorie ꝛc. Aus dem Lat. Leipz. 1760. gr. 8vo mit K.

6) Ant. Skopoli Bemerkungen aus der Naturgeschichte. I Jahr, welches die Vögel seines eignen Kabinets beschreibet, mit D. Fr. Chr. Günthers Anmerkungen. Jena 1770. 211 S. 8vo.

7) Histoire naturelle & raisonnée des Oiseaux qui habitent le globe &c. 3 Vol. in Fol. 86 Planches. (42 Livres) v. *Journ. des Sçav.* 72. Mars p. 166.

8) Joh. Jak. Kleins Sammlung unterschiedener Vogeleyer, in natürlicher Größe, mit lebendigen Farben geschildert und beschrieben. Leipzig, Königsb. und Mietau 1766. 4½ B. Text, franz. und deutsch, 21 Kupferpl. 145 Fig. in 4to. 6 Rthlr.

ZII.

ohne die fremden Ausgaben mit in Rechnung zu bringen, so können wir iezo den geringen Vorrath ausgemalter Platten von den Vögeln unmöglich anders, als mit Unwillen betrachten. Indessen hoffen wir, daß alle Kunstverständigen die Unmöglichkeit leicht einsehen werden, alle Platten so häufig zu illuminiren, als abzudrucken, oder die bloßen Abdrücke davon auszugeben. In sofern wir demnach einmal überzeugt waren, daß wir unmöglich so viel ausgemalte Platten zusammen bringen könnten, als wir zum ganzen Vorrath gedruckter Exemplare brauchten, so haben wir den Schluß gefasset, uns nicht mehr so genau an das Format von der Geschichte der vierfüßigen Thiere zu binden, sondern dasselbe um einige Zolle zu vergrößern, um destomehr Vögel in ihrer natürlichen Größe darstellen zu können. Alle Vögel also, welche nicht größer sind, als das Format unserer Platten, haben wir in ihrer eigenthümlichen Größe stechen lassen. Die größern aber sind nach einem über der Figur befindlichen verjüngten Maßstab gezeichnet, welcher durchgängig den 12ten Theil der Länge des Vogels, von der Spitze des Schnabels, bis an das Ende des Schwanzes gerechnet, ausmachet. Ein Maßstab also von drey Zoll, zeigt einen drey Fuß langen Vogel an, ein zweenzolliger Maßstab hingegen, einen Vogel von zween Fuß in der Länge. Will man sich nun einen Begriff von der Größe der Theile des Vogels machen, so muß man die ganze Größe, oder auch nur irgend einen Theil des Maßstabes mit einem Proportionalzirkel, hernach aber den Theil des Vogels, dessen Größe man zu wissen verlanget, ausmessen. Wir haben diesen kleinen Umstand für nothwendig erachtet, um beym ersten

Anblick

Anblick die wahre Grösze der verkleinerten Gegenstände beurtheilen, und sie mit allen andern genau vergleichen zu können, welche in ihrer natürlichen Größe vorgestellet worden.

Man trift also auf unsern ausgemalten Platten nicht allein eine große Menge genau abgebildeter Vögel, sondern zugleich die bequemsten Hülfsmittel an, sowohl ihre wahre, als verhältnißmäßige Größe, und Dicke, beurtheilen zu können. Unsre sauber und richtig ausgemahlte Platten stellen also den Augen eine weit vollkommnere und angenehmere Beschreibung vor, als wir, durch Worte zu liefern, im Stande gewesen seyn würden. Daher wir uns auch in diesem Werke durchgängig auf die ausgemalten Figuren beziehen, so bald von der Beschreibung, von den Abänderungen, von der unterschiedenen Größe, von der Farbe, oder andern sichtbaren Eigenschaften der Vögel die Rede seyn wird. In der That sind unsre mit lebendigen Farben erleuchtete Platten für dieses Werk, und unser Werk selbst für diese Platten gemacht. Weil wir aber unmöglich einen hinlänglichen Vorrath solcher Platten ausfertigen lassen konnten, und ihre Zahl kaum für diejenigen hinreichet, welche sich die ersten Bände unsrer Naturgeschichte der vierfüßigen Thiere bereits angeschaft hatten, so glaubten wir, der größte Theil solcher Personen, welche das eigentliche Publikum ausmachen, würden es uns Dank wissen, wenn wir auch noch für andere schwarze Kupferplatten sorgten, welche nach Beschaffenheit der Umstände sich immer mehr vervielfältigen könnten. Aus diesem Grunde haben wir immer einen, oder etliche Vögel von jedem Geschlechte nachstechen lassen, um wenigstens von ihrer Gestallt und ihren vorzüglichsten Abweichungen einen deutlichen Begriff zu geben. So oft es in meiner Gewalt war, habe ich die Zeichnungen zu allen diesen Kupferstichen bloß nach lebendigen Urbildern machen lassen. Es sind nicht eben dieselben, die auf den illuminirten Platten vorkommen, und ich lebe der sichern Hofnung, das Publikum werde mit Vergnügen wahrnehmen, daß man auf diese letztern eben so viel Fleiß und Sorgfalt, als auf die erstern [1]), verwendet.

Durch

1) Die von dem berühmten Herrn Martinet, unter des jüngern Hrn. Daubentons Aufsicht, in Fol. gestochne und illuminirte Vögel des Hrn. von Büffon sind so kostbar, und man bekömmt von ihnen so wenig Exemplare zu sehen, daß ich es für eine nicht ganz unnütze Beschäftigung halte, wenn ich unsern Lesern einige Quellen anzeige, wo sie vom Anfang und Fortgang des Werkes umständlichere Nachrichten finden können. Schon im Jahr 1765 machte Panckouke in Paris eine superbe Collection de Planches d'Histoire Naturelle enluminées bekannt, worüber der jüngere Hr. Daubenton, unter der Anführung des Hrn. von Büffon die Aufsicht, Herr Martinet aber die Zeichnungen, den Kupferstich und das Ausmalen übernommen; jeder Heft sollte 24 Platten enthalten, und für 15 Livres verkauft, auch alle 3 Monate ein solcher Heft geliefert werden. Weil Herr von Büffon kaum vermuthen konnte, das Ende seiner weitläuftigen Geschichte der Natur zu überleben, so fieng er in den ersten Lagen an, Fische, Vögel, Insekten, Korallen u. s. w. unter einander zu mischen, sein Augenmerk aber doch vorzüglich auf die Vögel zu richten. Seit 1765 sind uns von diesem schön illuminirten Werke 24 Hefte, oder 566 Platten, bekannt geworden, welche insgesammt die schöpferische Hand eines grosen Künstlers verrathen, aber auch schon an 360 Livres, oder ohngefähr 120 Rthlr. zu stehen kommen.

Durch diese Hülfsmittel und angewendete Vorsorge haben wir die erste Schwierigkeit, welche die Beschreibung der Vögel verursachet haben würde, glücklich überwunden. Es war nicht unsre Absicht, alle mögliche bekannte Vögel in illuminirten Abbildungen zu liefern, weil die Anzal der ausgemalten Platten dadurch allzustark angewachsen wäre; vielmehr übergiengen wir mit Vorsatz die meisten Abänderungen, um unser Werk nicht bis ins Unendliche auszu-

Von den auf diesen Platten befindlichen Abbildungen können diejenigen, welchen das Werk selbst zu kostbar ist, folgende *Journale* und gel. Zeitungen nachschlagen:

a) *Journ. des Sçav.* 65. Mai. p. 413. 1767. Mai. p. 180 und 499. Nov. p. 173. 1768. Fevr. p. 433. Juin. p. 181. Oct. II. p. 451. 1769. Mars. p. 171. Avril. p. 447. 449. Août. p. 176. 1770. Mai. p. p. 164. Juin. p. 164. 1771. Juin. p. 178. 1772. Mars. p. 160. Mai. p. 154.

b) Neue Bibl. der schönen Wissensch. V B. 1 St. p. 173.

c) Unterhaltungen I Band. p. 62. VI B. p. 163.

d) Gött. gel. Anz. 65. p. 1072. 1766. p. 180 und 824. 1768. p. 207. p. 704 und 874. 1769. p. 256. 1771. p. 208. 1772. p. 336.

Die Beschreibung dieser prächtigen Kupfer ist in dreyerley Format, als in 4to, als eine Folge zur Geschichte der vierfüßigen Thiere, mit eigenen Kupfern, in Folio, und in Imperialfolio gedruckt (*Journ. des Sçav.* 69. Janv. p. 178 & Mai p. 160). Von der Ausgabe in 4to sind von 1771 bis 72 bereits 4 Bände zu haben. (S. Hrn. Prof. Beckmanns ökon. phys. Bibl. II Band, p. 155). Die kleine Ausgabe in 8vo, welche seit 1770 zu Paris heraus kam, wird unsern Lesern genugsam, durch gegenwärtige Uebersetzung, bekannt werden.

M.

auszudehnen. Wir hielten es für billig, uns auf sechs bis sieben hundert Platten einzuschränken, die ohngefähr acht bis neun hundert Gattungen unterschiedener Vögel enthalten werden. Freylich dürfen wir uns nicht rühmen, alles, aber doch schon sehr viel geleistet zu haben. Wir überlassen es andern, unsre Sammlung künftig vollständiger zu machen, und noch ein mehrerers, vielleicht auf eine noch glücklichere Art, als wir, zu Stande zu bringen.

Außer den angeführten Schwierigkeiten, welche die Namen und Beschreibungen der Vögel verursachen können, sind noch viel andre, bey der Geschichte der Vögel selbst zu überwinden. Von jeder Gattung vierfüßiger Thiere haben wir die Geschichte so weitläuftig, als es nöthig war, geliefert. Hier sind wir nicht vermögend, ein Gleiches zu thun. Obwohl unsre Vorfahren sehr viel sowohl von den Vögeln, als von den vierfüßigen Thieren geschrieben, so hat man doch, in Ansehung ihrer Geschichte, darunter nicht viel gewonnen. Die meisten Werke unsrer von Vögeln handelnder Schriftsteller sind lediglich mit Beschreibungen, oft auch nur mit bloßen Benennungen derselben angefüllet. Bey den wenigen, welche ihren Beschreibungen einige historische Nachrichten beygefüget haben, läuft alles auf bekannte Sachen hinaus, die man bey allem Federwildpret, oder Hausgefieder, ohne Mühe, selbst beobachten kann. Wir haben von dem natürlichen Betragen und der Lebensart einheimischer Vögel noch eine sehr unvollkommne, von der Geschichte der ausländischen aber fast gar keine Kenntniß. Durch vieles Nachdenken, Vergleichungen und Fleiß, gelang es uns, bey den vierfüßigen Thieren wenigstens einige vestgesetzte Umstände und allgemeine Begebenheiten zu entdecken, worauf wir uns bey ihrer besondern Geschichte stützen konnten. Die Eintheilung der Thiere, die jedem Land eigenthümlich angehörten, hat uns auf dem Meere jener Finsterniß, welche diesen ersten und schönen Theil der Naturgeschichte umschwebte, gar oft statt eines Kompaßes dienen müssen. Außerdem gaben die Himmelsstriche, welche die vierfüßigen Thiere entweder aus Geschmack, oder aus Nothwendigkeit wählen, und die Oerter, wo sie einen beständigen Aufenthalt zu haben schienen, uns oft Mittel und Anweisungen zu einem nähern Unterricht an die Hand. Bey den Vögeln muß man sich aller dieser Vortheile begeben. Sie reisen mit so vieler Leichtigkeit von einer Provinz zur andern, und können in so kurzer Zeit ein Klima nach dem andern durchstreichen, daß man, mit Ausnahme sehr weniger Gattungen, die wegen ihrer Schwere sich nicht in die Luft erheben, allen übrigen eine leichte Verwechselung des einen Theils der Welt mit einem andern zutrauen sollte. Ist es, aus diesem Grunde, nicht ungemein schwer, und beynahe ganz unmöglich, diejenigen Vögel zu kennen, die jedem Theil der Welt eigen sind? Besonders da die meisten eben so wohl in der alten, als in der neuen Welt angetroffen werden? Bey den vierfüßigen Thieren verhält sich es im Gegentheil ganz anders. Man wird nie ein Thier der mittäglichen Theile des vesten Landes in einer andern Gegend antreffen. Sie müssen sich alle nothwendig den Gesetzen des Himmelsstriches unterwerfen, unter welchem sie gebohren sind. Ein Vogel ist an diese Gesetze gar nicht gebunden; weil er das Vermögen hat, in kurzer Zeit einen sehr großen

Raum

Raum zu durchwandern, so kehrt er sich bloß an die Jahreszeiten. Da er nun einerley seiner Natur zuträgliche Witterung abwechselnd bald unter diesem, bald unter jenem Himmelsstrich antreffen kann, so zieht er auch nach und nach von einem zum andern. Wenn man demnach ihre ganze Geschichte zu wissen verlangte, so müßte man ihnen allenthalben folgen können. Man müßte sich vor allen Dingen die vorzüglichsten Umstände ihrer Wanderschaft, die Striche, denen sie folgen, die Ruhestellen, wo sie die Nächte zubringen, und ihren Aufenthalt in jedem Himmelsstriche bekannt machen, und sie an allen diesen entlegenen Oertern beobachten. Es werden aber gewiß noch Jahrhunderte verstreichen, ehe man im Stande seyn wird, eine so vollständige Naturgeschichte der Vögel zu schreiben, als wir von den vierfüßigen Thieren geliefert haben. Wir wollen unsern Satz durch einen einzigen Vogel, zum Beyspiel, durch die Schwalbe beweisen, die allen Menschen bekannt ist, welche im Frühjahr zum Vorschein kömmt, im Herbst wieder verschwindet, und ihr Nest mit Koth an die Fenster, oder in die Schorsteine bauet. Wenn wir auf sie Acht geben, so können wir eine getreue und genaue Schilderung ihrer Sitten, ihrer natürlichen Gewohnheiten und alles dessen aufzeichnen, was diese Vögel in den fünf oder sechs Monathen ihres Aufenthaltes bey uns vornehmen. Was ihnen aber, während ihrer Abwesenheit, begegnet? wo sie hinziehen, und wo sie herkommen? davon können wir nichts Zuverläßiges wissen. Die Zeugniße von ihren Wanderschaften sind noch sehr vielen Widersprüchen unterworfen. Einige reden diesen Wanderschaften das Wort, und versichern, sie zögen von uns in die warme Län-

 der

der, um daselbst, so lange bey uns der Winter dauret, zu verweilen. Andere behaupten, sie verkröchen sich in die Sümpfe, und blieben daselbst, bis zur Wiederkehr des Frühlings, in einer Art von Betaubung. Beyde Meynungen, ob sie gleich unmittelbar einander entgegen gesetzet sind, scheinen doch, eine so sehr, als die andere, durch wiederhohlte Versuche bestätiget zu werden. Wie soll man aber aus diesem Gemische von Widersprüchen die Wahrheit hervorbringen? Wo soll man sie mitten unter diesen Ungewißheiten entdecken? [9]) Ich habe mein Möglichstes gethan, um sie zu entwickeln, und man wird aus den Nachforschungen und Bemühungen, welche die Aufklärung dieses einzigen Zweifels erforderte, leicht urtheilen können, wie schwer es sey, alle die Umstände zu erfahren, welche zur vollständigen

9) Von den Wanderschaften und Winteraufenthalt der Schwalben kann man vorläufig, bis wir an die Geschichte dieser Vögel kommen, folgende Werke nachschlagen:

a) *Diss.* de commoratione hybernali & peregrinationibus Hirundinum. Praes. *Lecke.* Resp. *Gryselio.* Aboae 1764. s. Vogels neue Med. Bibl. VI B. 4 St. p. 296.

b) Hamb. Mag. IV B. S. 413.

c) Koburgisches Mag. I Th. p. 45 rc.

d) Stralsundisches Mag. I T. p. 20 rc.

e) Neues Brem. Mag. I B. p. 412.

f) Ökon. phys. Ausz. VI B. p. 116. IX B. p. 140.

g) Hannov. Mag. 1766. p. 1201. 1767. p. 79. 315. 1021. 1437. und 1769. p. 167.

h) *Comment. Lips.* Vol. 13. p. 667.

i) Hr. Pr. Titius Wittenb. Wochenbl. 1771. p. 78. M.

ständigen Geschichte nur eines einzigen Zugvogels, vornämlich aber zur allgemeinen Geschichte von den Wanderschaften der Vögel gehören.

Da ich wußte, daß unter den vierfüßigen Thieren das Blut gewisser Gattungen fast gänzlich erstarren, und eben so kalt als die Luft, in gewißen Jahreszeiten, werden kann, und daß eine dergleichen Erkältung des Blutes bey ihnen den Zustand jener Art von Erstarrung und Fühllosigkeit verursachet, worinn sie den ganzen Winter hindurch sich befinden, so fiel es mir gar nicht schwer, mich zu überreden, daß ein solcher Zustand auch unter den Vögeln statt finden könne, oder daß einige Gattungen eben diesem von der Kälte verursacheten Zustand einer völligen Betäubung unterworfen seyn mögten. Nur dünkte mir, die Erstarrung müsse bey den Vögeln sparsamer statt finden, weil ihr Körper überhaupt etwas mehr Wärme, als der Körper der vierfüßigen Thiere und des Menschen, enthält. Ich habe daher mit vielem Fleiß untersuchet, welche Gattungen von Vögeln wohl einer solchen Betäubung fähig wären. Um aber mich zu überzeugen, ob die Schwalbe mit unter diese Zahl gehörte, ließ ich einige in einer Eisgrube verwahren, und sie bald eine längere, bald kürzere Zeit in derselben bleiben; sie sind aber darinne nicht erstarret, sondern gröstentheils gestorben, ohne daß an den erwärmenden Strahlen der Sonne nur Eine sich wieder zu bewegen angefangen hätte. Die andern, welche nur eine kurze Zeit in der Eisgrube dem Frost ausgesetzt waren, blieben so beweglich, als vorher, und verließen die Eisgrube mit vieler Lebhaftigkeit. Der natürlichste Schluß, welchen ich aus diesen Erfahrungen ziehen mußte, war dieser, daß diese Gattung von Schwalben keines Winterschlafes, oder irgend einer Betäubung fähig wäre, welchen Zustand aber ihr Winteraufenthalt im Grund eines Wassers nothwendig voraussetzet. Ich hatte mich überdies bey unterschiedenen glaubwürdigen Reisenden erkundigt, und sie alle die Wanderungen der Schwalben über das mittelländische Meer einstimmig bejahen hören. Hr. Adanson hatte mir die gewiße Versicherung gegeben, daß er, während seines ziemlichen langen Aufenthaltes in Senegall, beständig die langschwänzigen, oder unsre Hausschwalben, von welchen ich eigentlich rede, zu der Zeit, wenn sie Frankreich zu verlassen pflegen, im Senegall ankommen, hernach aber im Frühjahr dieses Land wieder verlassen gesehen. Es ist also gar nicht mehr daran zu zweifeln, daß diese Gattung im Herbst wirklich aus Europa nach Afrika, und von da im Frühjahr wieder nach Europa ziehet, also weder einer Erstarrung unterworfen ist, noch sich den Winter hindurch in Löcher verkriechet, oder unter dem Wasser verbirget. Ich bin auch noch durch einen andern Umstand, welcher dem vorigen zu einer Bestätigung dienet, überzeugt worden, daß diese Schwalbe keiner durch die Kälte verursachten Erstarrung fähig ist. Sie kann vielmehr einen guten Grad von Frost ertragen, und muß ohne Hülfe sterben, wenn die Kälte diesen Grad übersteiget. Man beobachte nur diese Vögel einige Zeit vor ihrem Abzuge. Sobald sich die gelinde Jahreszeit endigen will, sieht man immer Vater, Mutter, und ihre Jungen mit einander herum fliegen, sodann aber mehrere Familien sich mit einander vereinigen, und allmählig desto zahlreichere Schwärme bilden, je näher die Zeit ihres Abzuges herankömmt, endlich aber

zu

zu Ende des Septembers, oder im Anfang des Oktobers den ganzen Schwarm zusammen abziehen. Doch pflegen auch noch einzelne Schwalben acht, oder vierzehn Tage, bis drey Wochen länger zu verweilen, auch wohl einige gar zurücke zu bleiben, und beym ersten einfallenden heftigen Frost ihr Leben einzubüßen. Die spät fortwandernden Schwalben sind allemal solche, deren Brut noch nicht stark genug ist, ihnen auf der weiten Reise zu folgen. Diejenigen hingegen, denen man oft nach der Brut ihre Nester zerstört hat, und welche folglich ihre Zeit mit Erbauung frischer Nester zur zwoten, oder dritten Brut verderben mußten, bleiben aus Liebe zu ihren unvermögenden Nachkommen zurück, und ertragen, anstatt ihre Jungen zu verlassen, lieber mit ihnen zugleich alle Unbequemlichkeit der Jahreszeit. Sie ziehen also später, als die andern, fort, weil ihnen die jungen Schwalben eher nicht folgen können, oder sie bleiben gar mit ihnen zurück, und pflegen ihr Leben gemeinschaftlich den Ungemächlichkeiten des Winters aufzuopfern.

Hieraus läßt sich also schlüßen, daß die bekannten Hausschwalben aus unsern Gegenden allmählig und abwechselnd in ein wärmeres Klima ziehen. Bey uns bringen diese flüchtigen Pilgrimme den Sommer zu, in andern Gegenden aber die Zeit unsers Winters. Sie wissen also nichts von einem anhaltenden Winterschlaf.

Was kann man aber auf der andern Seite den richtigen Zeugnißen derjenigen Personen entgegen setzen, welche selbst Augenzeugen von der Vereinigung ganzer Heerden von Schwalben gewesen, die sich nicht allein bey Annäherung des Winters ins Wasser gesenket, sondern wovon man auch einige wieder mit Netzen aus dem Wasser, sogar unter dem Eis hervorgezogen hat? Womit soll man diejenigen widerlegen, welche die Schwalben, die sich im Zustand einer förmlichen Erstarrung befanden, an einem warmen Ort, wo man sie behutsam dem Feuer näherte, nach und nach wieder Bewegung und Leben annehmen sahen? Ich finde nur einen einzigen Weg, diese beyde Begebenheiten ohne Widerspruch mit einander zu vereinigen; wenn ich annehme, daß die erstarrende Schwalbe nicht eben dieselbe, als die wandernde sey. Ich stelle mir darunter zwo ganz unterschiedene Gattungen vor, die man vorher, aus Mangel einer sorgfältigen Vergleichung, für einerley gehalten.

Wenn die Murmelthiere und Ratten eben so flüchtig, eben so schwer, als die Schwalben zu beobachten wären, und man, in Ermangelung einer nähern Betrachtung derselben, die Murmelthiere und Ratten für einerley Geschöpfe hielt, so würde hier eben der Widerspruch unter den beyden Partheyen herrschen, welche von der einen Seite behaupteten, daß die Ratten den Winter in einer anhaltenden Erstarrung, auf der andern aber, daß eben diese Thiere den Winter in beständiger Lebhaftigkeit zubrächten. Ein solcher Irrthum ist ganz natürlich, und muß desto häufiger vorkommen, je unbekannter, entfernter die Gegenstände, und je schwerer sie folglich zu beobachten sind.

Meines Erachtens muß es also wirklich eine Art von Vögeln, die eines Winterschlafes fähig ist, geben,

ben, welche den Schwalben gleichet, und zwar so sehr gleichet, als ein Murmelthier den Ratten. Wahrscheinlicherweise ist es der kleine Fischer Martin, oder die Uferschwalbe [10]): dergleichen Untersuchungen erfordern in der That nichts, als Zeit und Sorgfalt. Unglücklicherweise ist aber die Zeit eben dasjenige, was uns am seltensten gehöret, und am öftersten fehlet. Wenn sich auch jemand ganz allein der Beobachtung der Vögel widmen, oder sogar sich vor-

10) Eben dieser Meynung ist auch Hr. Prof. Pallas. „Von „den Winterquartieren der sogenannten Ufer- oder „Strandschwalben (Hirundo riparia) sagt er, hat man „zuverläßige Nachrichten. Ich selbst habe dergleichen vor- „mals bey Göttingen aus den Ufern der Leine graben las- „sen. Ein Freund von mir hat in seiner Jugend eine „Uferschwalbe in einer aufgegrabenen Maulwurfshöhle ge- „funden, und in der Wärme deutliche Merkmale ihres „Lebens wahrgenommen. Ein Freund vom Hrn. Kollinson „fand einst im März bey Basel viele Knaben damit be- „schäftigt, solche Strandschwalben aus den hohen Ufern „des Rheins mit einem Kugelzieher herauszubringen. „Unter andern, die er davon bekam, lebte eine in seinem „Busen auf, und entfloh ihm wider Vermuthen. „(S. Philos. Transact. Vol. LIII. Art. 24. p. 101.) Zu „Seeburg bey Halle, und in vielen andern Orten in Ober- „und Niedersachsen, wissen alle Menschen vom Ausgraben „der Schwalben zu reden." Im Wasser werden oft ganze Klumpen von Schwalben gefunden, und von den Fischern hervorgezogen. Hr. Dr. P. vermuthet, daß dieses die sogenannte Mehlschwalbe (Hir. rustica vel urbica) sey, und man wird in allen hiervon handelnden Schriften und Nachrichten finden, daß alle Zweifel, alle Widersprüche, sich lediglich auf den vernachläßigten Unterschied der Schwalben gründeten, wovon einige wandern, andere den Winter in einer Erstarrung verschlafen. M.

vornehmen wollte, die Geschichte nur eines einzigen Geschlechtes zu liefern, so würde die Ausführung dieses Verhabens schon sehr vieljährige Bemühungen erfordern, und am Ende doch weiter nichts, als einen kleinen Theil der allgemeinen Geschichte der Vögel in ein helleres Licht setzen können. Denn, um das gegebene Beyspiel nicht aus den Augen zu verlieren, wollen wir als gewiß annehmen, daß die wandernde, oder die Zugschwalbe von Europa nach Afrika ziehe, und noch überdies einräumen, wir hätten alles, was in der Zeit ihres Aufenthaltes bey uns mit ihr vorgehet, genau beobachtet, und richtig angemerket. Fehlt uns aber nicht noch die Kenntniß von allem dem, was in dem entfernten Klima sich noch Merkwürdiges mit ihr zuträgt? Können wir auch wissen, ob sie daselbst eben so, wie bey uns in Europa, nisten und brüten? 11) und ob sie häufiger, oder minder zahlreich, als sie abgezogen waren, zurücke kommen? Von den Insekten sowohl, die sie bey ihrem Aufenthalte in fremden Ländern zu ihrem Unterhalt genüßen, als von den übrigen Umständen ihrer Wanderschaft, von ihren Ruheplätzen auf

11) Wenn man einem so genauen Beobachter, als Hr. Adanson ist, glauben darf, so kann man diesen Punkt als entschieden ansehen; denn Adanson hat unsre Rauch- oder Hausschwalben in Senegall, der Abt la Caille hingegen am Vorgebirge der guten Hofnung in eben den Monathen gesehen, da bey uns der Winter einfällt. Was hier besonders angezeigt zu werden verdienet, ist die Bemerkung des Hrn. Adanson, daß alldort unsre Schwalben weder nisten noch brüten, und sich in allen Stücken, wie Zugvögel, die nur auf eine kurze Zeit da sind, verhalten. S. Stralſ. Mag. I B. p. 24. M.

auf dem Wege, von ihrem Aufenthalt — von allen diesen Umständen wissen wir nichts Zuverläßiges zu sagen. Die Naturgeschichte der Vögel, so ausführlich, als wir sie von den vierfüßigen Thieren mitgetheilet, kann unmöglich durch Einen Menschen, ja nicht einmal durch mehrere zu gleicher Zeit ausgeführet werden, weil die Menge der noch unbekannten Umstände viel größer ist, als die Anzal der bekannten; und weil man eben diese noch verborgne Sachen sehr schwer, oder fast unmöglich wissen kann. Außerdem sind auch die meisten so klein, so wenig zu brauchen, und im Ganzen so unbeträchtlich, daß ihnen große Geister, welche sich lieber mit wichtigern und nützlichern Gegenständen beschäftigen, unmöglich viel Aufmerksamkeit auf diese verwenden können. 12)

Durch

12) Meines Erachtens würden grosse Geister aufhören, dieses Namens würdig zu seyn, sobald sie den Gedanken äusserten, daß ihnen in der Natur etwas deswegen unbeträchtlich zu seyn schien, weil es ihren Augen zu klein vorkäme. Gerade in den kleinsten Geschöpfen ist GOttes Allmacht und Weißheit am größten. Vom Kolibri, dessen Größe von einigen Insekten schon übertroffen wird, lassen sich nicht weniger Merkwürdigkeiten, als vom Strauß, erzählen. Die abgeläugnete Nutzbarkeit einiger kleinen Gattungen von Vögeln ist ein bloß relativischer Umstand, welcher sich mehr auf die engen Grenzen unsrer Einsichten, als auf die Wirklichkeit beziehet. Tausend natürliche Körper scheinen uns gering und unbeträchtlich, nicht, weil sie es wirklich sind, sondern weil wir von ihrem Nutzen und von der Absicht ihres Daseyns noch keine hinlängliche Kenntniß haben. Man denkt z. B. oft auf die Ausrottung der Sperlinge und anderer Geschöpfe, die uns einen geringen Schaden verursachen können. Läßt man sich aber

daher

Durch alle diese Betrachtungen gereitzt, schien es mir nothwendig, bey der Geschichte der Vögel einem ganz andern Plan zu folgen, als den ich bey den vierfüßigen Thieren mir vorgesetzt, und nach Möglichkeit auszuführen mich bemühet habe. Anstatt alle Vögel einzeln, oder nach bestimmten und von einander unterschiedenen Gattungen zu betrachten, werde ich deren viele unter Einem Geschlechte zusammen bringen, ohne sie doch mit einander zu vermischen, oder die mögliche Verschiedenheit unter denselben unbemerkt zu lassen. Hierdurch habe ich viel Weitläufkeiten vermeiden, und meine Geschichte der Vögel sehr einschränken zu können, geglaubet, welche zu allzuvielen Bänden angewachsen seyn würde, wenn ich von jeder Gattung, und ihren mancherley Benennungen insbesondere weitläuftig hätte reden, und überdies, vermittelst einer natürlichen Ausmalung, der größten Weitläuftigkeit, welche zu jeder Beschreibung erforderlich wäre, nicht hätte ausweichen wollen. Ich werde daher bloß die häußlichen Vögel, oder einige große, vorzüglich merkwürdige Gattungen, in besondern Artikeln beschreiben. Alle die andern, besonders die kleinste Vögel, sollen mit ihren verwandten Gattungen vereiniget, und mit ihnen gemeinschaftlich abgehandelt werden, als Thiere, von beynahe gleichem Naturel und einerley Familie; um so viel mehr, da die Anzal der Aehnlichkeiten und Abweichungen sich allemal desto höher beläuft, je kleiner die Gegenstände der zu beschreibenden Gattungen sind.

Ein

daben wohl das ungleich schädlichere Heer von Insekten einfallen, welches durch die Vertilgung der erstern freye Gewalt bekömmt, uns viel empfindlicher zu kränken?

M.

Ein Sperling, eine Grasemücke haben, vielleicht jeder, zwanzigmal mehr Anverwandten, als der Strauß und der Puter. Ich verstehe unter den Verwandschaften die Anzal von angrenzenden und ziemlich ähnlichen Gattungen, die man als einander gegenüberstehende Zweige, wo nicht allemal eines gemeinschaftlichen, doch eines so nahen Stammes betrachten kann, der mit einem andern aus einerley Wurzel entsprossen, von denen man folglich annehmen könnte, sie wären insgesammt von dem Stamm hervorgebracht, mit welchem sie noch durch eine so große Menge gemeinschaftlicher Aehnlichkeiten in verwandtschaftlicher Verbindung stehen. Wahrscheinlicherweise haben sich eben diese verwandte Gattungen bloß durch den Einfluß des Klima und der Nahrung von einander getrennet, oder durch die Länge der Zeit, die alle mögliche Zusammenfügungen mit sich führet, und alle Mittel der Unterschiedlichkeit, Vollkommenheit, Aenderung und Ausartung hervorzubringen vermag.

Wir verlangen daher nicht zu behaupten, daß jeder von unsern Artikeln wirklich und mit Ausschlüßung aller andern, lauter solche Gattungen enthalte, welche in der That unter sich den erwähnten Grad von Verwandtschaft hätten. In der That müßten wir von den Wirkungen der Vermischung der Vögel, und von dem, was dadurch hervorgebracht wird, schon eine weit genauere Kenntniß besitzen, als wir wirklich haben, oder haben können. Denn außer den natürlichen und zufälligen Abänderungen, die, nach dem bereits Angeführten, bey den Vögeln ungleich häufiger, als bey den vierfüßigen Thieren, vorkommen, vereinigt sich mit dieser Schwierigkeit noch eine andere Ursache, welche die Menge der Gattungen zu vermehren scheint. Die

Die Vögel sind überhaupt hitziger, und vermehren sich häufiger, als die vierfüßigen Thiere. Sie paaren sich öfter, und vermischen sich, so bald es ihnen an Weibchen von ihrer Gattung fehlet, weit leichter, als die vierfüßigen Thiere, mit verwandten Gattungen; sie bringen auch gemeiniglich, statt unfruchtbarer Zwitterarten, fruchtbare Bastarte hervor. Erläuternde Beyspiele findet man am Stieglitz, am Zeisig und am grünen Hänfling. Wenn ihre Bastarte sich mit einander paaren, können durch sie wieder ähnliche Vögel erzeugt werden, und folglich neue Zwischengattungen entstehen, welche denjenigen zuweilen mehr, zuweilen auch weniger gleichen, von welchen sie entsprossen sind. Alles, was wir durch die Kunst bewerkstelligen, kann die Natur ebenfalls, und hat es schon viel tausendmal gethan. Es sind also schon oft, bald ohngefähre, bald freywillige Vermischungen unter den Thieren, besonders unter den Vögeln geschehen, die gemeiniglich, in Ermangelung ihres Weibchens, diese Stelle durch den ersten Vogel, der ihnen begegnet, ersetzen. Die Nothwendigkeit, sich zu paaren, ist bey ihnen ein so dringendes Bedürfniß, daß man die meisten, welche diesen Trieb unbefriedigt lassen müssen, entweder krank werden, oder gar sterben siehet. Gar oft wird man auf den Hünerhöfen gewahr, daß ein von seinen Hünern getrennter Hahn, sich eines andern Hahns, eines Kapauns, eines Puters, oder einer Ente, statt seiner Hüner, bedienet. Ein Fasan läßt sich, im Nothfall, ein ordentlich Huhn belieben, und in den Vogelbehältnißen sieht man oft den Zeisig nach dem Stieglitz, den grünen Hänfling nach dem Zeisig, oder den rothen Hänfling nach dem gemeinen in der Absicht fliegen, sich zu

paaren,

paaren. Und wer kann wohl sagen, was in dichten Gehölzen für Liebesverständniße dieser Art vorgehen? Wer getrauet sich die Menge der unrechtmäßigen Begünstigungen unter den Geschöpfen verschiedener Gattungen zu bestimmen? Wer wird sich wohl jemals anheischig machen, alle ausgeartete Zweige von jedem Urstamm abzusondern, die Zeit ihres ersten Ursprunges anzugeben, oder mit einem Wort: alle Wirkungen der Kräfte, wodurch die Natur die Vermehrung befördert, alle Zuflüchte des Nothfalles, und alle Vervielfältigungen zu bestimmen, welche daraus entstehen müssen, und welche die Natur anzuwenden weis, um die Anzal der Gattungen, durch Ausfüllung der Zwischenräume, wodurch sie von einander entfernt zu seyn scheinen, hinlänglich zu vermehren?

Beynahe wird unser Werk alles enthalten, was man bis jetzo von den Vögeln weis, dem ohngeachtet wird man leicht sehen, daß wir es für weiter nichts, als für einen kurzen Inbegriff, oder für einen Entwurf einer Vogelgeschichte ausgeben dürfen. Indessen hat man es für den ersten Entwurf, dieser Art, zu halten, weil die alten sowohl, als die neuen Werke, denen man den Titel einer Geschichte der Vögel beygelegt, fast gar nichts Historisches in sich fassen. Unsere Geschichte mag so viel unvollkommner heißen, als möglich, so wird sie doch der Nachwelt behülflich seyn können, eine vollständigere und bessere Geschichte daraus zu machen. Ich sage mit Fleiß: der Nachwelt; denn ich sehe deutlich voraus, daß noch eine lange Reihe von Jahren verstreichen wird, ehe wir hoffen dürfen, von den Vögeln eben so deutliche Kentniße zu erhalten, als wir bereits von den vierfüßigen Thieren haben.

Das einzige Mittel, die historische Kenntniß von den Vögeln zu erweitern, wäre dieses, von den Vögeln jedes Landes eine besondere Geschichte zu entwerfen, nach dieser aber erstlich in der Folge die Geschichte der Vögel einer einzeln Provinz, hernach einer angrenzenden Provinz, und endlich eines entlegenen Landes, zu liefern, alsdann alle diese besondere Geschichte mit einander zu vereinigen, und aus denselben eine Geschichte aller Vögel eines gewißen Himmelstriches zu verfertigen. Hierauf müßte man in allen Ländern, in allen unterschiedenen Himmelsstrichen, auf gleiche Weise verfahren, diese besondre Geschichten mit einander vergleichen, und sie hernach so zusammenschmelzen, daß endlich aus den Begebenheiten und Vorfällen aller dieser einzelnen Theile ein vollständiges Ganzes gebildet würde. Wer siehet aber nicht sogleich ein, daß dieser Wunsch sich auf die Arbeit und Beobachtungen viel künftiger Jahre gründet? Wenn dürfen wir hoffen, Beobachter zu finden, die uns zuverläßigen Bericht abstatten, was mit unsern Schwalben in Senegal, und mit unsern Wachteln in der Barbarey vorgehet? Von wem sollen wir den Unterricht von der Lebensart der Vögel in China, und in Monomotapa, erwarten? 13) Und, wenn ich es noch einmal wiederhohlen

13) Wenn grose Monarchen so fortfahren, wie es bishero von einigen geschehen, gründliche Naturforscher in die entlegensten

len darf, würde die Sache wohl von der grossen Wichtigkeit, und von so herrlichem Nutzen seyn, daß es die Mühe belohnte, wenn viel geschickte Männer sich darüber beunruhigen, oder besonders mit solchen Untersuchungen beschäftigen wollten?

Was wir in diesem Werke liefern, ist schon hinreichend, auf eine lange Zeit statt eines Grundes, und einer guten Anlage zu dienen, worauf man alle, durch die Länge der Zeit entdeckte neue Begebenheiten bauen kann. Wenn man in Erlernung und Verbesserung der Naturgeschichte fortfähret, so müssen unstreitig immer mehr Begebenheiten bekannt, und unsre Kenntniße immer ausgebreiteter werden. Unser historischer Entwurf, wovon wir gleichsam nur

gensten Gegenden der Welt auszuschicken, um die unerschöpfliche Natur gleichsam auf allen ihren Schritten auszuspähen, und immer mehrere von ihren Geheimnissen zu entdecken; wenn zu dieser Absicht allemal, wie es in Rußland geschehen, so gelehrte Freunde der Natur, als der berühmte Hr. Prof. Pallas, die Hrn. Doktoren, von Guldenstädt, Gmelin, Hr. Georgi, Lepechin rc. ausgesuchet, oder, wenn Männer von so ausgebreiteten Kenntnißen, so vieler Aufmerksamkeit und Eifer, als ein Forster, Solander u. s. w. Reisen um die ganze Welt zu thun, ermuntert werden, wie es iezo von Seiten des Hrn. Prof. Forster in London wirklich schon zum zweytenmal geschiehet; so bin ich der Meynung, daß man in wenigen Jahren wohl nicht mehr so fruchtloß nach der Lebensart, und nach den Begebenheiten wandernder Vögel und anderer seltsamer Geschöpfe fragen wird.

den ersten Umriß liefern konnten, wird sich allmählig stärker ausfüllen, und immer neuen Zuwachs erhalten. Das ist alles, was wir von den Früchten unsrer Arbeit hoffen dürfen, wenn wir uns nicht auch hierinn vielleicht schon zu viel bey einem Werke schmeicheln, bey dessen Werthe wir uns schon allzu lange verweilet zu haben scheinen.

Naturgeschichte
der
Vögel.

Naturgeschichte der Vögel.

Abhandlung von der Natur der Vögel.

Das Wort Natur wird in unserer, und in den meisten sowohl alten, als neuern Sprachen, in zweyerley unterschiedenen Bedeutungen genommen. Entweder bedienet man sich desselben in einem allgemeinen und wirksamen Sinn, und gedenket sich alsdann, wenn man schlechtweg von der Natur spricht, ein gewißes idealisches Wesen unter derselben, welchem, als einer Ursach, alle die unveränderlich erfolgende Wirkungen, alle natürliche Vorfälle und Erscheinungen im ganzen Reiche der Schöpfung beygemessen zu werden pflegen. Oder man nennet auch wohl dies Wort in einem besondern und leidenden Verstande. Wenn man alsdann von der Natur des Menschen, der Thiere, der Vögel, u. s. f. redet, so begreift eben dieses Wort, in seinem völligen Umfang, die ganze Summe von Eigenschaften in sich, womit die Natur, im ersten Verstande genommen, den Menschen, die Thiere, die Vögel, u. s. w. ausgerüstet hat. Indem also die wirksame Natur die Wesen hervorbringet, präget sie denselben zugleich einen besondern Charakter ein, der ihre leidende und eigenthümliche Natur ausmachet, von welcher sich ursprünglich alles herleiten läßt, was wir Naturel, Instinkt, natürliche Fähigkeiten und Gewohnheiten zu nennen pflegen. Von der Natur des Menschen und der vierfüßigen Thiere haben wir schon das Nöthigste gesaget. Ueber die Natur der Vögel haben wir aber noch viel besondere Betrachtungen anzustellen. Ob sie uns schon gewißermaßen weniger, als die Natur der vierfüßigen Thiere, bekannt ist, wollen wir uns dennoch eifrigst bemühen, ihre vorzüglichsten Eigenschaften in einem Bilde zu versammlen, welches uns dieselben im wahresten Licht, oder mit allen den charakteristischen und allgemeinen Zügen darstellen soll, aus welchen sie eigentlich bestehet.

Das Vermögen zu empfinden, der Instinkt, oder die natürlichen Triebe, welche von diesem Vermögen abhängen, das Naturel, welches in der zur Gewohnheit gewordenen Ausübung eines durch die Empfindung geleiteten, oder gar durch sie hervorgebrachten Instinktes besteht, sind bey den mancherley Wesen weit von einander unterschieden, weil alle diese innern Eigenschaften überhaupt vom organischen Bau, besonders aber von der Beschaffenheit der Sinnen abhängen, und sich nicht allein auf die verschiedenen Grade ihrer Vollkommenheit, sondern zugleich auf die Ordnung der Vorzüge beziehen, welche die Sinne durch diese verschiedene Grade der Vollkommenheit, oder Unvollkommenheit erhalten.

Die

Die Menschen, bey welchen lauter Beurtheilungskraft und Vernunft herrschen sollte, haben ein weit vollkommneres Gefühl, als wir bey den Thieren wahrnehmen, wo das Empfindungsvermögen der Beurtheilungskraft weit überlegen ist. Dagegen bemerket man aber an Thieren einen weit vollkommnern Geruch, als an den Menschen, weil der Sinn des Gefühls, besonders den Kenntnißen, der Geruch aber vorzüglich den Empfindungen zu Statten kömmt; weil aber nur wenig Personen den Unterschied genau kennen, der sich zwischen Begriffen und sinnlichen Empfindungen, zwischen Erkenntniß and innerm Gefühl, ingleichen zwischen Vernunft und natürlichen Trieben findet, so wollen wir nichts von dem erwähnen, was wir Vernunftschlüße, Unterscheidungsvermögen und Beurtheilungskraft nennen, und uns lediglich auf eine Vergleichung der Wirkungen des innern Gefühles einschränken, um die Ursachen der Verschiedenheit des Instinkts zu entdecken, welcher zwar bey der unzählbaren Menge damit ausgerüsteter Thiergattungen sich in einer unbeschreiblichen Mannigfaltigkeit äußert, aber doch viel zuverläßiger, einförmiger und regelmäßiger, zugleich auch nicht so eigensinnig und unbestimmt, nicht so sehr dem Irrthum unterworfen zu seyn scheinet, als die Vernunft bey der einzigen Gattung von Geschöpfen, welche sie zu besitzen glaubt. 14)

14) Wir haben diesen Ausdruck des Hrn. von Büffon unmöglich herschreiben können, ohne zugleich unsre Verwunderung an den Tag zu legen, daß er, um des bekannten Mißbrauches willen, den einige Menschen mit ihrer Vernunft machen, oder um ihrer verabsäumten Ausbildung willen, die oft in überwindlichen Hindernißen gegründet ist,

Wenn wir eine Vergleichung zwischen den Sinnen, als den ersten und kräftigsten Triebfedern des Instinkts bey allen Thieren anstellen, so müssen wir alsbald gewahr werden, daß die Vögel, überhaupt betrachtet, viel weiter, schärfer, deutlicher und genauer sehen können, als die vierfüßigen Thiere. Ich sage mit Fleiß: überhaupt betrachtet; weil es das Ansehen hat, als müste man hier diejenigen Vögel ausnehmen, welche, gleich den Eulen, ein viel schlechteres Gesichte haben, als die vierfüßigen Thiere. Allein das ist eine besondere Wirkung, die auch deßwegen besonders in Erwägung gezogen zu werden verdienet, weil diese Vögel, ob sie gleich am Tage wenig sehen, des Nachts ein desto schärferes Gesicht verrathen. Der Grund, warum sie bey hellem Lichte nicht gut sehen können, liegt bloß in der allzugroßen Empfindlichkeit ihrer Augen. Hierdurch erhält unser Satz noch mehr Bestätigung. Muß nicht die Vollkommenheit eines jeden Sinnes vornämlich nach dem Grade seiner Empfindlichkeit beurtheilet werden? Die größere Vollkommenheit der Augen bey den Vögeln ist auch schon daraus zu erweisen, daß die Natur den meisten Fleiß darauf gewendet zu haben scheinet. Es ist bekannt, daß die Augen der Vögel zwo Häute mehr, als ein menschliches Auge, haben,

ist, gleichsam dem ganzen Geschlechte der Menschen den Besitz eines Schatzes streitig zu machen scheinet, worauf unser ganzer Vorzug beruhet. Würde Herr von Büffon sich nicht selbst mehr Gerechtigkeit haben wiederfahren lassen, wenn es ihm beliebt hätte, der Allgemeinheit dieses Ausdruckes, eine billige Einschränkung zu geben?

haben, eine äusserliche, [15] und eine innere. Die erste, oder die äußerste der Augenhäute befindet sich in dem großen Augenwinkel, und stellet ein zweytes, durchsichtigeres Augenlied, als das obere vor, dessen Bewegung eben sowohl von dem Willkühr der Vögel abhänget, als die Bewegung des obern, und ihnen theils zu einer Glättung und Reinigung der Hornhaut, zugleich aber auch zu einer Mäßigung des zu häufig eindringenden Lichtes, und folglich zu einer nöthigen Schonung der großen Empfindlichkeit ihrer Augen, dienet. Die zwote Haut [16]) entdecket

15) Eben dieses zweyte oder innere Augenlied ist auch bey vielen vierfüßigen Thieren anzutreffen, nur daß es bey den meisten lange nicht so beweglich, als bey den Vögeln, ist. Anm. d. V.

16) In den Augen eines gewißen indianischen Hahnes lag der Sehenerve stark nach der einen Seite hin. Nachdem er das harte und netzförmige Augenhäutlein (Membrane sclérotique & la choroide) durchdrungen, und sich weiter ausgebreitet hatte, sahe man, wie er einen runden Körper bildete, aus dessen Umfang eine Menge schwarzer Fädchen hervortraten, welche durch ihre Vereinigung eine Haut ausmachten, die wir bey allen Vögeln angetroffen haben. In den Augen des Straußes verbreitet sich der Sehenerve gleichfalls weiter, und bildet, so bald er die erwähnten beyden Häute durchbohret hat, eine Art von Trichter, beynahe von eben der Substanz, wie er selbst. Gewöhnlichermaßen ist dieser Trichter nicht rund bey den Vögeln, wo wir das Ende vom Sehenerven im Auge fast allemal etwas zusammengedrückt und platt gefunden haben. Aus diesem Trichter kam eine gefaltete Haut hervor, die sich gleichsam in einen zugespitzten Beutel umbildete. Dieser Beutel, der unten, beym Ausgang des Sehenerven, sechs Linien breit war, und oben spitzig zulief, sahe zwar schwarz,

cket man im innern Augengrunde. Sie scheinet aus den Zweigen des ausgebreiteten Sehenerven zu entstehen, welcher, indem er viel unmittelbarer durch die eindringende Lichtstralen berühret wird, eben deßwegen auch weit leichter zu erschüttern, und folglich weit empfindlicher, als an andern Thieren, seyn muß. Eben aus dieser großen Empfindlichkeit entstehet auch bey den Vögeln das vollkommnere und viel weiter tragende Gesicht. Ein Sperber wird eine Lerche, wenn er aus der Luft herabsiehet, wenigstens in einer zwanzigmal größern Entfernung auf einem Klump Erde gewahr, als ein Mensch, oder ein Hund, sie bemerken würde. Ein Geyer, der sich zu einer so beträchtlichen Höhe zu schwingen pfleget, daß wir ihn gänzlich aus dem Gesichte verlieren, übersiehet von dieser Höhe die kleinen Eideren, Erdmäuse, Vögel, u. s. w. ohne Hinderniß, und wählet sich den Raub, auf welchen er stoßen will. Mit dieser außerordentlichen Schärfe des Gesichts ist auch zugleich eine nicht geringere Deutlichkeit und Genauigkeit verbunden. Weil die Werkzeuge dieses geschärften Sinnes eben so nachgebend, als empfindlich sind, so können die Augen der Vögel, ohne Mühe, bald aufgetrieben, bald wieder platt gemacht, bedecket, und wieder geöfnet, zusammengezogen, und erweitert werden, folglich abwechselnd, und in der Geschwindigkeit

schwarz, aber doch anders aus, als das schwärzliche Netzhäutchen, welches gleichsam nur mit einer aufgelößten Farbe, die sich an den Fingern anhängt, überstrichen zu seyn scheinet. Allein diese Haut war von ihrer Farbe ganz durchdrungen, und mit einer dichten Oberfläche versehen. S. *Mémoires pour servir à l'Hist. des animaux.* p. 275. und 303. Anmerk. d. V.

digkeit alle Formen annehmen, welche nothwendig sind, in allen Graden des Lichts, und in allen möglichen Abständen, oder Entfernungen, die Gegenstände vollkommen zu erkennen.

Weil überdies das Gesicht nur allein den Sinn ausmachet, welcher in uns die Begriffe von der Bewegung hervorbringet, und uns in den Stand setzet, alle zurückgelegte Räume mit einander unmittelbar zu vergleichen, die Vögel aber unter allen Thieren zu den schnellesten Bewegungen geschickt und bestimmt sind; so darf man sich gar nicht wundern, daß ihnen auch alle Vorzüge desjenigen Sinnes ertheilt worden, der zur mehrern Vollkommenheit und Sicherheit ihrer Bewegungen unentbehrlich war. Sie können in sehr kurzer Zeit einen großen Raum durchstreichen, und mußten also nothwendig die Ausdehnung und Grenzen desselben deutlich übersehen können. Wenn die Natur, bey der Schnelligkeit ihres Fluges, die Vögel mit einem kurzen Gesicht hätte begaben wollen, so würde sie widersprechende Eigenschaften, in diesem Fall, mit einander vereinigt haben. Kein Vogel würde so beherzt gewesen seyn, von seiner Flüchtigkeit Gebrauch zu machen, oder einen schnellen Flug zu wagen. Aus Furcht, allenthalben anzustoßen, oder unerwarteten Hindernißen zu begegnen, hätten sie alle Bewegungen auf ein gemäßigtes Hüpfen einschränken müssen. Die Geschwindigkeit, mit welcher ein Vogel die Lüfte durchstreicht, ist schon allein vermögend, uns einen Maßstab zu geben, wornach wir, wenigstens beziehungsweise, die Ferne seines Gesichtspunktes berechnen können. Ein recht schnell und gerade fliegender Vogel sieht ohnstreitig viel weiter, als ein anderer von gleicher Form, welcher aber einen langsamern

und

und schregern Flug hat. Wenn es der Natur jemals beliebt haben sollte, kurzsichtige Vögel mit schnellem Flug hervorzubringen, so würden diese Gattungen zuverläßig durch den offenbaren Widerspruch dieser Eigenschaften haben umkommen müßen, deren eine nicht allein die Ausübung der andern verhindert, sondern auch ein solches Geschöpf unzähligen Gefahren bloßstellet. Hieraus läßt sich schlüßen, daß die Vögel, welche den kurzesten und langsamsten Flug haben, zugleich mit den kurzsichtigsten Augen begabet sind. Man kann eben diese Bemerkung sogar an den vierfüßigen Thieren machen. Die sogenannten Faulthiere, (Ai. Pareſſeux) welche sich mit ausserordentlicher Langsamkeit bewegen, haben durchgängig bedeckte Augen, und ein schwaches Gesicht.

Der Begriff der Bewegung, und alle damit verbundne, oder aus denselben abstammende Begriffe, z. B. von den relativischen Geschwindigkeiten, von der Größe der Räume, von dem Verhältniß der Höhen, von den Tiefen und Unebenheiten der Flächen sind also bey den Vögeln weit klärer, und müssen in ihren Köpfen einen viel größern Platz einnehmen, als bey den vierfüßigen Thieren. Es scheint sogar, als habe die Natur diese Wahrheit uns durch das Verhältniß andeuten wollen, das zwischen der Größe des Auges und des Kopfes beobachtet worden. Denn in der That sind bey den Vögeln die Augen verhältnißmäßig viel größer, 17) als bey den Menschen und vier-

17) Der Augapfel eines weiblichen Adlers betrug im Durchmesser seiner größten Breite 1¼ Zoll, bey dem männlichen Adler drey Linien weniger. S. Ebendas. II Th. p. 257. Der Augapfel des Ibis hatte sechs Linien im Durchmesser;

vierfüßigen Thieren, weil sie 2 Häute mehr haben, folglich auch weit empfindlicher, auch viel organisirter. Eben dieser schärfere, deutlichere und lebhaftere Sinn des Gesichts, worinn die Vögel den vierfüßigen Thieren weit überlegen sind, muß auch einen verhältnißmäßigen Einfluß auf das innere Werkzeug der Empfindung haben, folglich muß auch der Instinkt, schon aus diesem Grunde, sich bey den Vögeln anders, als bey den vierfüßigen Thieren, äußern.

Eine zwote Ursache, welche den Unterschied beym Instinkt der Vögel und vierfüßigen Thiere noch mehr bestätigt, ist ohnstreitig das Element, welches die ersten bewohnen, und, ohne die Erde zu berühren, in kurzer Zeit durchstreichen können. Ein Vogel kennet vielleicht besser, als der Mensch, alle Grade des Widerstandes der Luft, ihrer Beschaffenheit in unterschiedenen Höhen, ihrer verhältnißmäßigen Schwere, u. s. w. Die Veränderungen und Abwechselungen, welche sich in diesem beweglichen Elemente zutragen, sieht er viel richtiger voraus, als wir, und würde sie uns zuverläßiger, als unsere Barometer und Thermometer, oder Luftmesser, anzeigen können. Viele tausendmal hat er versucht, was er mit seinen Kräften gegen die Kräfte des Windes ausrichten kann, und noch öfter hat er sich der Hülfe des Windes bedienet, um seinen Flug schneller und weiter fortsetzen zu können. Weil der Adler vermögend ist, sich

ser; beym Storch ward er viermal größer befunden. Ebend. III. Th. S. 484. Beym Kasuar hatte man wahrgenommen, daß der Augapfel, in Vergleichung mit der Hornhaut sehr groß war, weil der Durchmesser des ersten $1\frac{1}{2}$ Zoll, der letztere aber nur drey Linien betrug. Ebend. II. Th. S. 313. A. d. V.

sich über die Wolken zu erheben, [18]) so kann er sich plötzlich aus dem größten Sturm in die ruhigste Stille begeben; er kann zu eben der Zeit eines heitern Himmels und eines reinen Lichtes genüßen, wann die andern Thiere unter finstern Gewölken, vom Ungewitter herum getrieben werden. Binnen vier und zwanzig Stunden ist er vermögend, sich in einen andern Himmelsstrich zu versetzen, und sich, indem er über mancherley Gegenden schwebet, von diesen ein Gemälde vorzustellen, wovon der Mensch keinen Begriff haben kann. Unsre weitläuftige und mit so viel Schwierigkeit gemachte Entwürfe dieser Art, verschaffen uns noch immer sehr unvollkommene Begriffe von der Unebenheit der Flächen, welche sie uns vorstellen. Ein Vogel, der es in seiner Gewalt hat, sich

18) Es ist leicht erweislich, daß der Adler, und andere hoch fliegende Vögel sich, sogar von der niedrigsten Ebene, bis über die Wolken empor schwingen, ohne vorher auf den Gebirgen zu ruhen, oder sich derselben, als einer Leiter, zu bedienen; denn sie steigen ja vor unsern Augen oftmals zu einer Höhe, wohin unser Blick ihnen nicht zu folgen vermag. Nun weis man aber, daß ein durch des Tages Licht erleuchteter Gegenstand vor unsern Augen ehe nicht verschwindet, bis er sich wenigstens drey tausend, vier hundert und sechs und dreyßigmal so weit von uns entfernet hat, als der ganze Durchmesser desselben groß ist. Wenn man also annehmen wollte, der Durchmesser der ausgebreiteten Flügel eines senkrecht über uns schwebenden Vogels wäre fünf Fuß, so kann er sich unserm Blick ehe nicht entziehen, als in einer Höhe von siebenzehn tausend, ein hundert und achtzig Fuß, oder von zwey tausend, acht hundert drey und sechzig Ruthen, die also weit über die Wolken, besonders über diejenigen reichet, welche die Ungewitter hervorbringen. A. d. V.

sich in die richtigsten Gesichtspunkte zu stellen, und sie alle nach einander, schnell und nach allen möglichen Richtungen zu versuchen, übersiehet mit Einem Blicke mehr, als wir durch alle Vernunftschlüße davon begreifen können, wenn wir auch dabey alle Vergleichungen unserer Kunst zu Hülfe nehmen. Ein vierfüßiges Thier, welches gleichsam bloß auf den Erdklumpen eingeschränkt ist, worauf es zur Welt kam, ist weiter mit nichts, als mit seinem vaterländischen Thal, mit seinem Berg, oder mit seiner Ebene, bekannt. Es hat keinen Begriff von den Flächen im Ganzen, keine Vorstellung von großen Entfernungen, kein Verlangen, sie zu durchirren; daher pflegen auch die großen Reisen und Wanderschaften unter den vierfüßigen Thieren eben so ungewöhnlich, als bey den Vögeln gemein zu seyn. Dieses Verlangen, welches bey den Vögeln sich auf die Kenntniß der entfernten Oerter, auf das von ihnen empfundne Vermögen, sich in kurzer Zeit dahin begeben zu können, auf die vorgefaßten Begriffe von den Veränderungen des Dunstkreises, und von der Wiederkehr der Jahreszeiten, gründet, reizet sie allemal zu einer gemeinschaftlichen Wanderung. Sobald es ihnen anfängt an Lebensmitteln zu fehlen, sobald ihnen Frost, oder Hitze, beschwerlich fallen, sind sie auf ihren Rückzug bedacht. Sie scheinen sich alsdann einmüthig zu versammlen, um ihre Jungen mit sich zu nehmen, und ihnen eben das Verlangen, das Klima zu verändern, durch ihr Beyspiel eigen zu machen, weil es in ihnen bis iezo noch durch keine Vorstellung, durch keine vorhergegangene Kenntniß oder Erfahrung entstanden seyn konnte. Die Väter und Mütter versammlen ihre Familie, um ihnen auf dem Zuge statt Wegweisern zu dienen; hernach vereinigen sich alle Familien mit einander, theils weil die Anführer derselben alle von einerley Verlangen belebt werden, theils auch, damit sie durch Verstärkung ihrer Gesellschaft stark genug seyn möchten, ihren Feinden zu widerstehen.

Dieses Verlangen, den Himmelsstrich zu verändern, welches gemeiniglich zweymal des Jahres, im Herbste nämlich, und im Frühjahr, in ihnen erwachet, wird bey ihnen zu einem so dringenden Bedürfniß, daß es auch bey den eingesperrten Vögeln durch die lebhaftesten Unruhen sichtbar wird. Wenn wir an die Geschichte der Wachtel kommen, wollen wir einige Bemerkungen ausführlich erzählen, woraus man sehen kann, daß eben dieses Verlangen einer der stärksten Triebe des Instinkts bey den Vögeln sey, daß ein Vogel in den erwähnten Jahreszeiten kein Mittel unversucht läßt, wodurch er sich in Freyheit zu setzen denket, und daß ihm die Bestrebungen, die er anwendet, um aus der Gefangenschaft sich zu befreyen, oftmals das Leben kosten, ob er sie gleich zu allen andern Zeiten ruhig und gelassen zu ertragen, auch wohl gar seinen Kerker zu lieben scheint; besonders wenn er zur Zeit seines auflebenden Paarungstriebes mit seinem Weibchen eingesperret ist.

Wenn die Wanderungszeit herrannahet, sieht man, wie die freyen Zugvögel nicht allein in Familien sich versammlen, und in großen Truppen vereinigen, sondern auch sich in einem langen Flug und großen Zügen üben, um sich dadurch zu ihrer größten Reise geschickt zu machen. Doch bemerkt man auch, nach dem Unterschiede der Gattungen, einige Veränderungen in den Umständen dieser Wanderungen. Nicht alle

alle Zugvögel vereinigen sich in Truppen. Einige treten ihre Reise ganz allein, andere mit ihren Weibchen und ganzen Familie, noch andere in kleinen abgesonderten Haufen an, u. s. w. Ehe wir uns aber hierüber in die erforderliche Weitläuftigkeit einlassen, (welches in einer andern Abhandlung geschehen soll) müssen wir erst in der Untersuchung der Ursachen weiter gehen, welche den Instinkt ausmachen, und in die Natur der Vögel einen wesentlichen Einfluß haben.

Der Mensch, der weit über alle organisirte Wesen erhaben ist, hat ein vollkommneres Gefühl, und vielleicht auch einen vollkommnern Geschmack, als irgend ein anderes Thier; hingegen sind ihm, in Ansehung der übrigen drey Sinne, die meisten Thiere sehr überlegen. Vergleicht man bloß die Thiere selbst unter einander, so scheinen die meisten vierfüßigen Thiere mit einem ungleich lebhaftern und ausgebreitetern Sinne des Geruchs, als die Vögel, begabet zu seyn. Was man auch immer vom scharfen Geruch des Rabens, des Geyers u. s. f. erzählen mag, so ist er doch lange nicht so fein, als der Geruch des Hundes, Fuchses u. s. w. Die Bildung des hiezu bestimmten Werkzeuges läßt uns dieses schon genugsam erkennen; denn es giebt eine große Menge Vögel, die keine Nasenlöcher, oder keine ofne Gänge auf dem Schnabel haben, und folglich die riechbaren Theilchen anders nicht, als durch die Ritze, an sich ziehen können, welche sich in ihrem Schnabel befindet. Bey den wenigen, die oben auf ihrem Schnabel mit ofnen Gängen versehen sind, [19]

D 2 findet

[19]) Auf dem obern Theil des Schnabels finden sich mehrentheils zwo kleine Oefnungen, welche bey den Vögeln die

findet man die Geruchsnerven verhältnißmäßig, sparsamer, und nicht so weit ausgebreitet, als bey den vierfüßigen Thieren. Bey den Vögeln bringt auch der Geruch nur einige ganz einzelne und fast ganz unbeträchtliche Wirkungen hervor, da hingegen eben dieser Sinn bey den Hunden, und vielen andern vierfüßigen Thieren, die Hauptursach und Quelle ihrer meisten Entschlüßungen und Bewegungen zu seyn scheinet. Auf solche Weise muß das Gefühl bey den Menschen, der Geruch bey den vierfüßigen Thieren, und das Gesicht bey den Vögeln den vorzüglichsten, oder denjenigen Sinn ausmachen, welcher bey diesen unterschiedenen Wesen, als der vollkommenste Sinn, die herrschendsten Empfindungen erwecket.

Nach dem Gesichte scheinet mir bey den Vögeln das Gehör, in Ansehung der Vollkommenheit, unter den Sinnen den zweeten Rang zu behaupten. Das Gehör ist hier nicht allein vollkommner, als der Geruch, der Geschmack und das Gefühl der Vögel, sondern sogar vollkommner, als das Gehör der vierfüßigen Thiere. Man sieht es an der Leichtigkeit, mit welcher die meisten Vögel gewiße Töne, ganze Reihen von Tönen, sogar einzelne Wörter, behalten und

die Nasenlöcher vorstellen. Zuweilen aber ist von diesen äußern Oefnungen gar keine Spur zu entdecken. In diesem Fall können die riechbaren Theilchen bloß durch die Spalte im Innern des Schnabels zum Sinne des Geruchs gelangen, wie bey einigen Pelikanen, den Seeraben, der Kropfgans ꝛc. (Palettes, Cormorans, onocrotal.) Am großen Geyer findet man, im Verhältniß mit seiner Größe, nur ganz kleine Geruchsnerven. S. *Hist. de l'Acad. des Sc.* Tom. I. p. 430.

und wiederhohlen. Man wird es auch an dem Vergnügen gewahr, das ihnen ihr beständiger Gesang, und unaufhörliches Zwitschern, besonders zu der Zeit verursachet, in welcher sie am glücklichsten sind, oder in welcher sie von dem Paarungstriebe belebt werden. Die organischen Werkzeuge der Ohren, sowohl als der Stimme, sind bey ihnen viel beweglicher und kräftiger, sie bedienen sich derselben auch weit öfter, als die vierfüßigen Thiere. Der größte Theil der letzten läßt seine Stimme nur selten hören, die auch fast allemal rauh und widerlich klinget. In der Stimme der Vögel herrschet Wohlklang, Anmuth und Gesang. Zwar giebt es einzelne Gattungen, deren Stimme wirklich unerträglich ist, besonders, wenn sie mit andern Vogelgesängen verglichen wird; allein es giebt auch nur sehr wenige dergleichen Gattungen; außerdem sind es gerade diejenigen großen Vögel, welche die Natur, wie die vierfüßigen Thiere, behandelt zu haben scheint, indem sie dieselben, statt einer sangbaren Stimme, bloß mit einem, oder mehrern Arten von Geschrey beschenket, welches uns desto heiserer, durchdringender und stärker vorkömmt, je weniger es mit der Größe des Thiers in einem Verhältniß stehet. Ein Pfau, welcher kaum den hundertsten Theil eines Ochsen ausmachet, kann doch viel weiter, als der letzte, gehöret werden. Eine Nachtigal dringet mit ihren Tönen durch einen eben so weiten Raum, als die stärkste Menschenstimme. Diese Stärke der Stimme, vermöge welcher sie einen so weiten Raum durchtönen, ist ganz allein das Werk ihrer Bildung. Die Dauer ihres Gesanges aber, und ihres Stillschweigens, ist bloß eine Wirkung ihrer innern Triebe. Beyde Umstände müssen, jeder besonders, in Erwägung gezogen werden.

Der Vogel hat viel fleischigere und stärkere Brustmuskeln, als der Mensch, und irgend ein anderes Thier; daher kann er auch seine Flügel weit hurtiger und stärker bewegen, als der Mensch seine Arme. Je größer zugleich die Bewegungskräfte der Flügel, und je größer ihre Ausdehnung ist, desto leichter ist auch die ganze Masse, woraus sie bestehen, wenn man die Größe und das Gewicht vom Körper eines Vogels damit in Vergleichung bringet. Kleine hohle, dünne Knöchelchen, wenig Fleisch, dichte Sehnen und Federn, die nicht selten zwey-, drey-, oder viermal so lang sind, als der Durchmesser des ganzen Körpers, bilden den Flügel eines Vogels, welcher, um sich in die Höhe zu schwingen, weiter nichts, als den Widerstand der Luft, und um den Körper im Schweben zu erhalten, bloß einige Bewegung nöthig hat. Die größere, oder geringere Leichtigkeit im Fluge, die unterschiedene Grade seiner Schnelligkeit, sogar die Richtung desselben beym Auf- und Niederfliegen hänget lediglich von dem ab, was durch die Anlage dieser Bildung möglich ist. Alle Vögel, deren Flügel und Schwanz länger sind, als der Körper, gehören unter diejenigen, welche schnell und lange hintereinander fliegen können; diejenigen aber, welche, gleich den Trappen, dem Kasuar und Strauß, bey einem schweren Körper, mit kurzen Flügeln und Schwänzen versehen sind, schwingen sich entweder sehr mühsam empor, oder können die Erde gar nicht verlassen.

Die

Die Stärke der Muskeln, die ganze Bildung der Flügel, die Anordnung der Federn an denselben, und die Leichtigkeit ihrer Knochen machen eigentlich die natürlichen Ursachen der Wirkung des Fluges aus, welcher die Brust eines Vogels so wenig entkräften kann, daß er vielmehr, beym Fluge selbst, seine Stimme oftmals in unaufhörlichen Gesängen ertönen läßt. Das rühret eigentlich daher, weil bey den Vögeln die Brust mit allen dazu gehörigen und in derselben verschloßnen Theilen, inwendig und auswendig, viel stärker und weiter ist, als bey andern Thieren. Ueberdies findet man die äußere Brustmuskeln an den Vögeln viel dicker, und ihre Luftröhren viel größer und stärker. Gemeiniglich endiget sich diese unterwärts in eine weite Höhlung, welche dem Ton der Stimme mehr Kraft und Nachdruck giebt. Die Lungen erscheinen bey den Vögeln größer und ausgedehnter, als bey den vierfüßigen Thieren. Man wird auch an denselben unterschiedene Anhänge gewahr, die kleine Beutels, oder Luftbehältniße vorstellen, wodurch nicht allein der Körper eines Vogels weit leichter gemacht, sondern ihm auch zugleich überflüßige Luft verschaft wird, seine Stimme beständig damit unterhalten zu können. In der Geschichte der schwarzen Meerkatzen mit braunen Füßen, die wir unter dem Namen Ouarine beschrieben, hat man gesehen, daß ein ziemlich kleiner Unterschied, eine stärkere Ausdehnung der vesten Theile in den zur Stimme gehörigen Werkzeugen, diesem Affen, dessen Größe nicht beträchtlich ist, eine höchst geschmeidige, leichte, durchdringende Stimme gegeben, die er fast beständig, über eine Meile weit, ertönen lassen kann, obgleich seine Lungen, wie bey andern vierfüßigen Thieren, gebildet sind. Muß nicht eben diese Wirkung bey den Vögeln um so viel gewißer und nachdrücklicher Statt finden, da man in der Bildung der Werkzeuge, welche die Stimme hervorbringen, so große Zubereitungen wahrnimmt, und alle Theile der Brust so eingerichtet zu seyn scheinen, daß sie zu Beförderung der Dauer und Stärke der Stimme das Ihrige beytragen müssen? 20)

Man kann, wie mich dünket, aus unterschiedenen gegen einander gehaltenen Umständen erweisen, daß

20) Bey den meisten Wasservögeln, die mit einer sehr eindringenden Stimme begabet sind, bemerkt man in der Luftröhre einen Wiederschall, welcher daher entstehet, weil hier das Gurgelblättchen unten an der Luftröhre, und nicht, wie bey den Menschen, oben angebracht ist. S. *Coll. Acad. Part. Fr.* Tom. I. p. 496. Mit dem Hahn ist es eben so beschaffen. S. *Hist. de l'Acad.* Tom. II. p. 7. Bey den Vögeln, besonders aber bey den Enten und andern Wasservögeln, bestehen die Werkzeuge der Stimme 1) in einer innern Kehle, an der Stelle, wo sich die Luftröhre in zween Arme theilet; 2) in zwey häutigen Zünglein, die unten am Ursprung der beyden ersten Luftröhrenäste mit einander in Gemeinschaft stehen; 3) in unterschiedenen halbmondsörmigen, übereinander liegenden Häutchen der fleischichten Lungen, welche nur die Hälfte von ihren Hohlungen erfüllen, und in der andern Hälfte der Luft einen freyen Durchzug lassen; 4) in gewißen andern, auf mancherley Art angebrachten Häutchen, welche man theils in der Mitte, theils unten in der Luftröhre, wahrnimmt, und 5) endlich in einer mehr, oder weniger, dichten Haut, welche sich zwischen den beyden Zweigen des Ziehbeins (Lunette) in die Quere hinziehet, und sich in eine Höhlung endigt, die man allemal am obern und innern Theil der Brust gewahr wird. S. *Mem. de l'Acad. des Sciences.* Année 1753. p. 290. A. d. V.

daß die Stimme der Vögel nicht allein in Beziehung auf die Größe ihres Körpers, sondern auch überhaupt, ohne Rücksicht auf die Größe, stärker sey, als die Stimme der vierfüßigen Thiere. Das Geschrey unserer vierfüßigen, sowohl zahmen, als wilden Thiere, kann gemeiniglich nicht über eine französische Viertel- oder Drittelmeile gehöret werden, ob es gleich im dichtesten Theil des Dunstkreises, welcher zur weitern Fortpflanzung eines Tones am geschicktesten ist, ausgestoßen wird; von den Vögeln muß man im Gegentheil behaupten, daß ihre Stimme, die aus den hohen Lüften zu uns herab tönet, in einem ungleich lockerern Dunstkreiß erschallet, wo viel mehr Kräfte dazu gehören, eben diese Wirkung hervorzubringen. Die Versuche mit der Luftpumpe haben gezeigt, wie ein Ton, je dünner die Luft wird, immer destomehr von seiner Stärke verlieret; und ich habe durch eine, meines Erachtens, ganz neue Beobachtung eingesehen, was der Unterschied einer solchen Verdünnung in freyer Luft für einen starken Einfluß hat. Ich habe sehr viele ganze Tage in den Wäldern zugebracht, wo man sich oft von weitem zurufen, und aufmerksam horchen muß, wenn man den Schall der Hörner, und die Stimmen der Hunde, oder Menschen, deutlich vernehmen will. Ich habe dabey angemerket, daß man zur Zeit der strengesten Hitze des Tages, als von zehn bis vier Uhr, eben die Stimmen, eben die Töne, nur ganz in der Nähe verstehet, welche man des Morgens, des Abends, und besonders des Nachts, in einer großen Entfernung hören kann. Die gewöhnliche Stille der Nacht ist hier nicht mit in Betrachtung zu ziehen, weil in diesen Wäldern, außer dem Geschwirr einiger kriechenden Thiere, und dem Geschrey einiger

Nachtvögel, gar kein Geräusch verspüret wird. Außerdem habe ich bemerket, wie man zu allen Stunden, des Tages und der Nacht, im Winter bey starkem Frost, in einer weit größern Entfernung hören kann, als an den angenehmsten Stunden jeder andern Jahreszeit. Jedermann kann sich von der Zuverläßigkeit überzeugen, weil sie bloß die Vorsicht voraussetzet, stille und heitre Tage zu wählen, damit nur der Wind nichts von den angezeigten Verhältnissen in der Fortpflanzung des Schalles verändern kann. Mir ist es oft so vorgekommen, als ob ich eben die Stimme des Mittags kaum auf sechs hundert Schritte vernehmen könnte, die ich doch um sechs Uhr des Morgens, oder des Abends, in einer Entfernung von zwölf-, bis funfzehn hundert Schritten hörte; ohne diesen großen Unterschied einer andern Ursach, als der Verdünnung der Luft, beymessen zu dürfen, die natürlicherweise des Mittags weit stärker, als des Morgens, oder des Abends, ist. In sofern also dieser Grad der Verdünnung schon auf der Fläche der Erden, oder auf dem niedrigsten Boden, und im dichtesten Dunstkreis einen so großen Unterschied machet, daß man einem Schall mehr als über die Hälfte, von einer angenommenen Entfernung, näher kommen muß, um ihn zu hören: so urtheile man hieraus, wie viel ein Schall in den obern Gegenden verlieren müße, wo die Luft um so viel dünner wird, je höher man kömmt, und wo diese Verdünnung verhältnißmäßig weit beträchtlicher, als diejenige seyn muß, die bloß von der Hitze des Tages entstehet! Die Vögel, deren Gesang aus einer Höhe zu uns herabkömmt, in welcher sie unser Blick oft nicht erreichen kann, schweben alsdann in einer Höhe, welche das Maaß ihres Durchmessers drey tausend, vier

hundert

hundert sechs und dreyßigmal übersteiget; denn in dieser Entfernung höret erst das Auge des Menschen auf, die Gegenstände zu erkennen.

Wir wollen daher einen Vogel annehmen, der mit seinen ausgestreckten Flügeln einen Durchmesser von vier Fuß ausmacht. Ein solcher Vogel kann vor unsern Augen eher nicht, als in einer Höhe von dreyzehn tausend, sieben hundert und vier und vierzig Fuß, oder von mehr als zwey tausend Ruthen, verschwinden. Wollten wir nun einen Zug von drey-, bis vier hundert großen Vögeln, als Störchen, Gänsen, Enten rc. voraussetzen, deren Stimme wir zuweilen schon hören, ehe wir den Trupp selbst erblicken können: so wird man gern eingestehen, daß die Höhe, worein sie sich erhoben, viel beträchtlicher seyn müsse. Wenn demnach ein Vogel eine Meile hoch in der Luft gehöret werden, und einen vernehmlichen Ton in einer Entfernung hervorbringen kann, welche seine Stärke nothwendig vermindern, und seine Fortpflanzung mehr, als um die Hälfte abkürzen muß, darf man ihm dann wohl eine viermal stärkere Stimme, als der Mensch und die vierfüßigen Thiere haben, streitig machen, da die letztern auf der Erdfläche selbst, kaum eine halbe Meile weit gehöret werden können? Vielleicht habe ich meine Rechnung ehe zu klein, als zu groß, gemacht. Denn außer dem, was bisher schon gesagt worden, läßt sich noch eine andere Betrachtung anstellen, die unseren Folgerungen, oder Schlüßen, zu einer Bestätigung dienen kann. Ein Schall nämlich, der mitten in der Luft ertönet, muß bey seiner Fortpflanzung einen Kreis ausfüllen, dessen Mittelpunkt der Vogel ist; auf der Erde hingegen hat ein vorgebrachter Schall nur einen

halben

halben Zirkel durchzulaufen, und der Theil des Schalles, welcher von der Erde zurückprallet, ist noch demjenigen, welcher sich nach der Höhe, oder nach den Seiten verbreitet, zu einer weitern Fortpflanzung behülflich. Daher sagt man, die Stimme steige aufwärts, und wenn zwo Personen, einer auf einem hohen Thurm, der andere auf der Straße, mit einander sprechen wollten, so muß der oberste viel stärker schreyen, als der unterste, wenn er eben so gut verstanden seyn will.

Von den Annehmlichkeiten der Stimme, und von der Anmuth des Gesanges der Vögel, merken wir noch an, daß beydes an ihnen eine theils natürliche, theils angenommene Eigenschaft sey. Weil es ihnen ungemein leicht wird, gewiße Töne zu behalten und zu wiederhohlen, so entlehnen sie nicht allein von einander selbst gewiße Töne, sondern pflegen auch öfters die Töne der menschlichen Stimme, und die musikalischen Instrumente, nachzuahmen. Ist es nicht sonderbar genug, daß in allen bevölkerten und gesitteten Ländern die meisten Vögel eine reitzende Stimme, und einen lieblichen Gesang haben; da man hingegen in der unermeßlichen Strecke der afrikanischen und amerikanischen Wüsten, wo man lauter wilde Menschen angetroffen, weiter nichts, als schreyende Vögel wahrnimmt, und kaum einige Gattungen anführen kann, die sich durch eine liebliche Stimme und angenehmen Gesang empfehlen? Soll man diesen Unterschied bloß dem Einfluß des Himmelsstriches zuschreiben? Es ist wahr, übermäßige Kälte und Hitze pflegen auch in der Natur der Thiere wohl außerordentliche Eigenschaften hervorzubringen, und ihren Einfluß

oft-

oftmals durch harte Charaktere und starke Farben zu beweisen. Alle vierfüßige Thiere mit bunten Häuten, und einander entgegen gesetzten Farben, deren Zeichnungen sich entweder durch runde Flecken, oder durch lange Banden, wie das Pantherthier, der Leopard, der gestreifte wilde Esel (Zebra), die Ziberthkatzen rc. unterscheiden, sind lauter Bewohner der heißesten Himmelsstriche. Fast alle Vögel dieses Himmelsstriches strahlen unsern Augen mit den lebhaftesten Farben entgegen; in den gemäßigten Ländern aber wird man schon viel schwächere, mehr in einander laufende, sanftere Farben gewahr. Unter drey hundert Gattungen von Vögeln, die wir aus unserm Himmelsstrich anführen könnten, ist uns, außer dem Pfau, dem Hahn, dem Waldemmerling (Loriot), dem Eisvogel, dem Stieglitz, fast keine Gattung bekannt, welche sich durch eine sonderliche Veränderung, und Abwechselung der Farben, merkwürdig machte; da hingegen die Natur ihren Pinsel an den Federn der amerikanischen, afrikanischen und indianischen ganz erschöpft zu haben scheinet. Inzwischen haben eben diese vierfüßige Thiere, bey der prächtigsten Kleidung, eben diese Vögel, beym lebhaftesten Glanz ihrer bunten Federn, eine harte, unbiegsame Stimme, einen rauhen und mißstimmenden Ton, ein unangenehmes, und oft ein schreckliches Geschrey. Der Einfluß des Klima ist, außer Zweifel, die Hauptursach dieser Wirkungen. Sollte man aber nicht, als eine Nebenursach, den Einfluß der Menschen hinzufügen dürfen? Bey allen Thieren, welche man zahm zu machen, oder einzusperren pflegt, verschönern sich niemals die natürlichen und ursprünglichen Farben; alle Veränderungen, die bey denselben erfolgen, bestehen vielmehr darinn,

darinn, daß eben diese Farben immer unansehnlicher, in einander laufender und schwächer werden. An den vierfüßigen Thieren hat man hiervon genugsame Beyspiele gesehen. Bey den zahmgemachten Vögeln kann man eben dieses beobachten. Die Hähne sowohl, als die Tauben, haben weit mehrere Veränderungen der natürlichen Farben erlitten, als die Hunde und Pferde. Der Einfluß des Menschen auf die Natur ist viel größer, als man sich einbildet. Man sieht, wie er fast unmittelbar auf das Naturel, auf die Größe und auf die Farben derjenigen Thiere, deren Vermehrung er befördert, und die er unter seinen Gehorsam gebracht, erstrecket. Mittelbar, und auf entferntere Art, hat er einen Einfluß auf alle übrige Thiere, welche zwar in Freyheit, aber doch mit ihm unter einerley Himmelsstrich leben. Durch den Menschen ist in jedem bewohnten Lande, zum größten Vortheil desselben, die Fläche des Erdbodens ungemein verändert worden. Alle Thiere, welche darauf leben, und ihren Unterhalt suchen müssen, kurz: die sich unter eben diesem Himmelsstrich, auf eben dem Boden, aufhalten, welchem der Mensch eine ganz veränderte Beschaffenheit gegeben, haben ebenfalls Veränderungen leiden, und sich nach den Umständen bequemen müssen. Sie haben allerley Gewohnheiten angenommen, die jezt einen Theil ihrer Natur auszumachen scheinen. Einige, wodurch ihre Sitten stark verändert und verdorben worden, hat sie die Furcht, andere der Nachahmungseifer, gelehret; noch andere sind ihnen durch die Erziehung, nachdem sie einer solchen mehr, oder weniger, fähig waren, mitgetheilet worden. Der Hund hat es, durch den Umgang mit Menschen, zu einer unglaublichen Vollkommenheit gebracht. Er hat seine natürliche

türliche Wildheit abgelegt, und an ihrer Stelle so-gleich Dankbarkeit und Ergebenheit blicken lassen, als der Mensch anfieng, ihm Nahrung zu geben, und seine Bedürfniße zu befriedigen. Vom Geruch und Geschmack, als zween Sinnen, die man als einen einzigen betrachten könnte, von welchem die herrschenden Empfindungen des Hundes, und anderer fleischfressender Thiere, gänzlich abhängen, läßt sich der heftige Appetit bey dem erstern herleiten, der sich von den letztern bloß durch eine Empfindlichkeit unterscheidet, die wir selbst an ihm vermehret haben. Alle Thiere von einer minder starken, trotzigen und wilden Natur, als Tiger, Leoparden, oder Löwen, die folglich, bey eben so heftigem Appetit, wenigstens ein biegsameres Naturel haben, bequemen sich endlich nach den Umständen, und werden, durch die milden Eindrücke des Umganges mit den Menschen, sanftmüthiger gemacht. Man sieht aber aus Erfahrungen, wie der Mensch auf die andern Thiere ungleich weniger Einfluß hat, weil sich einige durch eine zu störrische, und aller sanften Neigungen unfähige Natur auszeichnen, andere dagegen allzu hartnäckig und unempfindlich, allzu mißtrauisch, oder allzu schüchtern sind. Ein heftiger Hang zur Freyheit entfernet alle dergleichen Thiere von dem Menschen, den sie als einen Tyrann, und als ihren Verderber ansehen, und ihm zu entfliehen sich bestreben.

Auf die Vögel haben die Menschen einen weit unbeträchtlichern Einfluß, als auf die vierfüßigen Thiere, weil ihre Natur ganz anders beschaffen, und kein Vogel eben so starker Empfindungen der Umgänglichkeit, oder des Gehorsams, fähig ist. Unsere so-genannte Hausvögel sind bloße Gefangene. So lange

lange sie leben, dürfen wir uns keine Dienste, keinen andern Vortheil, von ihnen versprechen, als den sie uns durch ihre Vermehrung, und nach ihrem Tode, verschaffen. Sie sind bloße Opfer, die wir, ohne Mühe, vervielfältigen, und ohne Mitleid abschlachten, weil sie uns alsdann erst nützlich seyn können. In sofern ihre natürliche Triebe vom Instinkt vierfüßiger Thiere schon sehr abweichen, und mit unsern Trieben gar nichts Gemeinschaftliches haben, können wir ihnen auch nichts unmittelbar beybringen, oder irgend etwas von Empfindungen, die sich auf uns bezögen, durch Umwege mittheilen. Wir haben keinen andern Einfluß, als auf ihre Maschine; folglich können sie alles, was sie von uns lernen, auch nur bloß maschinenmäßig äußern. Ein Vogel, dessen Gehör genau und fein genug, eine Reihe von Tönen, oder wohl gar von Worten, aufzufangen und zu behalten, dessen Stimme zugleich biegsam genug ist, um sie deutlich zu wiederhohlen, merkt sich die Worte, die er höret, ohne sie zu verstehen, und tönet sie nach, wie sie ihm vorgesagt werden. Ob er also gleich Wörter ausspricht, so kann man doch nicht sagen, daß er wirklich spräche; weil dieses Nachplappern der Worte sich nicht auf die Grundsätze der Sprache gründet, sondern eine bloße Nachahmung ist, welche von dem, was im Thiere vorgehet, gar nichts ausdruckt, und keine von seinen innern Empfindungen an den Tag leget. Der Mensch hat also einigen physikalischen Kräften, und gewißen äußern Eigenschaften der Vögel, als dem Ohr und der Stimme, wohl eine andere Richtung geben, aber nie einen Einfluß auf die innern Eigenschaften derselben haben können. Einige werden zwar zur Jagd abgerichtet, und so weit gebracht, ihrem Herrn das Wildpret selbst

selbst überbringen zu müssen; [21]) andere werden so zahm gemacht, uns, ohne Furcht, in der Nähe zu umgeben. Durch anhaltende Gewohnheit bringt man sie wohl gar so weit, daß ihnen ihr Gefängniß angenehm wird, und sie die Person, welche sie füttert, kennen lernen. Das sind aber lauter sehr flüchtige Empfindungen, die bey ihnen lange nicht so tief eindringen, als diejenigen, welche wir den vierfüßigen Thieren mit weit glücklicherm Fortgang, in viel kürzerer Zeit, und in größerer Menge, beybringen können. Ist wohl die schmeichelnde Gesellschaft eines Hundes mit dem Betragen eines zahmen Zeisigs, oder die Gelehrigkeit eines Elephanten und eines Straußes, mit einander in irgend eine Vergleichung zu setzen? Obgleich der letzte den ansehnlichsten überlegsamsten Vogel entweder deswegen vorzustellen scheint, weil der Strauß, um seiner Größe willen, in der That gleichsam der Elephant unter den Vögeln ist, und

21) Ein merkwürdiges Beyspiel dieser Art hat man, außer der Falkenjagd, an einem gewißen Kropftaucher, welchen die Chineser *Louwa* nennen. Ich meyne den sogenannten Mergus strumosus, Mergus scarba, s. scariba, der Alten, oder den Cormorant der Franzosen, welchen Frisch im II Th. seiner Vogelhistorie Tab. 188 abgebildet und beschrieben hat. Man findet in den bewährtesten Schriftstellern, daß die Chineser diesen Vogel zum Fischfang so gut, als einen Hund zur Jagd, abzurichten wissen. Sie hohlen die Fische vom Grunde hervor. Jeder Vogel bringt sogleich die erhaschte Beute auf das Boot seines Herrn. Weitläuftigere Nachrichten können in Neuhofs Gesandsch. nach China Amst. 1669. Fol. S. 134 und 353, ingleichen im I Jahrg. der hiesigen Mannigfaltigkeiten S. 809 — 812 nachgelesen werden. M.

und weil der Stempel des klugen Ansehens bey den Thieren auf ihrer Größe haftet, oder auch, weil er wirklich deßwegen, daß er die Erde nicht verlassen kann, und folglich weniger, als irgend ein anderes gefiedertes Thier, bloß Vogel ist, etwas von der Natur der vierfüßigen Thiere an sich hat!

Betrachten wir nun die Stimme der Vögel ohne Rücksicht auf den Einfluß, welchen die Menschen darauf haben, so denke man sich einmal am Papagey, am Zeisig, am Star, an der Amsel, bloß die natürlichen Töne, ohne die erlernte, oder man beobachte nur überhaupt einsam lebende Vögel in ihrer Freyheit! Wie deutlich wird man, in diesem Fall, nicht einsehen, daß ihre Stimme sich nicht nur nach ihren innern Empfindungen richtet, sondern auch nach den unterschiedenen Beschaffenheiten der Umstände und der Zeit, sich verlängert, verstärket, verändert, abwechsele, verstummet, und von neuem erhebet. Da ihre Stimme unter allen Fähigkeiten die leichteste ist, deren Ausübung den Vögeln am wenigsten beschwerlich fällt, so bedienen sie sich derselben auch dermaßen, daß man ihnen gar wohl den Vorwurf eines Mißbrauches machen könnte. Man sollte beynahe glauben, die Weibchen griffen die Werkzeuge ihrer Stimme am stärksten an; sie verhalten sich aber bey den Vögeln weit ruhiger und stiller, als die Männchen. Sie lassen zwar, wie diese, Töne des Schmerzes und der Furcht, Ausdrücke der Unruhe, und der Aengstlichkeit, besonders für ihre Junge, hören; allein die meisten Weibchen scheinen keines ordentlichen Gesanges fähig zu seyn, da ihn hingegen das Männchen mit den lebhaftesten Empfindungen ausübet. Eigentlich hat man den Gesang als eine natür-

natürliche Folge sanfter Gemüthsbewegungen, als einen reitzenden Ausdruck eines zärtlichen, kaum zur Hälfte befriedigten Verlangens anzusehen. Der Zeisig in seinem Kefig, der Grünfink in den Ebenen, der Emmerling (Lorior) im Wald, besingen ihre Liebe mit gleich lebhaften Stimmen. Die Weibchen beantworten ihren lockenden Gesang bloß mit einigen schwachen bejahenden Tönen. Bey gewißen Gattungen ertheilen die Weibchen dem Gesang der Männchen ihren Beyfall zwar durch einen ähnlichen, aber doch allemal schwächern und minder lebhaften Gesang. Wenn in den ersten Tagen des lächelnden Frühlings die melodische Nachtigall ankömmt, läßt sie noch gar nichts von ihrer Stimme hören. Sie behauptet ein tiefes Stillschweigen, bis es ihr geglückt, eine zwote Hälfte zu finden. Auch alsdann hat sie noch immer einen abgerupften, unsichern, und selten ertönenden Gesang, als ob sie der gemachten Eroberung noch nicht gewiß wäre. Nicht ehe wird ihre Stimme recht voll und hell, oder Tag und Nacht anhaltend ertönen, bis die männliche Nachtigall ihr Weibchen schon, von den Früchten ihrer Liebe versichert, die vorläufigen Anstallten zu ihren mütterlichen Besorgnißen machen siehet. Nun bemüht sich der Sprosser aufs eifrigste, die Sorge für ihre Nachkommenschaft mit seinem Weibcheu zu theilen; ietzt freut er sich, ihr, bey Erbauung des Nestes, behülflich seyn zu können, und sein Gesang ist nie stärker, schöner und anhaltender, als wenn er sein geliebtes Weibchen mit Schmerzen Eyer legen, und unter der langen Weile des Ausbrütens schmachten siehet. Er sorgt in dieser langen Zeit nicht allein für den reichlichen Unterhalt seiner Gattin, sondern er sucht ihr auch die lange Weile, durch Vermehrung seiner Liebkosungen und

Verdoppelung seiner liebvollen Gesänge, nach Möglichkeit abzukürzen. Ein sicherer Beweiß, daß der Gesang wirklich eine bloße Wirkung der Liebe sey, kann daher genommen werden, daß er mit der Liebe zugleich wieder verstummet. Sobald ein Weibchen brütet, hört es auf zu singen. Gegen das Ende des Junius verlieret sich auch der Gesang der Männchen. Wenigstens läßt es nur noch einzelne rauhe Töne hören, welche dem Geschwirr eines kriechenden Thieres gleichen, und sich von den vorigen so merklich unterscheiden, daß man sich kaum überreden kann, die Töne irgend eines Vogels, vielweniger einer Nachtigall, zu hören.

Dieser Gesang, welcher alle Jahre nachläßet, und sich wieder erneuert, auch überhaupt nur 2 bis 3 Monate anhält; diese Stimmen, welche bloß zur Zeit der Liebe so reitzend ertönen, hernach aber sich allmählig verändern, und endlich, wie die Flammen dieses gelöschten Feuers, sich verlieren, scheinen ein physikalisches Verhältniß, zwischen den Werkzeugen der Stimmen und der Zeugung, anzukündigen, ein Verhältniß, welches bey den Vögeln eine genauere Uebereinstimmung, und viel ausgebreitetere Wirkungen äußert, als bey den übrigen Geschöpfen. Man weis, daß bey dem Menschen die Stimme mit dem reifenden Alter erst vollkommen, bey den vierfüßigen Thieren aber zur Brunstzeit stärker und furchtbarer wird, als gewöhnlich. Die Anfüllung der Saamengefäße, der Ueberfluß der organischen Nahrung, pflegen alsdann in den Zeugungstheilen einen starken Reitz zu erwecken. Die Theile des Halses und der Stimme scheinen von diesem erhitzenden Reitz mehr, oder weniger, zu empfinden. Der Wachsthum des

Bartes

Bartes, die zunehmende Stärke der Stimme, die mehrere Ausdehnung des männlichen Geschlechtstheiles, der Anwachs der Brüste, die Entwickelung der drüsichten Körper bey dem weiblichen Geschlechte, lauter Veränderungen, die zu gleicher Zeit sich ereignen, überführen uns genugsam, daß zwischen den Zeugungstheilen, und fast allen Theilen des Halses, der Stimme und der Brust, eine große Gemeinschaft herrschen müße. Bey den Vögeln sind alle diese Veränderungen ungleich merklicher. Eben diese Theile sind nicht allein aus gleichen Ursachen stark gereitzet und verändert, sondern scheinen sich sogar gänzlich abzunutzen, um sich völlig wieder zu erneuern. Die Hoden, welche bey den Menschen, und beym größten Theil der vierfüßigen Thiere, zu allen Zeiten fast einerley Figur und Beschaffenheit hatten, verzehren sich bey den Vögeln gänzlich, und pflegen gleich, nach der glücklichen Zeit ihrer Liebe, völlig zu verschwinden, bey der Rückkehr eben dieser Jahreszeit aber sich wieder zu erheben, ein pflanzenartiges Leben anzunehmen, und stärker anzuwachsen, als es das Verhältniß der Größe ihres Körpers zu erlauben scheint. Der zu gleicher Zeit verstummende und wieder auflebende Gesang der Vögel kündigt also zuverläßig relativische Verhältniße der Kehle mit den Zeugungsgliedern an. Es wäre daher sehr nützlich, wenn man durch richtige Beobachtungen entdecken könnte, ob nicht alsdann in den Werkzeugen der Stimme irgend etwas Neues, oder eine beträchtliche Ausdehnung entstünde, welche nicht länger, als das Aufschwellen der Zeugungswerkzeuge daurete?

Indessen scheint es, als ob der Einfluß des Menschen sogar auf das Gefühl der Liebe, auf den stärksten Trieb der Natur, sich erstrecke. Zum wenigsten scheint er die Dauer dieses Triebes bey zahmen vierfüßigen Thieren und Vögeln verlängert, und seine Wirkungen vervielfältiget zu haben. Das häußliche Federvieh, und alle zahme Hausthiere, sind nicht, wie die frey lebende Geschöpfe, an eine gewiße Jahreszeit, oder an eine bestimmte Paarungszeit, gebunden. Der Haushahn, der Tauber, der Enter u. s. w. können, wie das Pferd, der Widder und der Hund, sich zu allen Zeiten begatten, und ihr Geschlecht vermehren. Da hingegen die wilden vierfüßigen Thiere so wohl, als Vögel, die nichts, als den Einfluß der Natur, empfinden, auf eine, oder zwo Jahreszeiten eingeschränket sind, und sich zu keiner andern Zeit nach der Begattung sehnen.

Wir haben bis hieher eine der vorzüglichsten Eigenschaften der Vögel, womit sie von der Natur beschenket worden, erzählet, und uns bemühet, so deutlich, als möglich war, den Einfluß der Menschen auf ihre Fähigkeiten zu erweisen. Wir haben gesehen, wie sehr die Vögel, sowohl den Menschen, als allen vierfüßigen Thieren, an Schärfe und Klarheit des Gesichtes, an Richtigkeit und Feinheit des Gehörs, an Leichtigkeit und Nachdruck der Stimme, überlegen sind. Nun werden wir auch bald überzeugt seyn, daß ihnen, in Ansehung des Zeugungsvermögens, und einer vorzüglichen Fertigkeit in den Bewegungen, welche ihnen fast natürlicher, als die Ruhe zu seyn scheinet, ganz besondere Vorzüge zugestanden werden müssen. An einigen, z. B. den Paradiesvögeln, Möven, Eisvögeln, u. a. m. bemerkt man eine beständige Bewegung. Nur einzelne Augenblicke scheinen sie zu ruhen. Viele scheinen

nen in der Luft sich zu versammlen, einander anzufallen, oder sich zu vereinigen. Alle hohlen ihren Raub im Flug, ohne ihn jemals zu verfehlen, oder sich dabey zu verweilen. Die vierfüßigen Thiere hingegen sind genöthigt, oft Unterstützungspunkte, oder Augenblicke der Ruhe, zu suchen, wenn sie sich mit einander vereinigen wollen, und der Augenblick, in welchem sie den gesuchten Raub erhaschen, ist auch zugleich das Ende ihres Laufes. Ein Vogel kann daher, im Zustand seiner Bewegungen, vieles ausrichten, wobey ein vierfüßiges Thier abwechselnd einige Ruhe nöthig hat. Er leistet also in kürzerer Zeit viel mehr, als ein ander Thier, weil er sich viel hurtiger bewegen, und weit länger hintereinander in Bewegung bleiben kann. Alle diese Ursachen zusammen genommen, haben einen mächtigen Einfluß auf die natürliche Fertigkeiten der Vögel, und verursachen einen großen Unterschied unter dem Instinkt der vierfüßigen Thiere, und dem ihrigem.

Um einen Begriff zu geben, wie lange die Vögel sich ununterbrochen bewegen können, und was für ein Verhältniß zwischen der Zeit und den Räumen statt findet, welche sie auf ihren Wanderschaften zu durchreisen pflegen, wollen wir einmal eine Vergleichung zwischen der Schnelligkeit ihrer Bewegungen, und zwischen der Geschwindigkeit der vierfüßigen Thiere, bey ihren größten sowohl natürlichen, als erzwungenen Märschen, anstellen. Der Hirsch, das Rennthier, das Elennthier, können in Einem Tage vierzig Meilen zurücklegen. Auch wenn es vor den Schlitten gespannet wird, kann das Rennthier dreyßig Meilen laufen, und eine so starke Bewegung viele Tage hintereinander aushalten. Der

Kameel ist im Stande, binnen acht Tagen drey hundert Meilen zurückzulegen. Ein Parforçepferd, wenn es unter den flüchtigsten, leichtesten und muthigsten ausgesuchet worden, durchrennet wohl in sechs oder sieben Minuten eine ganze französische Meile; allein es ermüdet bald in einem so schnellen Laufe, und ist nicht vermögend, einen langen Weg mit solcher Geschwindigkeit fortzusetzen. Wir haben [22]) ein Beyspiel vom Pferderennen eines Engelländers angeführt, welcher in eilf Stunden, zwey und dreyßig Minuten zwey und siebenzig französische Meilen zurücklegte, wobey er ein und zwanzigmal die Pferde verwechselt. Also können die allerbesten Pferde nicht vier Meilen weit in einer Stunde, oder nicht mehr als dreyßig französische Meilen in einem Tage laufen. Folglich werden sie von den Vögeln, in der Geschwindigkeit, sehr weit übertroffen. In weniger, als drey Minuten, verliert man einen großen Vogel, einen Geyer, der sich entfernet, einen Adler, der sich in die Lüfte hebt, und mehr als vier Fuß im Durchmesser hat, aus den Augen. Hieraus läßt sich schlüßen, daß ein Vogel in jeder Minute mehr als sieben hundert und funfzig Ruthen durchstreichen, und in Einer Stunde wohl zwanzig Meilen weit fliegen kann. Zufolge dieser Berechnung muß es ihm gar nicht schwer fallen, bey sechsstündigem Fluge alle Tage zwey hundert Meilen zurückzulegen. Es werden hierbey noch viel Zwischenzeiten am Tage, und die ganze Nacht zum Ausruhen, vorausgesetzt.

Un-

[22]) Im I Band unserer Naturgesch. der vierfüßigen Thiere. Berl. 1772. p. 85 2c.

Unsere Schwalben, und andere Zugvögel können also, binnen sieben oder acht Tagen, gar wohl aus unserm Klima bis unter die Linie reisen. Hr. Adanson [23]) hat an der Küste von Senegal schon am 9ten Oktober, das ist: acht oder neun Tage nach ihrem Abzug aus Europa, Schwalben gesehen, und selbst besessen. Pietro della Valle sagt: [24]) in Persien fliege die sogenannte Brieftaube in einem Tag viel weiter, als ein Mensch in sechs Tagen zu Fuße gehen könnte. Die Geschichte von dem Falken Heinrichs des IIten ist bekannt. Als dieser zu Fontainebleau einen Trappenzwerg verfolgt hatte, ward er des andern Tages zu Maltha wieder gefangen, und an dem Ring erkannt, welchen er an sich trug. Ein von den kanarischen Inseln an den Herzog von Lermes geschickter Falke flog in sechzehn Stunden von Adalusien bis nach der Insel Teneriffa, und legte folglich in dieser kurzen Zeit einen Raum von zwey hundert und funfzig französischen Meilen zurücke. Hans Sloane [25]) versichert, auf der Insel Barbados flögen die Möven truppweise auf zwey hundert Meilen spatzieren, und kämen an Einem Tage wieder alle zusammen. Ein bloßer Spatzierflug von mehr als hundert und dreyßig Meilen beweiset genugsam, daß es ihnen leicht seyn müsse, im Nothfall eine Reise von zwey hundert Meilen in einem Tage zu thun. Wenn man alle diese Beyspiele gegen einander hält, so kann man, wie mich dünket, sicher

23) In seiner Voyage du Senegal.

24) Voyage de Pietro della Valle. Tom. I. pag. 416.

25) S. Voyage to the Islands, with the natural history by *Sir Hans Sloane*. Lond. T. I. p. 27.

schlüßen, daß ein hochfliegender Vogel leden Tag vier- oder fünfmal so weit fortkommen könne, als das allerschnelleste unter den vierfüßigen Thieren.

Bey den Vögeln trägt alles zu dieser Leichtigkeit in den Bewegungen das Seinige bey. Die Federn selbst, welche von so leichter Substanz zu seyn, eine so beträchtliche Oberfläche und hohle Kiehle zu haben pflegen, die Anordnung eben dieser Federn [26]), die oben rundliche, unten ausgehohlte Form der Flügel, ihre große Ausdehnung, die vorzügliche Stärke der Muskeln, welche sie bewegen, imgleichen die Leichtigkeit des ganzen Körpers, dessen Knochen, als die vesteste Theile, hier weit leichter sind, als bey den vierfüßigen Thieren — alles dieses befördert gemeinschaftlich die schnelle Beweglichkeit bey den Vögeln. Die Höhlungen der Knochen sind verhältnißweise viel größer, als bey den vierfüßigen Thieren; die platten Knochen aber an sich viel zarter, dünner, und von unbeträchtlicherm Gewichte. „Das Knochengebäude „der **Kropfgans**, oder des **Pelikan**, sagen die Zer„gliederer der pariser Akademie, [27]) ist außerordent„lich leicht. So groß es an sich zu seyn pflegt, wog „es doch nicht mehr, als drey und zwanzig Unzen.“ Solche leichte Knochen müssen allerdings das Gewicht an den Körpern der Vögel ungemein vermindern,

[26]) Von der Struktur und Anordnung der Federn können die Anmerkungen und Beobachtungen der Mitgl. von der Akad. der Wissenschaften, in den Memoires pour servir à l'histoire des Animaux. P. II. Art. *Autruche* nachgelesen werden. A. d. V.

[27]) Mem. pour servir à l'Hist. des animaux &c. P. III. Art. *Pelican.*

bern, und wenn man auf einer Wasserwage das Knochengebäude, oder Skelet, eines vierfüßigen Thieres und eines Vogels (von gleicher Größe) neben einander abwieget, so wird man sich leicht überzeugen, wie das erstere specifisch viel schwerer, als das letzte sey.

Eine zwote sehr besondere Wirkung, die eine Beziehung auf die Natur der Knochen zu haben scheint, besteht in der Lebensdauer der Vögel, welche, überhaupt betrachtet, länger, als bey den vierfüßigen Thieren, und nach ganz andern Regeln und Verhältnißen eingetheilet ist. Wir haben gesehen, daß bey den Menschen und vierfüßigen Thieren die Lebensdauer sich beständig nach der Zeit richtet, welche zum völligen Wachsthum ihres Körpers erfordert wird, zugleich haben unsre Bemerkungen es zu einer allgemeinen Regel gemacht, daß kein Mensch, oder vierfüßiges Thier seines Gleichen hervorbringen könne, wenn sie nicht vorher den größten Theil ihres Wachsthums erreicht haben. Die Vögel wachsen geschwinder, und vermehren sich frühzeitiger. Ein junger Vogel kann seine Füße gebrauchen, so bald er aus dem Ey kriecht, und seiner Flügel sich kurz darauf bedienen. Gehen kann er, so bald er auf die Welt kommt, und fliegen lernt er, so bald er einen Monat lang, oder fünf Wochen, gelebet hat. Der Hahn ist in einem Alter von vier Monaten schon im Stande, seines Gleichen hervorzubringen, ob er gleich, erst binnen einem Jahr, sein völliges Wachsthum erhält. Die kleinsten Vögel pflegen in vier, oder fünf Monaten ihr Wachsthum zu vollenden. Sie wachsen also geschwinder, und vermehren sich früher, als die vierfüßigen Thiere; und doch leben sie verhältnißmäßig

weit,

weit länger, als diese. Ueberhaupt leben Menschen und vierfüßige Thiere sechs oder siebenmal länger, als die Zeit ihres Wachsthums dauret. Hieraus würde folgen, daß ein Hahn, oder Papagey, deren Wachsthum nicht über ein Jahr lang dauret, länger nicht, als etwa sechs, oder sieben Jahre hindurch leben könnte; allein ich habe viel Beyspiele vom Gegentheil gesehen. Mir sind Hänflinge im Kefig von vierzehn bis 15 Jahren, Hähne von zwanzig, und Papagayen von mehr als dreyßig vollen Jahren vorgekommen. Ich bin sehr geneigt zu glauben, daß ihr Lebensziel sich noch viel weiter, als ich hier angegeben, erstrecken könne; [28]) und glaube zuversichtlich, daß man eine so lange Dauer des Lebens bey Wesen, die an sich so zart sind, und von den geringsten Krankheiten gleich aufgerieben werden, keiner andern Ursach, als dem Gewebe ihrer Knochen zuschreiben könne, deren Substanz nicht so dichte, zugleich

[28]) Ich habe von einem sehr glaubwürdigen Mann die Versicherung erhalten, daß ein Papagay von etwa vierzig Jahren, ohne Zuthun eines Männchens, wenigstens von seiner Art, noch Eyer gelegt — Von einem gewissen Schwan hat man erzählet, er wäre drey hundert Jahre, von einer Gans, sie wäre achtzig volle Jahre, von einem Pelikan, er wäre gerade so alt, als diese, geworden. Von den Adlern und Raben ist es schon bekannt, daß sie ein sehr hohes Alter zu erreichen pflegen. S. *Encyclopedie*. Art. *Oiseau*. — Aldrovandus erzählt von einer Taube, sie habe zwey und zwanzig Jahre gelebt und bis zu den letzten sechs Jahren ihres Lebens immer noch junge Täubchen ausgebrütet. — *Willughby* versichert von den Hänflingen und Stieglitzen, die ersten pflegten ein Alter von vierzehn, die leztern von drey und zwanzig vollen Jahren zu erreichen rc. A. d. V.

zugleich aber leichter ist, und weit länger poros bleibt, als bey den vierfüßigen Thieren. Ihre Knochen können sich also bey weitem nicht so leicht verhärten, ausfüllen und verstopfen, als die Knochen der vierfüßigen Thiere. Da nun, wie oben bewiesen worden, die Verhärtung der Substanz bey den Knochen die allgemeine Ursache des natürlichen Todes ist, so muß allemal das Lebensziel desto entfernter seyn, je länger die Knochen eines Geschöpfes weich bleiben; aus eben diesem Grunde giebt es auch mehr Frauenzimmer, als Mannspersonen, welche zum höchsten menschlichen Alter gelangen; und eben dies halten wir auch für die Ursache, warum die Vögel ungleich länger, als die vierfüßigen Thiere, die Fische aber noch länger, als die Vögel zu leben pflegen, weil die Knochen und Gräten der Fische noch leichter, und von einer noch dauerhaftern Geschmeidigkeit sind, als die Knochen der Vögel.

Wenn wir nun zwischen den Vögeln und vierfüßigen Thieren einen etwas ausführlichern Vergleich anstellen wollen, so werden wir vielerley besondere Verhältniße und Beziehungen wahrnehmen, die uns von der Einförmigkeit des allgemeinen Entwurfes der Natur überzeugen können. Unter den Vögeln giebt es, wie unter den vierfüßigen Thieren, sowohl fleischfressende, als andere Gattungen, die zu ihrer Nahrung weiter nichts, als Früchte, Pflanzen und Saamenkörner nöthig haben. Eben die physische Ursache, die es bey den Menschen und vierfüßigen Thieren zur Nothwendigkeit machet, sich am Fleisch und sehr nahrhaften Speisen zu sättigen, muß auch auf die Vögel sich anwenden lassen. Die fleischfressende, sogenannte Raubvögel, haben mehr nicht, als einen

Magen

Magen, und einen viel kürzern Darmkanal, als die andern, welche von Saamenkörnern und Früchten leben. [29]) Der Kropf der letztern, welcher den erstern gemeiniglich fehlet, ist bey den Vögeln eben das, was der Wanst, oder erste Magen, bey den wiederkäuenden Thieren vorstellet. Sie können sich mit leichten und magern Speisen behelfen, weil sie diesen Kropf mit einem großen Vorrath solcher Nahrungsmittel vollstopfen, und folglich durch die Menge der Speisen ersetzen können, was ihnen an Güte fehlet. Sie haben zween Blinddärme, und einen sehr vesten, muskulösen Magen, der ihnen die Zermalmung der verschluckten harten Körner treflich erleichtern kann; da man hingegen bey den Raubvögeln viel kürzere Därme, und gemeiniglich weder Magen, oder Kropf, noch einen doppelten Blinddarm antrift.

Die natürlichen Eigenschaften und Sitten der Vögel pflegen grössentheils von ihren herrschenden Begierden abzuhängen. Wenn man also, in dieser Absicht, eine Vergleichung zwischen den Vögeln und vierfüßigen Thieren anstellen wollte, so scheint mir der edle, großmüthige Adler den Löwen, der grausame, unersättliche große Geyer den Tiger, die kleinern Geyer, Weyhen und Raben, die bloß nach Luder und verdorbenem Fleische geitzen, die

29) Ueberhaupt sind bey den Vögeln, die sich von Fleische nähren, die Gedärme sehr kurz und mit einem sehr kleinen Blinddarm versehen. Bey den Saamenfressenden Vögeln findet man weit längere, weit stärker gefaltete Därme und oftmals einen ungleich beträchtlichern Blinddarm. S. *Mémoires pour servir à l'Histoire des animaux.* Art. des *Oiseaux.* A. d. V.

die Hyänen, Wölfe, Jackals rc. die Falken, Sperber, Habichte und andere Jagdvögel, die Hunde, Füchse, Unzen (eine Art von Tiger) und Luchse; die Eulen, welche nur zur Nachtzeit, oder im Dunkeln sehen, und auf die Jagd ausfliegen, die Katzen; die Reiger und Seeraben, welche sich von Fischen zu nähren pflegen; die Biber und Fischottern; die Spechte, oder Baumhacker, weil sie auf gleiche Art ihre Zunge hervorstrecken, um Ameisen darauf zu fangen, die Ameisenfresser u. s. w. vorzustellen. Bey den Pfauen, Hähnen, Putern, und allen mit Kröpfen begabten Vögeln, müßten uns die Ochsen, Schaafe, Ziegen, und andere wiederkäuende Thiere, um dieser Aehnlichkeit willen, einfallen. Wollte man also einen Maßstaab der herrschenden Begierden vestsetzen, und ein Gemälde der unterschiedenen Lebensarten bey den Thieren entwerfen, so würde man bey den Vögeln eben die Beziehungen, eben den Unterschied entdecken, den wir bey den vierfüßigen Thieren bemerket haben, und vielleicht noch mehr Abänderungen bey den erstern wahrnehmen. Die Vögel haben z. B. noch ganz eigenthümliche Quellen des Unterhalts, weil ihnen die Natur alle Arten von Insekten, welche die vierfüßigen Thiere verachten, zum Genuße preiß gegeben. Fleisch, Fische, beydlebige, kriechende Thiere, Insekten, Früchte, Saamenkörner, Wurzeln, Pflanzen, kurz: alles was Leben und Wachsthum hat, ist für ihren Appetit bestimmet; und in der Folge werden wir sehen, daß bey ihrer Wahl kein Eigensinn herrschet. Wenn es ihnen an der einen Art von Unterhalt fehlet, lassen sie, ohne Bedenken, sich nach einer andern gelüsten. Bey den meisten Vögeln ist der Geschmack fast gar nicht in Betrachtung zu ziehen, oder wenigstens dem Geschmack der vierfüßigen Thiere weit nachzusetzen. Obgleich die letztern einen minder zärtlichen Gaum und Zunge haben, als der Mensch, so beweisen sie doch wenigstens, daß bey ihnen diese beyde Werkzeuge des Geschmacks empfindlicher, und nicht so abgehärtet sind, als bey den Vögeln, an denen man eine fast knorpelartige Zunge wahrnimmt. Unter allen Vögeln haben bloß die fleischfressenden eine weiche Zunge, welche, in Ansehung der Substanz, etwas Aehnliches mit einer Zunge der vierfüßigen Thiere zu haben scheint. Eben diese Vögel müssen also einen feinern Geschmack, als andere Vögel, besitzen, besonders da sie auch mit einem stärkern Sinne des Geruchs begabt zu seyn scheinen, dessen Feinheit einem stumpfern Geschmack vortreflich aufhilft. In sofern aber der Geruch und das Gefühl des Geschmacks bey den Vögeln allemal schwächer und stumpfer, als bey den vierfüßigen Thieren ist, können sie auch vom Geschmack nicht sonderlich urtheilen; daher man sie auch größtentheils ihre Nahrung bloß verschlucken siehet, ohne sie vorher zu kosten. Das Käuen, welches uns vorzüglich zum Genuße des Geschmacks behülflich ist, fällt bey den Vögeln gänzlich hinweg. Gründe genug, warum sie bey der Wahl ihrer Speise so wenig Eigensinn und Vorsicht beweisen, daß man zuweilen siehet, wie sie sich plötzlich vergiften, indem sie bloß darauf bedacht waren, sich zu nähren. 30)

Die

30) Petersilie, Kaffe, bittere Mandeln u. s. w. sind für Hüner, Papagayen und andere Vögel ein wahres Gift, indessen genüssen sie diese Gifte mit eben so viel Begierde, als andere Speisen, die man ihnen vorhält.

A. d. V.

Die Naturkundige also, welche die Geschlechte der Vögel nach ihrer Lebensart eingetheilt haben, [31]) beweisen dadurch die geringe Kenntniß, die sie von den

31) Der Herr Rektor Frisch, dessen oben angezeigtes Werk in mancherley Absicht viel Empfehlung verdienet, theilet seine Vögel in zwölf Klassen. I. Kleine Vögel mit kurzem dicken Schnabel, womit sie die Körner an zwo gleichen Theilen aufknacken. II.) Kleine dünnschnabliche Vögel, die von Fliegen und Würmern leben. III.) Amseln und Drosseln. IV) Spechte oder Baumhacker, Kukuke, Wiedehopfe, Papagayen. V.) Heher und Elster. VI.) Raben und Krähen. VII.) Tageraubvögel. VIII) Nachtraubvögel. IX.) Zahme und wilde Hüner. X.) Zahme und wilde Tauben. XI.) Gänse, Enten und andere Schwimmvögel. XII.) Vögel welche das Wasser und wasserreiche Gegenden lieben. Man siehet augenscheinlich, daß die Gewohnheit, die Körner an zween gleichen Theilen zu öfnen, keinen Charakter ausmachen kann, weil in eben dieser Klasse zugleich Vögel, z. B. Meisen vorkommen, welche dieses nicht zu thun, sondern die Körner ordentlich zu zermalmen pflegen. Ueberdies nehmen alle Vögel dieser ersten Klasse, die, nach Herrn Frisch lauter Saamenkörner essen sollten, eben so wohl Insekten und Würmer zu sich, als die Vögel der zwoten Klasse. Wir glauben daher, es wäre besser gethan, beyde Klassen mit einander zu vereinigen, wie Herr von Linné in der Xten Ausgabe seines Natursystems 1 Th. S. 85 gethan hat: Oder Herr Frisch, der nun einmal diese Art, die Körner zu fressen zum Charakter seiner ersten Klasse machen wollte, hätte wenigstens noch eine besondere Klasse von Meisen und solchen Vögeln, welche die Körner zermalmen, vestsetzen und aus Hünern und Tauben, welche sie beyde ganz verschlucken, nur eine Klasse machen müssen; da er im Gegentheil eine besondere Klasse für die Hüner und eine andere für die Tauben bestimmet.

A. d. V.

den Vögeln überhaupt besitzen, und einen großen Mangel der Ueberlegung, die sie vorher darüber anstellen sollten. Bey den vierfüßigen Thieren wäre dieser Einfall noch eher anzubringen gewesen, weil ihr Geschmack weit lebhafter und empfindlicher, ihr Appetit aber viel bestimmter ist; ob man gleich mit Grunde, sowohl von den vierfüßigen Thieren, als von den Vögeln, sagen könnte, daß die meisten, die sich von Pflanzen und andern magern Speisen zu nähren pflegen, in Ermangelung der erstern auch wohl Fleisch genüßen würden. Man sieht ja täglich, wie die Hüner, Puten, und andere zu Körnern gewöhnte Vögel die Würmer, Insekten und Stückchen Fleisch beynahe sorgfältiger, als die Körner, auflesen. Obgleich die Nachtigal von Insekten zu leben gewohnt ist, kann sie doch auch mit gehacktem Fleisch genähret werden. Die Eulen lieben von Natur das Fleisch, weil sie aber in der Nacht fast nichts, als Fledermäuse haschen können, so lassen sie sich auch wohl bis zur Phalänenjagd herab, weil diese Insekten ebenfalls in der Dunkelheit umher fliegen. Diejenigen Personen, welche so gern ihre Zuflucht zu den Endursachen des Schöpfers, beym Bau seiner Geschöpfe, zu nehmen pflegen, irren in der That, wenn sie den krummen Schnabel zu einem untrüglichen Merkmal des entschiedenen Appetits nach Fleische machen. Wollte man ihn bloß als ein Instrument betrachten, welches lediglich dazu bestimmt wäre, das Fleisch zu zerreißen, so müßte man doch zugleich sagen können, warum die Papagayen und andere krummschnablichte Vögel Körner und Früchte dem Fleische vorzuziehen scheinen? Die allergefräßigsten Raubvögel begnügen sich, wenn es ihnen an Fleische fehlet, mit Fischen, Kröten und andern kriechenden Thieren. Fast alle Vögel, die bloß von Körnern zu leben scheinen, sind wenigstens in ihrem ersten Alter von ihren Vätern und Müttern mit Insekten gespeiset worden. Nichts kann daher willkührlicher und minder gegründet seyn, als eine von ihrer Lebensart, oder von dem Unterschied ihrer Nahrung hergenommene Eintheilung der Vögel. Nimmermehr läßt sich die Natur eines Wesens aus einem einzigen Charakter, oder aus irgend einer natürlichen Gewohnheit bestimmen. Wenigstens müssen viele Charaktere zusammen genommen werden. Je größer die Anzal derselben ist, um so viel mehr hat man sich von der Vollkommenheit einer solchen Methode zu versprechen. Indessen haben wir es oft genug schon gesagt und wiederhohlet, daß nichts, als die besondere Geschichte und Beschreibung jeder Gattung zu einer vollständigen Methode behülflich seyn kann.

Da nun die Vögel nichts vom Käuen wissen, obgleich der Schnabel gewißermaßen die Stelle der Kinnladen der vierfüßigen Thiere zu ersetzen scheint; da überdis der Schnabel das Amt wirklicher Zähne nur höchst unvollkommen verrichten kann; [32]) da sie gezwungen sind, ihre gesammlete Körner entweder ganz, oder nur halb zerquetscht hinterzuschlucken, ohne sie durch den Schnabel zermalmen zu können; so würden sie diese Speise weder zu verdauen, noch sich dadurch zu nähren, im Stande gewesen seyn, wenn ihr

32) Bey den Papagayen und vielen andern Vögeln, ist so wohl der obere, als der untere Theil des Schnabels beweglich, da man hingegen bey vierfüßigen Thieren blos an der untern Kinnlade die nöthige Beweglichkeit findet. A. d. V.

ihr Magen eben so, wie bey zahnichten Thieren beschaffen gewesen wäre. Allein die kornfressende Vögel haben Magen von einer so vesten und dichten Substanz, daß es ihnen leicht wird, mit Beyhülfe kleiner verschluckter Kiesel, ihre Speise zu verdauen. So oft sie dergleichen verschlucken, pflanzen sie gleichsam Zähne in ihren Magen, wo alsdann das Knäten und Zermalmen der Speisen 33) mit weit stärkern Kräften von Statten gehet, als bey den vierfüßigen, sogar bey fleischfressenden Thieren, die keinen so harten,

33) Unter allen Thieren giebt es keine, deren Verdauungsart dem System der Zermalmung günstiger wäre, als die Verdauungsart bey den Vögeln. Ihr harter Magen ist mit allen zu dieser Zermalmung nöthigen Kräften und einer dazu erforderlichen Richtung der Fasern ausgerüstet. Von den Raubvögeln, die sich nicht gern die Mühe nehmen, die äussere Schale der aufgelesenen Körner vorher abzusondern, weis man schon, daß sie allemal, zugleich kleine Steinchen verschlucken, durch deren Beyhülfe ihr Magen, indem er sich stark zusammenziehet, solche Schale zersprenget. Wahrhaftig eine wahre Zermalmung! Die aber nichts anders vorstellet, als was bey andern Thieren die Zermalmung der Speisen mit den Zähnen ist. Sie geschieht bey den Vögeln bloß an einem andern Ort, nämlich in ihrem harten Magen, dessen Feuchtigkeit hernach die durchs Reiben und Nagen der kleinen Steine abgeschälte Körner und Früchte folgends auflöset. Vor diesem Magen befindet sich noch ein gewisser Beutel oder Kropf, aus welchem sich eine große Menge von einem weißlichen Saft ergießen muß, weil man sogar nach dem Tode des Thieres, durch einen leichten Druck noch etwas davon auspressen kann. Hr. Helvetius füget noch hinzu, daß man zuweilen im Schlunde des Seeraben (*Cormoran*) halb verdaute Fische wahrnähme. S. *Hist. de l'Acad. Roy. des Scienc.* de Paris. Année 1719. p. 37. A. d. V.

ten; sondern einen fast eben so biegsamen und nachgebenden Magen, als andere Thiere, haben. Man hat Erfahrungen gemacht, wo durch das bloße Reiben im harten Magen unterschiedene Münzen, die man einem Strauß verschlucken lassen, tief ausgefurcht, und fast um drey Viertheile abgenutzet waren. 34)

Wie die Natur die vierfüßigen Thiere, welche die Wasser oft besuchen, oder kalte Länder bewohnen, mit einem doppelten Pelz, oder starken, dichten Haaren bekleidet hat, so beschenkte sie auch alle Wasservögel, oder gefiederte Bewohner der nördlichen Länder mit häufigen Federn, und sehr feinen Dunen, oder Pflaumfedern (Duvet). Man kann daher schon aus diesem Kennzeichen, das Land, wo sie zu Hause gehören,

34) Man fand im Magen eines Straußen an siebenzig Scheidemünzen, (*Doubles*, deren 6 einen Stüber ausmachen) die fast alle um drey Viertheile verzehrt, und durch das abwechselnde Reiben des Magens und der Kiesel stark geritzet, aber durch keine Art der Auflösung verändert waren. Denn einige dieser Münzen, die auf der einen Seite vertieft, auf der andern gewölbt aussahen, erschienen auf der gewölbten Seite dermaßen polirt und glänzend, daß auf derselben gar nichts mehr von der Figur der Münze zu erkennen war. Man fand sie also auf der einen Seite halb abgenutzt, auf der andern aber unversehrt, weil die Vertiefung das starke Reiben daran verhindert hatte, welchen Widerstand eben diese hohle Seite gewiß der Wirkung einer auflösenden Feuchtigkeit nicht mit gleichem Erfolg würde haben entgegen setzen können. S. *Memoires pour servir à l'Hist. des Animaux.* T. I. p. 139 — 140. Ein goldenes spanisches Fünfthalerstück, das von seiner Ente verschluckt worden, hatte schon sechzehn Grane seines Gewichts verlohren, als es die Ente wieder von sich gab. S. *Collect. Acad. Partie etrangère.* Tom. V. p. 105.

hören, und das Element, welches ihnen zum Aufenthalt am liebsten ist, errathen. In allen Himmelsstrichen findet man die Wasservögel beynahe gleich stark mit Federn besetzet. Neben dem Schwanz haben sie alle zwo starke Drüsen, worinn sich eine ölichte Feuchtigkeit sammlet, deren sie sich bedienen, ihre Federn damit glänzend zu machen, und gleichsam zu lackiren. Dieser Umstand, und ihre Dicke machen, daß kein Wasser in sie dringen kann, sondern bloß über die Oberfläche derselben herabglitschen muß. An den Landvögeln hat man von diesen Drüsen entweder gar nichts, oder nur geringe Spuren wahrgenommen.

Die fast nackenden Vögel, als der **Strauß**, Kasuar, Bastartstrauß (Dronte) rc. halten sich beständig, und nur allein in warmen Ländern auf. Alle Vögel der kalten Länder sind stark bedeckt, und mit häufigen Federn ausgeschmücket. Die Vögel, welche sich hoch in die Lüfte schwingen, brauchen ihre Federn alle nothwendig, um die Kälte der mittlern Luftgegend aushalten zu können. Wenn man also verhindern will, daß ein Adler sich nicht allzuhoch in die Luft erheben, und vor unsern Augen verschwinden soll, so darf man ihm nur am Bauche die Federn ausrupfen. Er ist alsdann viel zu empfindlich für den Frost, als daß er sich zur gewöhnlichen Höhe schwingen sollte.

Allen Vögeln überhaupt ist es natürlich, auf eben die Art, wie die vierfüßigen Thiere sich haaren, sich zu maustern. Der größte Theil ihrer Federn pflegt ihnen alle Jahr einmal auszufallen, und wieder neu zu wachsen. Die Wirkungen dieser Veränderung

sind

sind auch an ihnen weit sichtbarer, als an den vierfüßigen Thieren. Die meisten Vögel stehen zur Mausterzeit viel Ungemächlichkeiten, und eine wirkliche Krankheit aus; einige sterben sogar an diesem Federwechsel, und kein einziger kann bey demselben seines Gleichen hervorbringen. Ein vollkommen gut ausgefüttertes Huhn hört in diesem Zustande dennoch auf zu legen. Die organische Nahrung, welche sie vorhero zum Wachsthum der Eyer anlegte, ist iezo durch die Ernährung und Wachsthum der neuen Federn gänzlich erschöpft uud aufgezehret; es ist auch nicht eher wieder an einen Ueberfluß derselben zu denken, bis die Federn ihr völliges Wachsthum erreichet haben. Diese Mausterzeit pflegt gemeiniglich gegen Ausgang des Sommers, oder im Herbst einzufallen. 35) Die Federn wachsen zu gleicher Zeit wieder nach, und die Menge von überflüßiger Nahrung, welche zu dieser Jahreszeit vorräthig ist, wird größtentheils durch das Wachsthum dieser neuen Federn aufgezehret. Nicht eher, als wenn sie zu vollkomm-

35) Die Hausvögel, als Hüner ꝛc. haben gemeiniglich im Herbst ihre Mausterzeit, die Phasanen aber und Rebhüner noch vor Endigung des Sommers. Diejenigen aber, welche man in den Phasanhäusern und Gärten besonders heget, maustern sich unmittelbar nach der Legezeit. Auf dem Felde sind allemal die Rebhüner und Phasanen gegen Ausgang des Julius dieser Veränderung unterworfen; doch haben die Mütter, die noch ein junges Volk führen, einige Tage später darauf Anspruch zu machen. Das Ende des Julius ist auch bey wilden Enten die gewöhnliche Mausterzeit. Ich habe diese Bemerkungen eigentlich dem Jagdlieutenant Hrn. Le Roy zu verdanken.

A. d. V.

nern Wachsthum gediehen sind, oder im Anfange des Frühlings, äußert sich wieder ein Ueberfluß von guter Nahrung, welche mit Beyhülfe der angenehmen Jahreszeit, sie wieder zur Liebe reitzet. Jezt keimen alle Pflanzen aus dem fruchtbaren Erdboden hervor, die erstarrten Insekten erwachen wieder, oder kriechen aus ihren Verwandlungshülsen hervor; der ganze Erdboden scheint lauter neues Leben zu seyn. Durch diese, dem Scheine nach bloß für sie bewirkte Erneuerung, erhalten sie neue Kräfte, neues Leben, welches in einen kräftigen Trieb zur Paarung sich auflöset, und sich durch Vermehrung des Geschlechtes thätig erweiset.

Man sollte glauben, das Fliegen müsse den Vögeln eben so wesentlich, als das Schwimmen den Fischen und vierfüßigen Thieren das Laufen zukommen; dennoch wird man bey allen diesen Geschlechtern in dieser allgemeinen Regel wichtige Ausnahmen entdecken. Wie sich also unter den vierfüßigen Thieren einige finden, die nicht gehen, sondern fliegen, als die Roussetten, Rougetten, und gemeinen Fledermäuse; andere hingegen, die bloß zu schwimmen pflegen, wie die Seehunde, Seekälber, Seekühe, oder die, gleich den Bibern und Fischottern, weit leichter schwimmen, als laufen, und noch andere, die, nach Art eines Faulthieres, ihren Körper nicht anders, als höchst langsam von einer Stelle zur andern schleppen können; so wird man auch am Strauß, am Kasuar, am Bastartstrauß, (Dronte) und Straußkasuar, (Thouyou) Beyspiele von Vögeln wahrnehmen, die nicht fliegen können, sondern, wie andere Thiere, laufen müssen. Andere, z. B. die Fettgänse und

Seepapagayen sind wohl im Stande zu fliegen und zu schwimmen, aber doch nicht, wie jene, zu laufen. Von einigen, als von den Paradiesvögeln, weis man, daß ihnen sowohl das Vermögen zum Laufen, als zum Schwimmen fehlet, und keine andere Bewegung, als das Fliegen, möglich ist. Nur scheinet für die Vögel überhaupt genommen, das Wasser ein bequemeres und eigenthümlicheres Element, als für die vierfüßigen Thieren zu seyn; denn, außer einer geringen Anzal von Gattungen, vermeiden alle Landthiere das Wasser, so viel sie können, und bequemen sich nicht ehe zum Schwimmen, bis entweder die Furcht, oder ein dringendes Bedürfnis der Nahrung sie zu diesem Unternehmen zwinget. Unter den Vögeln giebt es hingegen sehr viele Gattungen, die sich bloß auf dem Wasser aufhalten, und nicht ehe das Land besuchen, als wenn es die Nothwendigkeit, oder ein besonderes Bedürfnis, als die Vorsorge, ihre Eyer für den Ueberschwemmungen in Sicherheit zu bringen, erfordert. Daß die Vögel sich weit mehr, als die vierfüßigen Landthiere, auf dem Wasser halten, kömmt wohl hauptsächlich daher, weil es kaum drey oder vier Gattungen solcher Thiere giebt, welche mit Schwimmhäuten zwischen den Fußzeen begabet sind; da man hingegen unter den Vögeln wohl drey hundert mit Schwimmfüßen versehene Gattungen zählen kann. Ueberdies trägt bey diesen die Leichtigkeit ihrer Federn und ihrer Knochen, sogar die ganze Form ihres Körpers ungemein viel zu ihrer großen Fertigkeit im Schwimmen bey. Der Mensch ist vielleicht unter allen lebenden Geschöpfen das einzige, dem es außerordentlich viel Mühe kostet, auf dem Wasser zu schwimmen. Die ganze Form seines Körpers widersetzt sich durchaus dieser Art von

Bewegung. Unter den vierfüßigen Thieren schwimmen diejenigen viel besser und leichter, die entweder mehrere Magen, oder einen dicken und langen Darmkanal haben, weil diese große innere Hohlungen ihren Körper specifisch leichter machen. Die Vögel, deren Füße gleichsam eine Art von Rudern vorstellen, deren Leibesgestallt länglicht, und nach Art eines Schiffchens zugerundet ist, deren ganzes Gewicht auch so wenig beträget, daß ihr Körper nicht weiter einsinken kann, als es eine gerade und sichere Stellung auf dem Wasser nothwendig erfordert, sind, aus allen diesen Gründen, zum Schwimmen fast eben so geschickt, als zum Fliegen. Das Vermögen, zu schwimmen, äußert sich sogar noch früher, als die Fertigkeit im Fliegen. Man kann dies an den jungen Enten sehen, die sich lange vorher auf dem Wasser herumtaumeln, ehe sie einen Versuch wagen, sich in die Luft zu schwingen.

Bey den vierfüßigen Thieren, absonderlich bey denjenigen, die bloß mit Hufen, oder harten Klauen versehen sind, womit sie nichts fassen können, scheinet der Sinn des Gefühls mit den Sinnen des Geschmacks im Rachen oder Maule vereiniget zu seyn. In sofern dieses allein getheilt, und so beschaffen ist, daß mit Hülfe desselben die Körper gefasset, und ihre Form erkannt werden kann, wenn sie zwischen die Zunge, den Gaumen, und zwischen die Zähne solcher Thiere gebracht werden, muß man wohl diesen Theil für den vornehmsten Sitz nicht allein des Gefühles, sondern auch des Geschmacks bey ihnen halten. An den Vögeln findet man zwar das Gefühl dieses Theiles nicht minder unvollkommen, als an den vierfüßigen Thieren, weil ihre Zungen und Gaumen weniger

Empfind-

Empfindlichkeit besitzen; sie scheinen aber doch über diese Thiere, in Absicht des Gefühls ihrer Krallen, etwas voraus, und in denselben den hauptsächlichsten Sitz des Gefühls zu haben. Denn sie bedienen sich überhaupt ihrer Krallen viel öfter, als die vierfüßigen Thiere, bald um etwas damit zu ergreifen, [36]) bald um gewiße Körper damit zu betasten. Weil inzwischen das Innere der Vogelkrallen allemal mit einer harten, schwülichten Haut überzogen ist, so kann man in denselben wohl kein sonderlich zartes Gefühl vermuthen, und die Empfindungen, welche dieser Sinn erregt, müssen allerdings nur wenig Deutlichkeit haben.

Dies war also die Ordnung der Sinnen, wie sie die Natur bey den unterschiedenen Wesen, die wir betrachten, scheinet vestgesetzet zu haben. Bey den Menschen ist das Gefühl der erste, oder vollkommenste, der Geschmack der zweete, das Gesichte der dritte, das Gehör der vierte, der Geruch aber der letzte von den äußern Sinnen. Bey den vierfüßigen Thieren muß man dem Geruch den ersten,

[36]) In der Geschichte der vierfüßigen Thiere haben wir bewiesen, daß kaum ein Drittheil derselben sich der Vorderfüße bedienet, um etwas damit nach dem Maule zu bringen; da hingegen die meisten Vögel eine von ihren Krallen zu dieser Absicht brauchen; ob es ihnen gleich viel saurer werden muß, als den vierfüßigen Thieren, weil sie nur zween Füße haben, und sich folglich mit aller Gewalt auf den einen stützen müssen, wenn sie mit dem andern etwas halten wollen. Ein vierfüßiges Thier kann doch, in diesem Fall, noch auf drey Füßen stehen, oder sich bequem auf die beyden Hinterfüße setzen. A. d. V.

sten, dem Geschmack aber den zweeten Platz einräumen, oder vielmehr beyde für einen, und zwar für ihren Hauptsinn halten, auf welchen hernach das Gesichte, das Gehör, und endlich das Gefühl folget. Bey den Vögeln scheinet allerdings das Gesichte den ersten, das Gehör den zweeten, das Gefühl den dritten, der Geschmack und Geruch aber den letzten Rang zu behaupten. Bey allen diesen Wesen richten sich die herrschenden Empfindungen nach eben dieser Ordnung. Der Mensch wird am stärksten durch die Eindrücke des Gefühls, die vierfüßigen Thiere durch die Eindrücke des Geruchs, die Vögel durch die Eindrücke des Gesichtes gerühret. Es ist natürlich, daß auch der größte Theil ihrer Beurtheilungen und Entschlüßungen von diesen herrschenden Empfindungen abhänget. In sofern die Eindrücke und Empfindungen, welche sie durch den andern Sinn bekommen, weder eben so stark, noch so zahlreich sind, müssen sie auch allemal den erstern untergeordnet seyn, und einen etwas entferntern Einfluß auf die Natur der Wesen haben. Der Mensch also muß destomehr Nachdenken besitzen, je feiner und stärker sein Gefühl ist. Ein vierfüßiges Thier muß eine weit heftigere Freßbegierde, als der Mensch besitzen, ein Vogel aber mit weit flüchtigern, und nach der Schärfe seines Gesichts abgemessenen Empfindungen begabet seyn.

Es giebt aber noch einen sechsten Sinn, der, ob er gleich seine Wirksamkeit nur zu gewißen Zeiten äußert, dennoch stärker, als die andern alle zu wirken, und alsdann die herrschendsten Empfindungen, die heftigsten Bewegungen und innigsten Rührungen hervorzubringen scheinet. Ich meyne den Sinn

der

der Liebe. Bey den vierfüßigen Thieren kann gar nichts mit der Gewalt ihrer Eindrucke verglichen werden. Nichts kann dringender seyn, als die Bedürfniße dieser Eindrücke, nichts ungestümer, als die dadurch veranlassete Begierden. Mit einem unglaublich lebhaften Eifer pflegen sie einander aufzusuchen, und sich mit einer Art von Wuth zu vereinigen. Bey den Vögeln herrscht mehr Zärtlichkeit, mehr Standhaftigkeit und mehr Sittlichkeit in der Liebe, obgleich die physikalischen Anlockungen darzu bey ihnen stärker, als bey den vierfüßigen Thieren, seyn mögen. Von den letztern weis man kaum irgend ein Beyspiel der ehelichen Keuschheit, noch weniger aber von der väterlichen Vorsorge für die Jungen, anzugeben. Bey den Vögeln ist es aber eine Seltenheit, Beyspiele vom Gegentheil zu finden. Denn wenn wir unser zahmes Hausgefieder und wenige Gattungen ausnehmen, so scheinen alle Vögel sich durch ein Bündniß zu vereinigen, das wenigstens eben so lange gehalten wird, als es die Erziehung ihrer Jungen erfordert.

Jedes Eheverbündniß setzet, außer dem Bedürfniß einer ehelichen Beywohnung, gewiße nothwendige Anordnungen voraus, welche sich theils auf das Ehepaar selbst, theils auf die Früchte der Ehe beziehen. Die Vögel also, die sich natürlicherweise gezwungen sehen, zur Ausbrütung ihrer Eyer Nester zu bauen, welche die Weibchen aus Nothwendigkeit anfangen, die verliebte Männchen aber aus Höflichkeit vollenden helfen, sind in gemeinschaftliche Beschäftigungen verwickelt. Es entsteht hieraus unter ihnen eine stärkere Zuneigung und genauere Verbindung. Die vervielfältigten Bemühungen, die wechselsweise

selsweise Hülfleistungen, die gemeinschaftlichen Unruhen, bestätigen diese Gesinnungen immer mehr, und eine zwote Nothwendigkeit, nämlich die Sorge, die Eyer nicht erkalten, und die Früchte ihrer Liebe, wofür sie schon so viele Sorgfalt angewendet, nicht umkommen zu lassen, giebt ihren Verbindungen eine beständigere Dauer. Da sie das Weibchen unmöglich verlassen kann, so bemüht sich indessen das Männchen, seiner Gattin den nöthigen Unterhalt aufzusuchen, und ihr zu überbringen. Zuweilen vertritt es wohl gar ihre Stelle, oder setzt sich zu ihr ins Nest, um die Wärme desselben zu vermehren, und einigermaßen die Beschwerlichkeiten ihrer iezigen Verfassung mit ihr zu theilen. Die Ergebenheit, welche die Liebe zum Grunde hat, äußert sich in ihrer ganzen Stärke, so lange die Brütungszeit währet; sie scheinet aber noch stärker und ausgebreiteter zu werden, sobald ihre Jungen die Eyer verlassen. Nun genüßen sie ganz neue Vergnügungen, welche zugleich das Band ihrer Vereinigung immer vester knüpfen. Die Erziehung ihrer Jungen ist ein ganz neues Geschäfte, dem sich Vater und Mutter wieder gemeinschaftlich unterziehen. An den Vögeln sehen wir demnach alles, was von einer ehrbaren Haushaltung zu fordern ist: nämlich Liebe, die eine ungetheilte Zuneigung zur Folge hat, und sich hernach über die ganze Familie verbreitet. Man begreift aber leicht, daß alles dieses lauter Folgen der Nothwendigkeit sind, sich mit unvermeldlichen Besorgnißen und Arbeiten gemeinschaftlich abzugeben. Da nun diese Nothwendigkeit nur in einer zwoten Klaße von Menschen Statt findet, und alle Menschen der ersten Klaße derselben überhoben seyn können, darf es uns dann wohl befremdend schei-

scheinen, wenn wir sehen, daß Gleichgültigkeit und Untreue das Looß erhabner Stände sind?

Bey den vierfüßigen Thieren kann bloß eine physikalische Liebe, sonst aber keine weitere Zuneigung, keine dauerhafte Zärtlichkeit zwischen Männchen und Weibchen Statt finden. Ihre Vereinigung scheint gar keine vorhergehende Veranstaltungen, und weder gemeinschaftliche Bemühungen, noch fortgesetzte Besorgungen, folglich nichts, was zu einer Eheverbindung gehöret, zu erfordern. Das Männchen verläßt, gleich nach dem Genuß, das Weibchen, um sich entweder bey andern zu befriedigen, oder sich wieder zu erhohlen. Es stellet so wenig einen Gatten, als einen Vater der Familie vor, weil es gemeiniglich seine Frau und seine Kinder verkennet. Das Weibchen selbst, weil es mehrern Männchen sich überlassen hat, erwartet von keinem weitern Beystand, oder Vorsorge. Die ganze Last ihrer Nachkommenschaft, und alle Beschwerden der Auferziehung liegen auf ihr ganz allein. Sie weis von keiner andern Zuneigung, als für ihre Jungen. Oftmals ist ein solches Weibchen in dieser Gesinnung beständiger, als die Vögel. Weil dieses Gefühl hauptsächlich von der Zeit abhänget, wie lange die Mutter ihren Jungen unentbehrlich ist, in sofern sie dieselben mit ihren eignen Säften erhält und nähret, weil ferner diese Hülfe bey den meisten vierfüßigen Thieren, die weit langsamer, als die Vögel wachsen, länger nöthig ist, so muß die Zuneigung dieser Mütter gegen ihre Jungen von längerer Dauer seyn. Es giebt sogar unterschiedene Gattungen vierfüßiger Thiere, wo dieser Empfindung nicht einmal durch neue Gegenstände der Liebe merklicher Abbruch geschiehet, und wo man die Mutter mit gleicher Sorgfalt ihre Jungen von zween, bis drey unterschiedenen Würfen führen und pflegen sieht. Es giebt auch gewiße Gattungen vierfüßiger Thiere, bey welchen der Umgang des Männchens mit seinem Weibchen so lange fortgesetzt wird, als das Geschäfte der Auferziehung ihrer Jungen dauret. Man kann dieses an den Wölfen und Füchsen wahrnehmen. Besonders können die Rehebôcke zu wahren Mustern ehelicher Treue dienen. Hingegen wird man gewiße Gattungen von Vögeln antreffen, deren gesellschaftliche Verbindung nicht länger dauret, als die Bedürfniße der Liebe. 37) Dergleichen einzelne Ausnahmen können indessen die allgemeine Wahrheit nicht aufheben, daß die Natur den Vögeln in der Liebe mehr Beständigkeit, als den vierfüßigen Thieren, verliehen habe.

Einen sichern Beweiß, daß bey den Vögeln diese Verbindung, diese Sittlichkeit in der Liebe bloß durch die Nothwendigkeit einer gemeinschaftlichen Arbeit verursachet wird, kann man daher nehmen, daß alle Vögel, die keine Nester bauen, statt einer förmlichen Vereinigung, sich ohne Unterschied mit einander vermischen. Sieht man dieses nicht genugsam an dem bekannten Beyspiel unsers Hofgefieders? Der Hahn scheint

37) Sobald nur das rothe Rebhuhn anfängt zu brüten, wird es, wie mir erwähnter Hr. Le Roy versichert, von dem Männchen vergessen, und alle Sorgen der Auferziehung ihrer Jungen der Mutter allein überlassen. Die Männchen, welche nun das ihrige bey den Weibchen gethan zu haben glauben, machen unter einander eine vereinigte Gesellschaft aus, die sich weiter gar nicht um ihre Nachkommenschaft bekümmert. A. d. V.

scheint bloß für seine Weibchen etwas mehr Aufmerksamkeit, als die vierfüßigen Thiere gegen die Ihrigen, zu beweisen, weil hier der Paarungstrieb nicht so sehr an bestimmte Zeiten gebunden ist, und ein Hahn sich länger zu einerley Weibchen halten kann. Darzu kömmt noch, daß bey ihnen die Legezeit länger dauret, und öfter wiederkömmt, und endlich, daß die Brütungszeit, weil man den Hünern immer die Eyer wegnimmt, gar nicht so dringend ist; denn ein Huhn verlanget nicht eher zu brüten, bis ihre Zeugungskräfte gleichsam erstorben, und fast gänzlich erschöpfet sind. Rechnet man bey den Hausvögeln zu diesen Ursachen überdies noch folgende Umstände, daß es für sie gar keine Nothwendigkeit ist, Nester zu bauen, um sich unsern Augen zu entziehen, und in Sicherheit zu setzen, daß ein beständiger Ueberfluß guter Nahrungsmittel sie umringet, daß es ihnen gar nicht schwer wird, ihren Unterhalt reichlich, und immer an einerley Stelle, zu finden, daß ihnen die Menschen alle mögliche Bequemlichkeit verschaffen, wodurch sie der Arbeit, der Sorgen und Unruhen überhoben seyn können, welche die andern Vögel empfinden, und gemeinschaftlich ertragen müssen; so wird man bey ihnen sogleich die ersten Wirkungen des Luxus, alle Folgen des Ueberflußes, kurz, Frechheit und Faulheit wahrnehmen.

Uebrigens ist, sowohl bey denjenigen Vögeln, deren Sitten wir durch eine gemächliche Pflege verderbt haben, als bey denjenigen, welche noch immer gezwungen sind, gemeinschaftlich zu arbeiten, und sich unter einander selbst behülflich zu seyn, der physikalische Grund ihrer Paarungstriebe, oder der Stoff, die Substanz, welche diese Empfindung hervorbringt, und

und ihren Wirkungen Realität ertheilet, viel beträchtlicher, als bey den vierfüßigen Thieren. Zwölf, bis funfzehn Hüner können sich mit Einem Hahn begnügen, der alle Eyer, die jedes Huhn binnen zwanzig Tagen legen kann, auf einmal befruchtet. Er könnte daher, im eigentlichsten Verstande genommen, alle Tage Vater von drey hundert Küchelchen werden. Ein gutes Huhn ist vermögend, in einem einzigen Jahr, vom Frühjahr bis zum Herbst, hundert Eyer zu legen. Welch ein Unterschied, wenn man diese große Vermehrung gegen diese kleine Zahl der Jungen hält, die von den fruchtbarsten Gattungen unserer vierfüßigen Thiere hervorgebracht werden! Es scheint, als ob alle Nahrung, welche man diesen Vögeln so reichlich anbietet, sich in Saamenfeuchtigkeit verwandelte, bloß zu ihrem Vergnügen ausschlage, und gänzlich zum Vortheil ihrer Vermehrung angewendet werde. Sie stellen gleichsam eine Art von Maschinen vor, die wir, in Absicht ihrer Vervielfältigung, gleichsam selbst aufziehen, und nach unsern Wünschen richten. Wir selbst vermehren ihre Zahl auf eine fast unglaubliche Art, indem wir sie häufig zusammen halten, reichlich nähren, und ihnen alle Arbeit, alle Bemühungen und Unruhen wegen ihrer Bedürfniße gänzlich ersparen. Ein wilder Hahn und Henne bringen in ihrem natürlichen Zustande nicht mehr Junge hervor, als unsere Wachteln und Rebhüner. Und obgleich das Hünergeschlecht unter den Vögeln das fruchtbarste zu seyn pfleget, so schränkt sich doch die Anzal ihrer jährigen Vermehrung im natürlichen Zustande nur auf achtzehn, bis zwanzig Eyer, und ihr Paarungstrieb nur auf eine gewiße Jahreszeit ein. In günstigern Himmelsstrichen könnten sie des Jahres auch wohl zweymal sich paaren, und zweymal brü-

brüten, wie man in unserm Klima verschiedene Gattungen von Vögeln in Einem Sommer zwey-, auch wohl dreymal Eyer legen siehet. Alle diese Gattungen aber legen weniger Eyer, und brüten auch nicht so lange, als andere. Ob also gleich die Vögel das Vermögen haben, sich weit stärker, als die vierfüßigen Thiere, zu vermehren, so beweisen sie sich doch in der That, in ihrer Freyheit, nicht viel fruchtbarer, als diese. Die Tauben und Turteltauben legen mehr nicht, als zwey, die großen Raubvögel nur drey, höchstens vier, die meisten andern aber fünf, oder sechs Eyer. Bloß die Hüner und andere Vögel dieses Geschlechtes, als Pfauen, Puten, Fasanen, Rebhüner und Wachteln pflegen eine größere Menge von Eyern zu legen.

Armuth, Sorgen, Unruhen, und übertriebene Strapazen vermindern in allen Wesen die Kräfte und Wirkungen des Zeugungsvermögens. Das haben wir schon bey den vierfüßigen Thieren gesehen, und können es auch offenbar an den Vögeln wahrnehmen. Sie vermehren sich allemal desto stärker, je besser sie gefüttert, geschont und gepfleget werden. Betrachten wir bloß diejenigen, welche sich selbst überlassen, und allen Beschwerden ausgesezt sind, welche die Unabhängigkeit mit sich führet: so werden wir finden, wie sie, von steten Bedürfnißen, *Unruhen und Furcht* gequälet, sich nicht einmal *aller* Zeugungskräfte, so gut sie könnten, bedienen, sondern die Wirkungen derselben gleichsam zu scheuen, und sich nach der Beschaffenheit ihrer Umstände zu richten scheinen. Sobald ein Vogel das Nest gebauet, und etwa fünf Eyer gelegt hat, hört er wieder auf zu legen, und ist hernach bloß für die Erhaltung derselben besorget. Die übrige Jahreszeit wird alsdann zur Brütung und Auferziehung der Jungen angewendet, und weiter an kein Eyerlegen gedacht. Wenn man aber zufälliger Weise die Eyer zerbricht, oder das Nest zerstöret, so baut ein solcher Vogel gleich ein anderes, und legt wieder drey, bis vier Eyer hinein. Verfährt man damit wieder auf die vorige Art, so fängt ein solcher gekränkter Vogel sein Vermehrungsgeschäfte zum drittenmal an, und pflegt abermals zwey, bis drey Eyer zu legen. Die zwote und dritte Ablegung der Eyer scheint also, gewißermaßen, vom Willkühr des Vogels abzuhängen. Wenn aber die erste Brut ungehindert von Statten gehet, so überläßt sich ein Vogel, so lange diese seiner Pflege bedarf, keinen weitern Trieben der Liebe, keiner von den innern Bewegungen, welche neuen Eyern wieder zu dem pflanzenartigen Leben behülflich seyn könnten, das zu ihrem Wachsthum und zur Ablegung derselben unentbehrlich ist. Wofern sich aber der Tod seiner im Auskriechen, oder im Anwachs begriffenen kleinen Familie bemächtiget, giebt er dem Paarungstrieb gleich wieder neues Gehör, und beweiset, durch Hervorbringung einer neuen Brut, wie das Zeugungsvermögen bey der ersten Brut nicht so wohl erschöpft, als bloß unterdrückt gewesen, und daß er allen vorhergehenden Vergnügungen aus keinem andern Grund entsaget, als um der Sorge für seine kleine Familie, als einer natürlichen Pflicht, gehörig obliegen zu können. Hier ist also die Pflicht mächtiger, als die Leidenschaft, und mütterliche Neigung stärker, als Liebe. Wenigstens scheint ein Vogel seine Leidenschaft besser, als die mütterliche Zuneigung beherrschen zu können, und allemal der letzten vorzüglich zu folgen. Von seinen Jungen muß man ihn

schon

schon gewaltsam abziehen; den Vergnügungen der Liebe hingegen entsagt er freywillig, so sehr er auch des Genußes derselben fähig ist.

So wie es bey der Begattung der Vögel bescheidener zugehet, als bey den vierfüßigen Thieren, so haben sie auch viel einfachere Mittel, sie zu vollenden. Es pfleget bey ihnen bloß einerley Art von Begattung Statt zu finden: 38) da wir hingegen bey den vierfüßigen Thieren Beyspiele von allerley Stellungen gesehen. 39) Nur von einzelnen Gattungen, als von den Hünern, weis man, daß die Weibchen sich dabey, mit eingebogenen Füßen, an die Erde setzen. Andere, zum Beyspiel die Sperlinge, behalten ihre gewöhnliche Stellung, und bleiben vest auf ihren Füßen stehen. 40) Alle Vögel brauchen überaus wenig Zeit, sich zu paaren; am geschwindesten sind aber diejenigen fertig, welche, statt sich niederzubücken, aufrecht stehen bleiben. Sowohl die äußere Gestallt, 41) als der innere Bau der Zeugungstheile,

 sind

38) Genus avium omne eodem illo ac simplici more conjungitur, nempe foeminam mare supergrediente. *Aristot. Hist. anim.* L. V. Cap. VIII.

39) Das Weibchen des Kameels bücket sich nieder, die Elephantin legt sich auf den Rücken, die Igel stehen einer vor dem andern aufrecht, oder legen sich auf einander; die Affen begatten sich auf allerley Art. A. d. V.

40) Coitus avibus duobus modis, foeminâ humi considente, ut in *Gallina*; aut stante, ut in *Gruibus*; et quae ita coeunt, rem quam celerrimè peragunt, ut *Passeres*. *Aristot. Hist. anim.* L. V. Cap. II.

41) Die meisten Vögel sind mit einer doppelten, oder gabelförmigen Ruthe versehen, die aus der hintern Oefnung her,

sind an den Vögeln ganz anders, als an den vierfüßigen Thieren. Selbst unter den mancherley Gattungen von Vögeln sind eben diese Theile, sowohl in Ansehung ihrer Größe und Stellung, als der Anzal, des Gebrauchs und der Bewegung, merklich unterschieden. 42) Es scheint sogar, als wenn bey gewißen Gattungen der männliche Geschlechtstheil wirklich in das Weibchen gebracht, bey andern aber, als ob durch eine bloße Zusammendrückung, oder bloße Berührung, die ganze Handlung vollendet würde. Doch werden wir die weitläuftigere Nachrichten von diesem und mehrern Umständen bey der besondern Geschichte jedes Geschlechts der Vögel am besten anbringen können.

Wenn man alle bishero angebrachte Begriffe und Begebenheiten unter Einem Gesichtspunkte vereinigt, so wird man finden, daß der innere Sinn der Vögel (Sensorium) vornämlich mit Bildern angefüllt ist, welche sie durch Hülfe des Gesichtes erhielten. Ob sich

hervortritt: Bey gewißen Gattungen ist dieser Theil von außerordentlicher Größe, bey andern aber kaum zu bemerken. Die äußere Oefnung des weiblichen Geschlechtstheiles befindet sich nicht, wie bey den vierfüßigen Thieren, unter der Oefnung des Mastdarmes, sondern über derselben. Eine Gebährmutter haben sie gar nicht, sondern bloße Eyerstöcke. A. d. V.

42) Man lese hierüber nach in der *Hist. de l'Acad. des Scienc. de Paris* Année 1715. p. 11; in den *Memoires pour servir, à l'Hist. des animaux.* P I. p. 230. P. II. p. 108. 134. 164. P. III. p. 71; in der *Collection academique.* Partie Etrangere. Tom. IV. p. 520. 522. 535. & Tom. V. p. 489. Anmerk. d. V.

sich gleich diese Bilder nicht sonderlich tief in ihnen eingedrückt haben, so muß man ihnen doch einen weitläuftigen Umfang eingestehen, und sich vorstellen, daß die meisten sich auf die Bewegung, auf gewiße Abstände und Räume beziehen. Wenn ein Vogel eine ganze Provinz eben so leicht, als wir unsern Horizont, übersehen kann, so trägt er in seinem Gehirn gleichsam eine geographische Charte aller der Oerter, die er gesehen. Die Leichtigkeit, womit er diese Gegenden wieder durchstreifen kann, bestimmt ihn hauptsächlich, oft Reisen und Wanderungen vorzunehmen. Da sein Gehör auch leichtlich durch das geringste Lärm erschüttert wird, so ist es gar begreiflich, wie ein plötzliches Geräusch ihn heftig bewegen, und wie die Furcht ihn zur Flucht anreitzen muß; da man ihn hingegen durch sanfte Töne und Lockvögel ohne Mühe nach sich locken kann. In sofern die Werkzeuge der Stimme bey den Vögeln eben so kräftig, als biegsam und geschweidig sind, kann es nicht fehlen, er muß derselben sich fleißig bedienen, seine innern Empfindungen, seine Leidenschaften dadurch auszudrucken, und sie den entferntesten Gegenden zu verkündigen. Ein Vogel kann sich auch in der That verständlicher machen, als die vierfüßigen Thiere, weil er mehrere Zeichen in seiner Gewalt hat, und seiner Stimme vielfältigere Abwechselungen zu geben weis. Da er auch die Eindrücke von den Tönen leicht zu empfangen, und lange zu behalten vermag, so pfleget sich das Werkzeug des Gehörs bey ihm gleichsam als ein wiedertönendes Instrument aufzuspannen. Doch haben diese ihm beygebrachte und maschinenmäßig wiederhohlte Töne gar keine weitere Beziehung auf das innere Gefühl eines Vogels. Der Sinn des Gefühls ertheilt einem solchen Thier nur sehr unvollkommne Begriffe, oder Em-

Empfindungen. Daher bekömmt es auch lauter undeutliche Begriffe von der Form der Körper, wenn es auch gleich die Oberfläche derselben aufs deutlichste sehen kann. Nicht sowohl der Geruch, als das Gesicht, entdecket den Vögeln die Gegenwart alles dessen, was ihnen zur Nahrung dienet. Sie fühlen überhaupt mehr Bedürfniß, als bestimmten Appetit, mehr Gefräßigkeit, als Empfindsamkeit, oder Zärtlichkeit im Geschmacke. Ist es nicht sehr begreiflich, da sich die Vögel den Händen und dem Gesichte der Menschen so leicht entziehen können, daß ihnen ein wildes Naturell, und eine zu große Neigung zur Unabhängigkeit noch übrig bleiben mußte, als daß man sie zu wirklichen Hausthieren zähmen könnte? Sind sie nicht viel freyer, viel entfernter, zugleich auch viel unabhängiger von der menschlichen Herrschaft, folglich im Lauf ihrer natürlichen Gewohnheiten viel ungestörter, als die vierfüßigen Thiere? Aus diesem Grunde halten sie sich auch lieber truppweise zusammen, und sind gröstentheils mit einem bestimmten Triebe zur Geselligkeit begabet. Die Nothwendigkeit, sich in die Sorgen für ihre Familie zu theilen, und schon vor Entstehung derselben auf die Erbauung eines Nestes zu denken, stiftet unter ihnen die stärksten Verbindungen, die sich in eine herrschende Zuneigung verwandeln, und sich auf die ganze Nachkommenschaft verbreiten. Diese sanften Empfindungen dämpfen hernach die Gewalt aufwallender Leidenschaften, sogar der Liebe, und leiten sie unvermerkt zu jenem keuschen Betragen, zu jener Reinigkeit in den Sitten, und zu dem sanftmüthigen Naturell, das wir an ihnen schon oben gerühmet

rühmet haben. Bey der stärksten Anlage zur Liebe, worinn sie einen Vorzug vor allen Thieren haben, verschwenden sie doch verhältnißmäßig viel weniger Zeugungskräfte, als andere Thiere. Niemals wird man Ausschweifungen an ihnen gewahr. Sie haben sogar die Kunst gelernt, ihre Vergnügungen zärtlichern Pflichten aufzuopfern. Kurz, diese Klasse flüchtiger Wesen, welche die Natur in den Augenblicken der freudigsten Laune hervorgebracht zu haben scheinet, müssen dennoch als ein ernsthaftes, bescheidenes Völkchen betrachtet werden, welches uns die schönsten Veranlassungen zu sittlichen Fabeln und nützlichen Beyspielen gegeben.

Anhang.

Ob gleich Herr von Büffon fast alles, und noch darzu auf die angenehmste Art gesagt hat, was man in unsern Zeiten von der Natur und Lebensart der Vögel wissen kann, so haben wir doch, zum Besten einiger Liebhaber, noch einige zerstreute Nachrichten anführen wollen, die sich, unsers Erachtens, besser in einem Anhang, als in einzelnen Anmerkungen, lesen lassen.

Vom Gehirn der Vögel merkt Hr. Willughby als etwas Besonderes an, daß in demselben viele Dinge, welche man im Gehirn der Menschen, und anderer Thiere, findet, gar nicht angetroffen werden, und sogar alles, was darinn enthalten ist, in Betrachtung gegen andere Thiere, ganz verkehrt angebracht ist. 43) Was mag hiervon der Grund seyn? Wir wollen die Muthmaßung des englischen Ornithologen anführen, die Entscheidung aber dem Nachdenken größerer Naturforscher überlassen. Weil das Gehirn, „ sagt er in seiner Ornithologie, „ den Vögeln mehr zu Bewerkstelligung des Vermögens ertheilt ist, sich von einem Orte hurtig „ nach dem andern zu bewegen, als zur Einbildungskraft und Gedächtniß, so waren sie weder „ so vieler Theile desselben, noch einer so vortheil-

„ haf-

43) v. Alb. v. Haller operum anat. argumenti minorum Tom. III. p. 191 de *Cerebro avium & piscium.*

„ haften Lage, benöthigt.“ Mußte die Lage des Gehirns und seiner Theile deßwegen aber nicht, in Absicht auf seine Lebensart und Bedürfniße, nothwendig die vortheilhafteste, mußte sie nicht gerade so, und nicht anders beschaffen seyn, wenn die Natur bey allen ihren Werken zu den besten Absichten sich immer der besten Mittel bedienet? Und wenn dieses ist, so bleibt noch die Frage zu entscheiden übrig: warum hier eine verkehrte Lage der Theile des Gehirns nothwendig war?

Die Vögel sind mit Federn bedeckt, welche nach dem Unterschiede der Gattungen von mancherley Beschaffenheit sind, und uns auf allerley Art vortheilhaft werden können. Die Wasservögel z. B. verschaffen uns Federn und Dunen zu weichen Betten. Pfauen und Straußen dienen mit ihren Federn zu verschiedenen Zierathen, worauf in manchen Ländern sehr gehalten wird. Wem fällt nicht sogleich das Wunderbare im Baue jeder Feder in die Augen? Der Schaft, oder Kiel ist ein steifer, dünner, hohler Cylinder, welcher ihr zugleich Stärke und Leichtigkeit ertheilet. Nach oben zu ist sie mit einer Art von Mark angefüllet, wodurch sie biegsam und zähe gemacht, und erhalten wird. Vom Nutzen der Gänse- und Schwanenfedern zum Schreiben, der Krähen- und Rabenfedern aber bey Verfertigung der Klavicymbel und anderer musikalischen Instrumente haben wir nicht nöthig ein Wort zu sagen. Allein der ganze Bau, und das Wachsthum derselben, ist wohl einiger Aufmerksamkeit würdig. Sie werden alle vom Blute, und einer wäßrigen Feuchtigkeit ernähret. Um sich dessen zu versichern, darf man von einem jungen Vogel, der noch nicht pflicke ist, nur eine dicke Feder zusammendrucken; alsbald wird man Blut und Wasser heraus flüßen sehen. Federn und Knochen sind solche Theile, deren Gefäße sich unsern Augen destomehr entziehen, je vollkommner sie werden. Man muß also dergleichen Versuche bloß an jungen Vögeln anstellen. Am Ende des Federkiels ist ein kleines Loch, wodurch die Blutgefäße auf eben die Art gehen, wie sie durch eine kleine Oefnung, die sich am Ende der Wurzeln befindet, in die Zähne kommen. Die trockene, leichte Materie, welche man aus dem Federkiel ziehet, wenn er zum Schreiben zugeschnitten wird, ist bey jungen Vögeln ein dicker, fleischiger Kanal, der einer mit Wasser angefüllten Ader gleichet, um welchen die Blutgefäße herum kriechen. Bey erwachsenen Vögeln sieht man, daß dieser Kanal aus vielen kleinen durchscheinenden Hülsen bestehet, welche so über einander gestellet sind, daß der Grund von der obern genau in die Höhlung der untern einpasset. Oben im Kiele werden diese Hülsen Trichtern ähnlich, deren Röhre sich an die Oefnung des obersten anschlüßet. In diese Hülsen ergießen die Blutgefäße ihr Wasser, welches durch sie bis oben in den Kiel, und hier in das Federmark dringet, welches zur linken und rechten sich in den Federbärten vertheilet. Es scheint also die Höhlung des Kieles von der Natur bestimmt zu seyn, zu einer Vorrathskammer der Nahrung zu dienen, und jeder Feder zugleich die erforderliche Stärke, Leichtigkeit und Geschmeidigkeit zu geben. Die gütige Natur hat außerdem in Bewahrung der wachsenden Federn junger Vögel noch eine vorzügliche Sorgfalt bewiesen. Denn anfänglich sind eben diese Federbärte noch weiter nichts, als eine Art von Milchbrey. Man findet sie, wie eine Papiertute, in einer langen knorplichen

lichen Röhre zusammengerollet, um sie gegen die Luft, und gegen die Austrocknung in derselben hinlänglich zu schützen. Sobald sie aber stark genug sind, um von den Wirkungen der Luft keinen Schaden befürchten zu dürfen, verdorret das Futteral von sich selbst; in welchem sie eingehüllet waren, und pflegt sodann schalenweise abzufallen. Die Fahne, oder der Bart erscheint sodann an den Federn an der einen Seite breit, an der andern schmal, welches zur schnellen Bewegung der Vögel ein Merkliches beyträgt. Er ist aus andern sehr dünnen und steifen Federchen zusammengesezt, welche zwar locker sind, aber sehr dicht an einander anliegen. An den Dunen, oder Pflaumfedern pflegen diese Federchen weiter von einander zu liegen, dünn und rund, wie Härchen zu seyn, und, in einer regelmäßigen Entfernung, runde, oder längliche Knötchen zu haben. Durchs Vergrößerungsglas gewähren die Federn einem aufmerksamen Beobachter den reitzendsten Anblick.

Zu Ansehung der Farbe behauptet Hr. Morton, es ereigne sich nur selten, daß man Vögel anträfe, die eine andere Farbe hätten, als ihre Gattung zu haben pfleget; man hat aber in der Provinz Nordhampton Beyspiele genug vom Gegentheil gefunden. 44) Vor einigen Jahren wurde nicht weit von Duddington eine weiße Amsel geschossen, und in Edgekot eine andere, von eben der Farbe, gezeiget. Weiße Krähen sind nicht einmal unter die Seltenheiten dieses Landes zu zählen. Es giebt

44) v. *Hist. naturelle de la Prov. de Nordhampton par Jean Morton.*

giebt auch noch mehr Vögel, die zuweilen eine ganz andere Farbe annehmen, als man gewöhnlich bey ihrer Gattung erblicket. Es ließen sich hier allenfalls weiße Raben, weiße Sperlinge, weiße Lerchen u. s. w. zu Beyspielen anführen Ueberhaupt weis man ja, und Hr. v. Reaumür hat es ausführlich bewiesen, daß die Farbe der Vogelfedern nicht beständig einerley bleibe, und die Hähne sowohl, als Hüner, dieselbe bey der Mausterzeit gar oft verändern. Der Herr Pastor Schröter in Thangelstede hat hiervon etliche merkwürdige Beyspiele aufgezeichnet. 45) „Auf einem benachbarten adelichen Hofe, sagt er, war eine Henne im ersten Jahre ganz schwarz, und wurde im folgenden Jahre, nach der Mausterzeit, schneeweiß" An meinem eignen Federvieh, fährt er fort, habe ich bemerket, daß einige ganz schwarze Hüner nach und nach weiße Federn bekamen. Alter und Hinfälligkeit, wovon sich unsere Haare weiß färben, können zwar bey den Hünern und Vögeln eine gleiche Wirkung hervorbringen, allein sie können unmöglich die einzigen Ursachen seyn Das Ausfallen der Federn ist eine Art von Krankheit, welche an sich schon eine Ursache der verändernden Farben an den Federn im jüngern Alter der Vögel abgeben kann, so wie mancher junge Mensch durch überhäufte Sorgen, anhaltenden Gram, nagenden Kummer, oder öftere Krankheiten in den besten Jahren, mit einem grauen Scheitel, jener Zierde der Greise, zu prangen gezwungen ist. Daß die Vögel auch mit einer Art von Läusen beschweret, und wie diese beschaffen sind, wird in den Schriften der Harlemer Gesellsch. der Wissensch. X Th.

1768.

45) S. Mannigfaltigk. II Jahr, p. 168.

1768. S. 413 gezeiget. Sie heißen daselbst *Vogel-Luis.* Pediculus Avium alatus, 36 ungulis instructus. An *Hippobosca Hirundinis* Linn.? vid. *Schaefferi* Elem. Entom. I. p. 170.

Vom Alter der Vögel hat Hr. v. Büffon schon erwiesen, daß fast alle Vögel verhältnißmäßig zu einem höhern Alter, als andere Thiere, gelangen. Wir wollen hier nur noch einige Beyspiele zur Bestätigung aus des *Willughby Ornithologie* anführen. Er hat nämlich bey seinem Freund, einen achtzigjährigen Vogel gesehen, den man, wegen seiner Boßheiten und angerichteten Unordnungen willen, tödten mußte, weil er der Sterblichkeit zu sehr zu trotzen schien. Außerdem erzählt er von einem Distelfinken, den man schon 23 Jahre hindurch in einem Käfig nährte, und ihm alle Wochen den Schnabel und die Krallen abkürtzen mußte, damit er ungehindert fressen, und sich ohne Zwang aufrecht halten konnte.

Von den Eyern der Vögel, und besonders der Hüner, sind noch einige Merkwürdigkeiten hin und wieder aufgezeichnet, wovon die Liebhaber vielleicht hier einige Nachricht suchen mögten. Das kleine sogenannte Zwergey z. B. welches die Schriftsteller *Ovum centeninum* zu nennen pflegen, ist eigentlich das letzte, das die Henne im Sommer leget. Ordentlicherweise hat es keinen Dotter, sondern es bestehe bloß aus dem Eyweiß, oder aus einer Art von zähem Schleime. Ein solches Ey ist nur in dem Fall etwas besonderes, wenn eine Henne lauter Zwergeyer leget; wie Hr. Morton ein solches Beyspiel gesehen zu haben versichert. Allein, als das letzte von der ganzen Legezeit eines Jahres betrachtet, kann

kann es, ohne Verwunderung zu erregen, kleiner, als gewöhnlich, und unvollkommen seyn. Hr. Malpighi hat sich die Mühe genommen, die Ursachen, warum dergleichen Eyer unfruchtbar sind, und niemals Küchlein hervorbringen, weitläuftig zu erklären. Es giebt aber auch Eyer, welche die gewöhnlichen an Größe weit übertreffen. Hr. Harvey nennt sie *Ova gemellifica*, die Aristoteles schon bemerkt zu haben scheinet. Indessen ist gewiß, daß nur zahme Vögel dergleichen Eyer legen. Sie enthalten einen doppelte Dotter und doppeltes Eyweiß, worinn auch zwey Küchlein zu liegen pflegen, die zwar ausgebrütet, aber nicht leicht am Leben erhalten werden können.

Unter die merkwürdigen Eyer gehören diejenigen, welche vom Harvey *Ovum in Ovo* genennet werden, weil in einem größern Ey noch ein kleineres vollkommnes, mit einer eignen harten Schale verborgen liegt. Beyspiele solcher Eyer, und Erklärungen darüber, findet man in des Hrn. Prof. Hanovs Seltenh. der Nat. und Oekonomie I B. S. 265—270. in den Berl. Samml. III B. S 259 ꝛc. und besonders in der *Gaz. litt. de Berl.* 1771. p. 255. Von den sogenannten Spahreyern, Windeyern, und einem frisch gelegten Ey, worinn 2 Igel gefunden worden, lese man im Hanov. l. c. S. 315. 316. 318 ꝛc. Oder wer noch wunderbahrere Geschichten von merkwürdigen Eyern lesen will, dem empfehlen wir das *Journ. des Sçav.* 1681. du 20 Janv. & du 8 Sept. 1690. du 6 Mars 1676. du 17 Fevr. *Hist. de l'Acad. Roy. des Scienc.* de Par. 1706. p. 23. 1710. p. 558 ꝛc.

M . . .

Von

Von den Raubvögeln.

Eigentlich könnte man wohl sagen, daß alle Vögel vom Raube lebten, weil sie fast alle den Insekten, Würmern, und andern kleinen lebendigen Thieren nachjagen, und sie fangen; allein ich verstehe hier unter den Raubvögeln bloß diejenigen, welche lauter Fleisch zu fressen, und sogar andere Vögel zu bekriegen pflegen. Wenn ich diese mit den vierfüßigen Raubthieren vergleiche, so findet sich, daß es beziehungsweise viel weniger Vögel, als vierfüßige Thiere dieser Art, gebe. Man denke sich die Geschlechte der Löwen, Tiger, Pantherthiere, Unzen, Leoparden, Geparden, oder Tigerwölfe, der Jaguars, Kuguars, Ozelots, oder Tigerkatzen, der Servals, oder Partherkatzen, der Morgay's, der Wilden- und Hauskatzen; die Geschlechte der Hunde, der Jakals, der Wölfe, der Füchse, der Isatis; der Hyänen, Zibethkatzen, Zibeththiere, Genetten, Foßanen; die noch viel zahlreichere Geschlechte der Wieseln, Steinmarder, Iltiße, Stinkthiere, der wilden Wieseln (Furets), der javanischen Wieseln, oder Vansiren, der Hermelinen, gemeinen Wieseln, Zobel, Pharaonsratzen, Surikaten, der Vielfraße, Pekans, Wisons, Suliken, der Beutelratzen, Philander, Kayopollins, Tarser, und Phalanger, oder surinamischer Katzen; die Geschlechte der Roussetten, Rougetten, und Fledermäuse, denen man auch wohl noch die Familie der Ratten beygesellen könnte, welche sich, da sie zu schwach sind, andere Thiere zu überwältigen, unter einander selbst aufreiben und verzehren. Sollte nicht aus allen diesen Geschlechtern eine weit größere Zahl herauskommen, als die Anzal der Geyer, Sperber, Falken, Geyerfalken (Gerfauts), der Habichte, der Weyhen, Kirchenfalken (Cresserelles), Baumfalken (Emerillons), der Ohreulen (Ducs), Horneulen (Hibous), gemeinen Eulen, der Würger und Raben, welche nur allein eine bestimmte und natürliche Begierde nach Fleisch äußern. Es finden sich sogar unter diesen viele, als die kleinen Geyer, oder Habichte, die Weyhen und Raben, welche das Luder den lebendigen Thieren noch weit vorziehen. Folglich läßt sich kaum der fünfte Theil aller Vögel zu den fleischfressenden rechnen, da hingegen die Raubthiere mehr als den dritten Theil aller vierfüßigen ausmachen.

In sofern die Raubvögel weder so mächtig und stark, noch so zahlreich sind, als die vierfüßigen Raubthiere, so können sie auch auf dem vesten Lande nicht so viel Verwüstungen anrichten. Es scheint aber, als ob sich die Tyrannen nirgends von ihren Rechten etwas zu vergeben pflege. Denn es finden sich dagegen destomehr Vögel, welche die Wasser auf die unglaublichste Art entvölkern. Unter den vierfüßigen Thieren sind bloß die Bieber, Fischottern, Seehunde, Seekühe, oder Wallroße rc. gewohnt, sich von Fischen zu nähren. Unter den Vögeln kann man aber eine große Menge solcher zählen, die, außer

den

den Fischen, gar keinen andern Unterhalt kennen. Wir wollen hier diese Tyrannen des Wassers, ohne die Tyrannen der Luft, betrachten, und in diesem Artikel bloß von jenen Vögeln reden, die, als gute Fischer, von lauter Fischen leben. Die meisten sind, in Ansehung der Gestalt, und ihrer natürlichen Eigenschaften, gar sehr von den fleischfressenden Vögeln unterschieden. Die letztere fassen ihren Raub mit den Krallen. Sie haben insgesammt einen kurzen, gekrümmten Schnabel, getheilte Zeen, ohne Schwimmhäute, starke Beine, die gemeiniglich durch die Schenkelfedern bedeckt werden, und große hackenförmige Krallen; da hingegen die andern die Fische mit ihrem geraden, zugespitzten Schnabel fangen, mit Schwimmhäuten vereinigte Zeen, schwache Klauen oder Krallen, und nach vorne hin gedrehte Füße haben.

Wenn wir keine andere, als die bisher angezeigte, für wirkliche Raubvögel halten, und noch die Tagevögel von den Nachtvögeln absondern, so glauben wir sie nach der natürlichsten Ordnung vorzustellen. Wir werden also bey den Adlern, Geyern, Habichten und Weyhen anfangen, und von diesen auf die Sperber, Geyerfalken, und andere Falken kommen, den Beschluß aber mit Baumfalken und Würgern machen. Viele dieser Artikel werden eine große Menge von beständigen Arten und Gattungen enthalten, welche durch den Einfluß des Klima entstanden sind. Jedem Artickel werden wir die fremden Vögel beyfügen, welche den Vögeln unsers Himmelsstriches am ähnlichsten zu seyn scheinen. Bey genauer Beobachtung dieser Methode wollen wir nicht allein alle inländische Vögel, sondern auch zugleich alle fremden, wovon die Schriftsteller Nachricht geben, und alle neue Gattungen beschreiben, die unsere Korrespondenten uns in ziemlicher Menge zu verschaffen bemüht gewesen.

Alle Raubvögel haben etwas Merkwürdiges an sich, wovon man kaum einen Grund anzugeben vermögend ist. Ihre Männchen sind nämlich insgesamt einen Drittheil kleiner und schwächer, als die Weibchen; da hingegen bey vierfüßigen Thieren, und andern Vögeln bekanntermaßen die Männchen größer und stärker, als die Weibchen, zu seyn pflegen. Bey den Insekten, sogar bey den Fischen, findet man zwar auch die Weibchen immer etwas dicker, als die Männchen; allein hiervon läßt sich auch die Ursache leicht begreifen. Ihr Leib ist von einer unbeschreiblichen Menge Laich, oder Eyerchen aufgetrieben, und die zu einer solchen unermeßlichen Vermehrung bestimmten Werkzeuge müssen den Umfang ihres Körpers nothwendig vergrößern. Das läßt sich aber auf die Vögel keinesweges anwenden. Die Erfahrung lehret vielmehr das Gegentheil. Denn auch unter denjenigen, welche die größte Zahl von Eyern legen, sind niemals die Weibchen größer, als die Männchen. Die **Hüner**, **Enten**, **Puten**, **Fasanhüner**, **Wachteln**, **Rebhüner**, die wohl achtzehn, bis zwanzig Eyer hintereinander legen, sind allemal kleiner, als ihre Hähne; die **Weibchen der Adler**, der **Geyer**, der **Sperber**, der **Habichte** und **Weyhen**, die kaum drey bis vier Eyer legen, pflegen insgesammt ihre Männchen um einen dritten Theil an Größe zu übertreffen; daher auch das Männchen aller Gattungen von Raubvögeln im Französischen die Benennung *Tiercelet* erhalten.

Dieses

Dieses Wort ist von den Franzosen als ein allgemeiner, und nicht, wie einige Schriftsteller wollen, als ein besonderer Name, bey den männlichen Raubvögeln angenommen worden, um dadurch anzudeuten, daß unter den Raubvögeln das Männchen allemal um einen dritten Theil kleiner, als das Weibchen sey.

Bey allen diesen Vögeln ist es zur allgemeinen und natürlichen Gewohnheit geworden, einen Geschmack an der Jagd, und eine Begierde nach Raub zu empfinden. Sie schwingen sich daher ungemein hoch in die Luft, sind mit starken Flügeln und Beinen, mit einem sehr durchdringenden Gesicht, einem dicken Kopf, einer fleischigen Zunge, einem einfachen häutigen Magen, mit engern und kürzern Eingeweiden, als andere Vögel, versehen, halten sich am liebsten an einsamen Oertern und wüsten Gebirgen auf, und bauen ihre Nester gemeiniglich in die Felsenklüfte, oder auf die höchsten Bäume. In der alten sowohl, als in der neuen Welt sieht man unterschiedene Gattungen von Raubvögeln; einige scheinen sogar nicht einmal ein sicheres und bestimmtes Klima zu haben. Endlich hat man auch, noch als gemeinschaftliche Kennzeichen dieser Vögel, den krummen Schnabel, und vier deutlich von einander abgesonderte Zeen an jedem Fuß zu betrachten. Doch läßt sich der Adler allemal durch ein deutliches Merkmal vom Habicht unterscheiden. Der Kopf ist nämlich beym Adler allemal mit Federn bedeckt, beym Habicht aber kahl, und bloß mit Pflaumfedern versehen. Beyde sind nun wieder vor den Sperbern, Weyhen, Geyern und Falken daran leicht zu erkennen, weil sich der Schnabel der letztern gleich bey seiner Wurzel zu krümmen anfängt, bey den Adlern und Habichten aber erst ein Fleck gerade ausgehet, und in einiger Entfernung von seinem Ursprung die gewöhnliche Krümmung annimmt.

Die Raubvögel sind auch minder fruchtbar, als andere. Die meisten legen sehr wenig Eyer. Ich finde daher, daß Hr. v. Linne 46) sich irret, wenn er von diesen Vögeln saget: überhaupt betrachtet pflegten sie ohngefähr nur vier Eyer zu legen. Denn es giebt einige, wie der Steinadler und Beinbrecher, welche nur zwey, und wieder andere, als die Kirchen- und Baumfalken, die wohl sieben Eyer legen. In diesem Stück ist es mit den Raubvögeln, wie mit den vierfüßigen Thieren beschaffen. Sie vervielfältigen sich nach dem umgekehrten Verhältniß ihrer Größe. Die größten pflegen weniger Jungen, als die kleinern, die allerkleinsten aber die meisten hervorzubringen. Und mir scheint unter allen Ordnungen lebender Geschöpfe in der Natur diese Ordnung allgemein eingeführet zu seyn. Man könnte zwar hier das Beyspiel der Tauben, die von sehr mittelmäßiger Größe sind, und nur zwey Eyer, oder der kleinsten Vögel, die gemeiniglich nur fünfe legen, wider mich anführen; allein man muß hier sein Augenmerk auf die Früchte des ganzen Jahres richten, und nicht vergessen, daß die Taube, wenn sie gleich auf einmal nur zwey, bis drey Eyer leget, und ausbrütet, vom Frühjahr bis zum Herbst wohl zwey-, drey-, bis viermal dieses fruchtbare Geschäfte wiederhohlet. Unter den kleinen Vögeln giebt es ebenfalls viele,

47) Im *Syst. Nat.* Ed. X. p. 81. und Ed. XII. p. 115 *Ova circiter quatuor.*

viele, die während eben dieser Zeit vielmal nisten und brüten. Wenn man demnach die ganze Summe der jährigen Fruchtbarkeit zusammen in Betrachtung ziehet, so kann man, unter gewißen Umständen, immer mit Wahrheit behaupten, die Fruchtbarkeit sey bey den Vögeln, wie bey den vierfüßigen Thieren, desto größer, je kleiner die Thiere sind.

Alle Raubthiere sind von Natur härter und grausamer, als andere Vögel. Sie sind nicht allein unter allen andern am schwerersten zahm zu machen, sondern haben auch fast alle, bald in einem höhern, bald geringern Grade, die widernatürliche Art an sich, ihre Jungen viel früher, als andere Vögel, und noch zu der Zeit aus dem Neste zu jagen, da sie noch ihrer Sorgfalt und ihrer Unterstützung sehr bedürfen. Sowohl diese Grausamkeit, als alle übrige Beweise ihrer natürlichen Härte, gründen sich auf eine schon härtere Empfindung, nämlich auf die Nothwendigkeit, und auf das dringende Bedürfniß ihrer Selbsterhaltung. Alle Thiere, welche vermöge der Bildung ihres Magens, und ihrer Eingeweide, gezwungen sind, sich vom Fleische zu nähren, und vom Raube zu leben, werden, wenn sie auch sanftmüthig zur Welt gekommen wären, bloß durch den Gebrauch ihrer Waffen, gar bald geneigt, andere anzufallen, und sich feindselig zu beweisen. Durch wiederhohlte Anfälle und Kämpfe pflegt endlich die Grausamkeit bey ihnen zur andern Natur zu werden. Da sie bloß im Untergang anderer Thiere die Befriedigung ihrer Bedürfniße finden, und sie diesen Untergang nicht anders, als durch beständige Verfolgungen befördern können, so fühlen sie bey sich einen beständigen Hang zur Feindseligkeit, welcher auf alle ihre Handlungen

gen den stärksten Einfluß hat, alles Gefühl der Sanftmuth in ihnen erstickt, und sogar der mütterlichen Zärtlichkeit sichtbaren Abbruch thut. Vom beschwerlichen Gefühl eigner Bedürfnisse gedrückt, hört ein Raubvogel mit Ungeduld und ohne Mitleiden das fordernde Geschrey seiner Jungen, deren Heißhunger desto schärfer wird, je mehr sie an Größe zunehmen. Sobald also den Alten die Jagd schwer gemacht wird, und es ihnen an Beute zu fehlen anfängt, jagen sie die Jungen aus dem Nest heraus, schlagen sie mit ihren Flügeln, und gehen in den Anfällen ihrer durch den Hunger veranlasseten Wuth oft so weit, ihre Nachkommenschaft selbst umzubringen.

Eine andere Wirkung dieser theils natürlichen, theils angenommenen Härte besteht in der Abneigung von der Geselligkeit. Niemals wird man sehen, daß Raubvögel, oder fleischfressende Raubthiere, sich miteinander vereinigen. Sie schweifen, gleich den Räubern, einsam herum. Bloß das Bedürfniß des Vermehrungstriebes, welches, nach dem Triebe der Selbsterhaltung, ohnstreitig das stärkste seyn mag, unterhält noch eine Vereinigung zwischen den männlichen und weiblichen Raubthieren. Da sie beyde sich ihren Unterhalt verschaffen, und sogar im Kampf mit andern Thieren einander beystehen können; so pflegen sie, auch nach der Befriedigung ihres Paarungstriebes, einander dennoch nicht zu verlassen. Man wird fast allemal ein Paar solcher Vögel an einerley Orte antreffen: fast niemals aber wird man sie völker- oder familienweise zusammen vereinigt sehen. Die Adler, als die größten unter ihnen, die eben deßwegen auch den meisten Unterhalt brauchen, lassen es nicht einmal geschehen, daß ihre Jungen, die sie

nun

nen als ihre Nebenbuhler betrachten, sich in der Nähe bey ihnen aufhalten dürfen, da doch alle Vögel und vierfüßige Thiere, welche sich bloß von den Früchten der Erde nähren, mit ihrer Familie zusammen leben, Gesellschaft von ihres Gleichen suchen, sich in großen zahlreichen Truppen versammlen, und von keinem andern Zank, von keiner andern Ursache des Streits wissen, als den der Vermehrungstrieb, oder die Zärtlichkeit für ihre Jungen, veranlasset. Denn fast bey allen, sogar bey den sanftmüthigsten Thieren, pflegen zur Zeit ihrer Brunst die Männchen eine Art von Wuth, und alle Weibchen, zur Vertheidigung ihrer Nachkommenschaft, eine sonst ungewöhnliche Wildheit anzunehmen.

Ehe wir die Geschichte jeder Gattung von Raubvögeln ausführlich behandeln, können wir nicht umhin, einige Bemerkungen über die Methoden anzuführen, deren man sich bedienet, um diese Gattungen zu erkennen, und von einander unterscheiden zu können. Man hat in diesen Methoden den Unterschied der Gattungen auf die Farbe, auf ihre Vertheilung und Abwechselungen, auf die Flecken, Bande, Streifen, Striche u. s. w. gegründet. Nur selten glaubt ein Methodist eine gute Beschreibung geliefert zu haben, wofern er nicht, nach einem selbst gemachten und beständig einförmigen Entwurf, alle Farben der Federn, alle Flecken, Banden, und andere Verschiedenheiten seiner beschriebenen Gegenstände, genau angegeben. Wenn diese Verschiedenheiten groß, oder wenigstens leicht zu bemerken sind, so findet er gar keine Bedenklichkeit, sie zu sichern Merkmalen des Unterschiedes der Gattungen zu machen. Folglich nimmt man eben so viel Gattungen von Vögeln an, als man Verschiedenheiten in den Farben bemerket. Was kann aber wohl unsicherer und irriger seyn, als eine solche Methode? Wir könnten vorläufig ein ganzes Verzeichniß von einerley Vögeln angeben, die von unsern Nahmensammlern, nach dieser, auf den Unterschied der Farben gegründeten Methode, zwey-, bis dreymal unter andern Benennungen angeführet und beschrieben worden. Allein wir können zufrieden seyn, wenn wir nur die Gründe, worauf wir dieses Urtheil stützen, werden begreiflich gemachet, und unsere Leser bis zu der Quelle zurückgeführet haben, woraus diese Fehler und Irrthümer entspringen.

Alle Vögel überhaupt maustern sich gleich im ersten Jahr ihres Lebens, und nach dieser Mausterzeit sehen gemeiniglich die Farben ihrer Federn ganz anders aus, als vorher. Diese Veränderung der Farben im ersten Lebensalter ist fast allgemein in der Natur, und erstreckt sich auch auf die vierfüßigen Thiere, die alsdann, wie man sagt, ihre erste Librey, oder die ursprüngliche Farbe ihres Pelzes tragen, welche sie aber verlieren, sobald sie sich zum erstenmal gehäret haben. Bey den Raubvögeln erfolgt auf die Wirkung der ersten Mausterzeit eine so große Veränderung der Farben, und ihrer Vertheilung, daß man sich gar nicht wundern darf, wenn die Verfasser unsrer Namenverzeichniße, wovon sich die wenigsten um die Geschichte der Vögel bekümmert, unter den verschiedenen Umständen, die sich vor und nach der Mausterzeit ereignen, aus einerley Vögeln zwo ganz verschiedene Gattungen gemacht haben. Auf die erste Veränderung folgt noch eine sehr beträchtliche bey der zwoten, und oft noch eine andere bey der dritten Mausterzeit. Aus diesem einzigen Grund also muß

ein

ein Vogel, wenn er nach sechs Monathen, oder nach achtzehn Monathen, und endlich nach zweyen, und einem halben Jahr betrachtet wird, drey ganz unterschiedene Vögel vorzustellen scheinen, besonders in den Augen derjenigen, welche nichts von ihrer Geschichte wissen, und keinen andern Leitfaden, kein anderes Mittel zur nähern Kenntniß derselben, als die auf ihre Farben gegründete Methoden, haben.

Indessen sind alle diese Farben oft einer vollkommnen Veränderung unterworfen. Das Maustern ist wohl die allgemeine, nicht aber die einzige Ursache. Es giebt noch eine Menge von andern besondern Ursachen derselben. Mit dem Unterschiede des Geschlechts ist schon oft ein großer Unterschied in den Farben verbunden. Ueberdies finden sich Gattungen, die sogar in einerley Himmelsstrich, ohne Rücksicht auf das Alter und Geschlecht, merklichen Veränderungen blosgestellet sind. Noch viel größer aber ist die Zahl derjenigen, deren Farben durch den Einfluß unterschiedener Himmelsstriche nothwendig verändert werden müssen. Nichts kann daher mehrern Irrungen unterworfen seyn, als das Bestreben, die Vögel, besonders diejenigen Raubvögel, von denen hier geredet wird, aus den Farben und ihren Vermischungen kennen lernen zu wollen. Was läßt sich aber wohl von einer Eintheilung ihrer Gattungen erwarten, die auf lauter unbeständige und zufällige Charaktere gegründet ist?

Natur=

Naturgeschichte der Adler.

Es giebt unterschiedene Vögel, denen man die Benennung der Adler beygeleget hat. Unsere Namensammler zählen eilf Gattungen bloßer europäischer Adler, ohne die vier ausländische Gattungen zu rechnen, deren zwo in Brasilien, eine in Afrika, die letzte aber ist Indien, sich aufhalten sollen. Die eilf Gattungen, wovon sie reden, bestehen in folgenden:

1) Der gemeine Adler.
2) Der weißköpfige Adler.
3) Der weiße Adler.
4) Der schäckichte Adler.
5) Der große weißgeschwänzte Adler.
6) Der kleine weißgeschwänzte Adler.
7) Der Goldadler.
8) Der schwarze Adler.
9) Der große Meeradler.
10) Der kleine Meeradler.
11) Der Fischadler, oder St. Martin (Jean-le-blanc).

Wir

Wir haben aber schon erinnert, daß unsere neuere Namensammler sich vielweniger angelegen seyn lassen, die Anzal der Gattungen, wie es dem Zweck aller Beschäftigungen eines Naturforschers gemäß ist, auf ihre gehörige Grenzen einzuschränken, als zu vermehren, weil das letzte weit leichter ist, und bey geringer Mühe viel Aufsehens in den Augen der Unwissenden machet. Die Einschränkung der Gattungen setzt ungemein viel Kenntniße, Nachdenken und Vergleichung voraus, da hingegen auf der Welt nichts leichter ist, als die Anzal derselben zu vermehren. Was braucht es hierzu weiter, als Bücher und Naturaliensammlungen durchzustöhren, und jede Verschiedenheit in der Größe, Form und Farbe, als specifische Charaktere anzunehmen, hernach aber aus jeder von diesen Verschiedenheiten, so nichtsbedeutend sie auch seyn mögen, eine neue von allen andern abgesonderte Gattung zu machen? In sofern man sich aber bemühet, willkührliche Vermehrungen der Gattungsbenennungen vorzunehmen, häufet man unglücklicher Weise zugleich die Schwierigkeiten in der Naturgeschichte, deren Dunkelheit bloß von jenen Wolken herzuleiten ist, welche durch eine Anhäufung willkührlicher, oftmals [illegible]her, jederzeit aber ganz besonderer Namen, die niemals den ganzen Umfang der Unterscheidungsmerkmale in sich fassen, über die Naturgeschichte verbreitet werden; da man doch nur allein aus der Vereinigung aller Charaktere, besonders aus dem Unterschied, oder aus der Aehnlichkeit der Form, der Größe, der Farben, des Naturells und der Sitten schlüßen kann, ob man unterschiedene, oder nur einerley Gattungen vor sich habe.

Wenn wir also die vier ausländischen Adler, wovon wir in der Folge reden wollen, iezo weglassen, und noch den sogenannten Fischadler, oder St. Martin (Jean-le-blanc) aus der Liste wegstreichen, weil er sich von den Adlern so sehr unterscheidet, daß man ihm niemals diese Benennung beygeleget hat; so könnte man, meines Erachtens, die oben angezeigten eilf Gattungen europäischer Adler auf sechse herunter setzen, unter welchen sich doch nur drey befänden, die den Namen der Adler beybehalten könnten; denn die drey andern sind von den eigentlichen Adlern genugsam unterschieden, um durch andere Namen ausgezeichnet zu werden. Diese drey Gattungen ächter Adler würden daher folgende seyn:

1) Der Goldadler, den ich den großen Adler (oder Steinadler) nennen werde.

2) Der gemeine, oder der Adler von mittlerer Größe. (Der schwarze Adler)

3) Der gefleckte, oder schäckichte Adler, der bey mir der kleine Adler, bey andern der kleine Steinadler, heißt.

Die drey andern sind noch:

1) Der weißgeschwänzte Adler, für welchen ich den alten Namen *Pygargue* (Fischadler) aufbehalten, um ihn von den drey ersten Gattungen zu unterscheiden, von welchen er sich durch einige Merkmale zu entfernen anfängt.

2) Der

2) Der kleine Meeradler, den ich mit seinem englischen Namen *Balbuzard* belegen werde, weil er nicht unter die ächten Adler gehöret, und endlich

3) Der große Meeradler, der sich noch weiter von dem Adlergeschlechte unterscheidet, und aus diesem Grunde unter seiner alten französischen Benennung *Orfraie* (Beinbrecher) vorkömmt.

Der große (oder Goldadler) und kleine (oder schäckichte) Adler machen, jeder eine ganz einzelne Gattung aus, der gemeine (oder schwarze) Adler hingegen, und der Fischadler (Pygargue) begreifen allerley Veränderungen unter sich. Die Gattung des gemeinen Adlers besteht aus zweyerley Abänderungen; aus dem braunen und schwarzen Adler. Vom Fischadler sind aber dreyerley Abänderungen bekannt: nämlich der große und kleine weißgeschwänzte, und der weißköpfige Adler. Ich mag hier mit Fleiß den ganz weißen Adler nicht mit beyfügen, weil ich ihn für keine besondere Gattung, nicht einmal für eine beständige Art halten kann, die sich irgend einer bestimmten Gattung beyzählen ließe. Meines Erachtens ist er eine bloß zufällige Abänderung, welche durch die strenge Kälte des Himmelsstriches, noch öfter aber durch das Alter des Thieres, hervorgebracht wird. In der besondern Geschichte der Vögel wird man sehen, daß viele unter ihnen, besonders aber die Adler, sowohl durch das Alter und Krankheiten, als durch allzulanges Fasten, grau oder weiß werden.

Eben so wird man auch leicht einsehen, daß der schwarze Adler eine bloße Abänderung der braunen, oder gemeinen Gattung von Adlern, der weißköpfige hingegen, und kleine weißschwänzige, als Abänderungen zu den Gattungen der Fischadler, oder des großen weißschwänzigen Adlers gehören; daß hingegen der ganz weiße Adler eine bloß zufällige und einzelne Abänderung vorstellet, die zu allen Gattungen gerechnet werden kann. Von den vermeinten eilf Adlergattungen bleiben uns also nichts mehr, als drey, nämlich der große, mittlere und kleine Adler übrig, weil die vier andern, als der Fischadler, der Balbuzard, oder kleine Meeradler, der Beinbrecher und sogenannte St. Martin von den ächten Adlern genugsam unterschieden sind, um für sich betrachtet, und mit besondern Namen belegt werden zu können. Ich habe zu dem Entschluß, die Gattungen einzuschränken, destomehr Ursachen, und desto stärkere Gründe vor mir gehabt, weil schon die Alten von langen Zeiten her wußten, daß Adler von unterschiedener Art sich recht gern mit einander paaren, und mit einander Junge zeugen, und weil man von dieser Eintheilung sagen muß, daß sie von der Eintheilung des Aristoteles noch am wenigsten abweiche, der mir besser, als irgend einer unserer Namenkrämer, die wahren Charaktere und wesentlichen Unterscheidungsmerkmale der Gattungen eingesehen zu haben scheinet. Er nimmt im Adlergeschlecht überhaupt sechs Gattungen an, gestehet aber selbst, unter diesen sechs Gattungen wäre noch ein Vogel mit begriffen, von dem er glaubte, daß er zu den Geyern gehöre; 48) und daß man ihn folglich von den Adlern trennen

48) Quartum genus (Aquilae) *Percnopterus* ab alarum notis appellatum, capite albicante, corpore majore, quam caeteras

kennen müßte, weil es in der That jener Vogel ist, welchen man unter dem Namen des Alpengeyers, oder Geyeradlers, kennet. Es bleiben also nur fünf Gattungen übrig, die erst mit den von mir festgesetzten drey Adlergattungen am besten übereinstimmen, übrigens aber sich auf eine vierte und fünfte Gattung, den Fischadler (Pygargue) und kleinen Meeradler, oder Balbuzard, beziehen. Ich glaubte, das Ansehen dieses grossen Weltweisen dürfe mich nicht abschrecken, die eigentlich sogenannten Adler von diesen letzten Vögeln abzusondern, und in diesem Stück allein bin ich mit meiner Einschränkung der Gattungen von der seinigen abgewichen; übrigens bin ich mit ihm völlig einig, und glaube, so wie er, daß der Beinbrecher, oder große Meeradler, so wenig, als der St. Martinsvogel (Jean-le-blanc), dessen er nicht gedenket, unter die eigentlichen Adler gezählet werden darf, besonders da der letzte von diesen so weit abweichet, daß es noch niemand gewagt, ihn einen Adler zu nennen. Alles dieses wird sich in den folgenden Artikeln, wo man den Unterschied jeder von uns beschriebenen Gattung ausführlicher anzeiget, zur Befriedigung und mehrern Deutlichkeit unserer Leser, klärlich entwickeln.

tertiae adhuc dictae (*Pygargos*, *Morphnos* & *Melaenaëtos*) haec est; sed brevioribus alis, cauda longiore. *Vulturis* speciem haec refert, *Subaquila* & *Ciconia montana* cognominatur: incolit lucos degener, nec vitiis caeterarum caret & bonorum, quae illae obtinent, expers est: quippe quae à Corvo, caeterisque id genus alitibus verberetur, fugetur, capiatur. Gravis est enim, victu iners; exanimata fert corpora; famelica semper est & querula clamitat, & clangit. *Arist. Hist. anim.* Libr. IX. c. XXXII.

I.

Der große Adler.

Der Steinadler. 49)

Man sehe hierbey die 410te illuminirte Platte der Vögel nach.

S. 1 Tafel.

Die erste Gattung ist der große Adler (1 Tafel), den Belon, nach dem Athenäus, Königsadler, oder den König der Vögel nennet. In der

49) Der Goldadler. Klein. Landadler. Steinadler. Halle. Sternadler. Ebend. Franz. *Grand aigle. Aigle Royal. Aigle noble, doré, roux, fauve.* Buff. *Le Grand Aigle royal.* Belon. Engl. The Golden Eagle. Holl. Arent. Dän. Landörn. Gaaseörn. Pontopp. Schwed. Oern. Span. Aquila coronada. Pohln. Orzel przedni. Pers. An si muger. Griech. Ἀετὸς γνήσιος. Arist. Χρυσάετος Oppian. Hebr. Neser, wie Gesner und Aldrovandus behaupten. Chald. Nisra. Arab. Neser, Achal gagila, Zummach, Aukeb, oder Haukeb. Nesir nach dem Afrikaner Leo. Syr. Napan, welches mit Wilhelm Tardifs Meapan, wie er diesen Adler in seinem kleinen Traktat von der Falkenierkunst auf syrisch nennet, ziemlich überein kömmt. Er behauptet eben daselbst, er wäre bey den Griechen unter dem Namen Φιλάδελφος, bey den Lateinern hingegen unter dem Namen Milion, bekannt; allein diese letzte Benennung ist französisch, und niemals auf diesen Adler angewendet worden. Einige von den alten französ. Schriftstellern haben den Habicht sonst mit dem verdorbenen Worte *Milion* beleget.

Tab. I. Der Grosse Adler. Steinadler. Pag. 84

Buff. Naturh. d. Vögel I. T.

der That ist er von einer ächten und edlen Art. Aristoteles 50) nennet ihn daher Ἀετὸς γνήσιος, 51) und bey den Methodisten findet man ihn unter dem Namen des Goldadlers. 52) Er stellet unter allen

J 2 Ad-

S. Hallens Vögel S. 174. Knut Leems Nachr. von den Lappen in Finmarken. Leipz. 71. p. 125. Pontoppidans Naturgesch. von Dännemark. in 4to. p. 165. Kleins Vorbereit. zur Vögelhistorie. Leipz. 1760. p. 76. Skopoli Vögel seines Kabinets. Leipz. 1770. p. 2.

Linn. S. N. Ed. XII. p. 125. *Falco Chrysaëtos* cerâ luteâ pedibusque lanatis luteo-ferrugineis, corpore fusco ferrugineo vario, caudâ nigrâ, basi cinereo-undulatâ. Faun. Suec. 1767. n. 54. Id. nom. *Brisson.* Av. Edit. Batavina, in 8vo. Tom. I. p. 124. *Aquila Chrysaëtos* s. aurea. l'Aigle doré. Aquila Germana. *Gesn.* & *Johnst.* Chrysaetos. *Aldrov. Raj. Willughb.* Aquila pyrenaica. *Barr.* stellaris *Bellonii.* Asterias, *Hall.* regalis, *Schwenkf.* Cf. *Valm. de Bom. Dict. d'Hist. Nat.* Tom. I. p. 164. VIII. 481. *Cours d'Hist. Nat.* Tom. III. p. 200 n. 6.

v. B. u. M.

50) Sextum genus (Aquilae) *Gnesium*, i. e. verum, germanumque appellant. Unum hoc, ex omni avium genere, esse veri incorruptique ortus creditur. Caetera enim genera & aquilarum & accipitrum & minutarum etiam avium promiscua adulterinaque invicem procreant. Maxima aqvilarum omnium haec est, major etiam, quam *ossifraga.* Sed caeteras aquilas vel sesqui alterâ portione excedit. Colore est rufa, conspectu rara. *Aristot. Hist. animal.* Libr. IX. c. XXXII.

51) Ἀετὸς von ἀΐσσω mit Gewalt worauf losschiessen, und γνήσιος, *Jovis ales*, der Vogel Jupiters. S. Hallen und Klein l. citt. M.

52) S. die vierte Platte der Brittischen Zoologie, und Brisson l. cit.

Adlern den größten vor. Das Weibchen hat wohl drey und einen halben Fuß in der Länge, von der Spitze des Schnabels bis an das Ende der Füße gerechnet, und mehr als acht und einen halben Fuß im Durchmesser der ausgespannten Flügel. Er wieget sechzehn, 53) oft auch achtzehn Pfund. 54) Das Männ-

53) S. *Klein*. Ordo Avium p. 40. Von den Kleinischen Goldadlern wog der eine aus Nehringen dreyzehn, der andere aus dem grebiner Walde sechszehn Pfund. S. Kleins Vorb. zur Vögelh. p. 76. M.

54) Einer von meinen Freunden, Hr. Hebert, Obereinnehmer zu Dijon, der über die Vögel sehr gründliche Beobachtungen angestellet, und mir so viele davon mitgetheilet hat, daß ich ihn oft mit erkenntlichem Herzen anzuführen, Gelegenheit finden werde, schreibt mir von den Adlern Folgendes: „Ich habe, sagt er, in der französischen Landschaft Bugey zwo Gattungen von Adlern gesehen. Den ersten fieng man auf dem Schloß von Dorlau, wo man ihn, vermittelst einer lebendigen Taube, ins Netz gelocket hatte. Sein Gewicht betrug achtzehn Pfund. Er war von rothbrauner Farbe, und eben der große Adler, der in der Britt. Zoologie auf der Platte A vorgestellet wird. Man wurde an ihm besondere Stärke, und viel Boßheit gewahr. Eine Frau, welche bey den Fasanen zu thun hatte, biß er aufs grausamste in den Busen. Der zweete war fast ganz schwarz. Beyde Gattungen sind mir auch in Genev zu Gesicht gekommen, wo man jede in einem besondern Kefig nährte. Sie haben alle beyde mit Federn bis an die Krallen besetzte Füße. Die Federn ihrer Schenkel sind so lang, und so häufig und dichte übereinander, daß man bey entferntem Anblick eines dergleichen Vogels glauben sollte, sie ständen oder säßen auf einer kleinen Erhöhung. In Bugey hält man sie für Zugvögel, weil sie daselbst bloß im Frühling und im Herbste sichtbar werden. A. d. V.

Das

Männchen ist allemal kleiner, und pflegt selten über zwölf Pfund zu wiegen. Beyde haben einen sehr starken Schnabel, der einem blaulichen Horn ziemlich gleichet. Ihre Krallen sind schwarz und spitzig. Die größte, oder die hinterste, beträgt oft fünf Zoll in der Länge. Die Augen sind wohl groß; allein sie scheinen in einer tiefen Höhle zu liegen, welche vom obern Theil der Augenhöhle, wie mit einem überstehenden Dache, bedeckt wird. Der Regenbogen im Auge hat eine schöne hellgelbe Farbe, und blitzt mit lebhaftem Feuer durch die Hornhaut hervor. Die glasartige Feuchtigkeit gleicht an Farbe dem Topas; der trockne, veste Krystall im Auge pranget im Schimmer und Glanz eines Diamanten. Der Schlund erweitert sich in einen ansehnlichen Beutel, oder Kropf, der wohl ein gutes Nößel Wasser in sich fassen kann. Der darunter gelegene Magen ist nicht völlig so groß, als dieser erste Kropf, aber fast eben so häutig und biegsam. Dieser Vogel ist fett, besonders im Winter, sein Fett ist weiß, und sein Fleisch zwar hart und faserig, aber nicht von einem so wilden Geschmack, als das Fleisch der andern Raubvögel. 55).

Das Hauptkennzeichen des Goldadlers, oder wahren Adlers, sagt Hr. D. Günther in einer Anmerk. zu Skopoli Vogelkabinet, besteht außer seiner Größe, worinn er alle Vögel in Europa übertrift, in seinen bis auf die Zeen mit Federn bekleideten Fängen, die an allen andern Adlern glatt sind. Er selbst hat in seiner Sammlung einen Adler, der zwanzig, also vier Pfund mehr, als der Kleinische, wiegt. Da er mitten im Sommer zu Altenberge bey Kahla geschossen worden, läßt sich hieraus schlüßen, daß er auch in Thüringen, oder wenigstens nicht weit von dessen Grenzen, horsten müße. M.

55) S. *Schwenckf. Idii Avis Siles.* p. 216.

Diese Gattung trift man in Griechenland [56]), in Frankreich auf den Gebirgen der Landschaft Bugey, in Deutschland in den schlesischen Gebirgen [57]), in den Wäldern um Danzig [58]), auf den Karpatischen [59]), pirnäischen [60]), und irrländischen Gebirgen [61]), an. Er wird auch in klein Asien und Persien gefunden; denn die alten Perser führten, schon vor den Römern, den Adler auf ihren Kriegesfahnen, und man hatte schon in den alten Zeiten eben diesen großen, oder diesen Goldadler, dem Jupiter geheiliget. [62]) Man sieht auch aus den Zeugnissen Reisender, daß er sich in Arabien [63]), in Mauritanien, und vielen andern Provinzen von Afrika und Asien, bis zur Tartarey, nur nicht in Siberien, und in dem übrigen Theil des nördlichen Asiens, aufhält. Fast eben so verhält sichs in Europa. Diese

56) S. *Aristotelis* Hist. animal. Lib. IX. cap. XXXII.

57) S. *Schwenckf.* l. cit. p. 214.

58) S. *Klein.* Ordo Avium. p. 40.

59) S. *Rzaczynsky* Auct. Hist. Nat. Polon. p. 360 und 362.

60) S. *Barrere* Ornithol. Class. III. Gen. IV. sp. 1.

61) S. *British Zoology.* p. 61.

62) *Fulvam aquilam*, Jovis nunciam. *Cicero* de Leg. Libro II. Grata Jovis fulvae rostra videbis avis. Ovid. Libr. V. Fulvusque tonantis armiger. *Claudian.*

63) *Majores* (Aquilae) arabico nomine *Nesir* vocantur. Aquilas docent Afri, vulpibus & lupi insidiari, quibus cum proelium ineunt: verùm edoctae aquilae ungvibus dorsum & caput rostro comprehendunt, ut dentibus morderi nequeant. Caeterum si animal dorsum volvat, aquila non desistit, donec vel interimat vel oculos illi effodiat. *Leon. Afric.* P. II. p. 767.

Diese Gattung, welche durchgängig seltsam ist, findet sich noch viel öfter in unsern mittäglichen, als in den gemäßigtern Provinzen; in unsern nördlichen Gegenden aber, welche über dem fünf und funfzigsten Grade der Breite liegen, ist er gar nicht mehr wahrzunehmen; auch im nördlichen Amerika wird man diesen Adler nicht gewahr, obgleich der gemeine, oder schwarze, sich daselbst aufzuhalten pfleget. Es scheint also, der große Adler sey bloß in den gemäßigten und warmen Gegenden des alten vesten Landes, wie alle Thiere, geblieben, welchen die Kälte zuwider ist, und welche darum nie bis zu dem neuen vesten Lande gekommen sind.

Der Adler hat, physikalisch und moralisch betrachtet, viel mit dem Löwen gemein. Er besitzt ausserordentliche Stärke; folglich muß man ihm unter den Vögeln die Oberherrschaft eben so, wie dem Löwen unter den vierfüßigen Thieren, einräumen. Die Großmuth üben die Adler so gut, als die Löwen aus. Kleine Thiere kommen ihnen eben so verächtlich, und ihre Anfälle gar nicht bemerkenswürdig vor. Sie müßen durch das ungestüme Geschrey der Krähen und Elster lange hinter einander aufgefordert werden, ehe sie endlich den Schluß fassen, sie für ihren Frevel mit dem Tode zu bestrafen. Uebrigens verlangt ein Adler kein anderes Gut, als was er sich selbst verschaffen, keine andere Beute, als die er selbst erhaschen kann. Unter die Eigenschaften, die er mit den Löwen gemein hat, gehört auch die Mäßigkeit. Fast niemals pflegt er sein erhaschtes Wildprett ganz zu verzehren, sondern immer die Ueberbleibsel, wie der Löwe, für andere Thiere liegen zu lassen. So hungrig er auch immer seyn mag, vergreift er sich doch nie-

niemals an Luder. Er lebt eben so einsam, als der Löwe, in einer Wüste, deren Zugänge und Jagdgerechtigkeit er wider alle andere Vögel nachdrücklich vertheidiget. Es ist vielleicht eben eine so große Seltenheit, zwey Paar Adler auf einerley Gebirge, als zwo Löwenfamilien in einerley Theil eines Waldes anzutreffen. Sie halten sich allemal weit von einander entfernt, damit ihnen der Umfang ihres Aufenthaltes hinlänglichen Fraß gewähren könne. Den Vorzug und die Größe ihres Reichs schätzen sie bloß nach der Menge des vorräthigen Wildpretes, das ihnen zum Raube dient. Ferner hat ein Adler funkelnde, und fast eben so gefärbte Augen, wie die Augen des Löwen, 64) eben solche Fänge oder Klauen, eben so starken Athem, und macht ein eben so furchtbares Geschrey, als der Löwe. 65) Da sie Beyde zum Kampf und Raub erschaffen sind, vermeiden sie auch beyde die Gesellschaft, und pflegen sich durch gleiche Grimmigkeit, Grausamkeit und Unbändigkeit furchtbar zu machen. Sie können gar nicht anders, als wenn man sie ganz zeitig und jung aus dem Neste nimmt,

64) Oculi Charopi. Charopus color, qui dilutam habet viriditatem, igneo quodam splendore intermicantem; qualem in leonum oculis conspicimus. *Calep. Diction.*

65) Anm. Wir haben den Adler mit dem Löwen, den Habicht aber mit dem Tiger verglichen: denn man weis, daß der Kopf und Hals des Löwen mit langen Zotteln, und einer schönen Mähne behangen, am Tiger aber, in Vergleichung mit dem Löwen, fast gänzlich kahl sind. Eben so ist es auch mit dem Habicht beschaffen, dessen Kopf und Hals ganz kahl erscheinen, da hingegen der Adler an Kopf und Hals mit häufigen Federn pranget. A. d. V.

nimmt, gezähmet werden. Es gehört viel Geduld und Kunst darzu, einen jungen Adler, dieser Art, zur Jagd abzurichten. Sein Herr selbst hat von ihm alles zu fürchten, sobald er alt und stark genug wird, Schaden zu thun.

Durch die Zeugniße gewißer Schriftsteller können wir überführet werden, daß man vor alten Zeiten sich dieses Adlers in Orient gewöhnlich zur Jagd bedient. Heutiges Tages aber hat man sie aus unsern Falkenierhäusern verbannet. Sie sind viel zu schwer, um, ohne die größte Unbequemlichkeit, auf der Hand getragen zu werden, auch niemals zahm, niemals friedlich, oder sicher genug, um ihren Herrn, wegen ihres Eigensinns, und ihrer zornigen Ueberfälle, außer Gefahr zu setzen. Ihre Schnäbel und Fänger sind krumm und furchtbar. Zwischen ihren Figuren, und ihrem Naturel, herrschet viel Uebereinstimmung. Außer ihren gefährlichen Waffen haben sie einen starken untersetzten Körper, sehr kräftige Flügel und Beine, veste Knochen, hartes Fleisch, und starre Federn, [66]) eine verwegne, gerade Stellung, rasche Bewegungen, und einen sehr schnellen Flug. Kein Vogel schwingt sich so hoch in die Luft, als ein Stein- oder Goldadler; daher ihn auch die Alten den Himmelsvogel, und bey ihren Wahrsagungen, den Gesandten des Jupiter genennet haben. Sein scharfes Gesicht übertrift alles; er

66) Man glaubt von den Federn der Adler, sie wären so stark, daß andere Vogelfedern, wenn man sie darunter mischte, völlig vom starken Reiben durch sie abgenuzt würden.

A. d. V.

hat aber, in Vergleichung mit einem Habicht, nur einen sehr mittelmäßigen Geruch. Bey seiner Jagd bedient er sich also bloß der Augen. Wenn er seinen Raub erhascht hat, senkt er sich nieder, um das Gewicht seiner Beute, die er vorher auf die Erde leget, zu erforschen, und hernach mit ihr fortzufliegen. Ob er gleich mit sehr starken Flügeln begabet ist, hat er doch sehr unbiegsame Beine; daher es ihm etwas schwer wird, sich, besonders, wenn er mit Beute beladen ist, in die Höhe zu schwingen. Er findet keine Schwierigkeit, in Entführung einer Gans und eines Kranichs; auch Hasen, junge Lämmer und Ziegen hebt er leicht mit sich in die Lüfte. Wenn er junge Hirschkälber, oder Kuhkälber anfällt, so geschieht es bloß, um sich auf der Stelle an ihrem Blut und Fleisch zu sättigen, und hernach einige Stücken mit in sein Nest zu schleppen, welches ganz platt, und gar nicht, wie die Nester der meisten andern Vögel, ausgehöhlet ist; (daher es auch bey den Franzosen *Aire*, statt *Nid*, genennet wird). Er bauet es gemeiniglich zwischen zween Felsen, an einem trockenen, ganz unzugänglichen Orte; und man behauptet von einem solchen Neste, daß es gleich für die ganze Lebenszeit eines Adlers eingerichtet wäre. In der That ist ein Adlersnest mühsam genug, um nur einmal gebauet zu werden, und veste genug, um lange zu dauren. Es ist gleichsam, wie ein Fußboden erbauet, und aus lauter kleinen Ruthen und Stäben, von fünf, bis sechs Fuß in der Länge, zusammengesetzet, welche an beyden Enden vest aufliegen, auch mit biegsamen Zweigen durchflochten, und mit vielen Schilf- und Heidelagen bedeckt sind. Dieses flache Nest ist nicht allein viele Fuß breit, sondern auch vest genug, den Adler, das Weibchen, die

jungen

jungen Adler, zugleich aber auch die ganze Last eines nöthigen Vorraths von Lebensmitteln zu ertragen. Oberwärts hat es keine Bedeckung, und keinen weitern Schutz, als den es von den überhängenden Stücken des Felsens erhält. Die Eyer werden vom Weibchen mitten in das Nest gelegt. Mehr als zwey, oder drey, pflegen es nie zu seyn, worüber die brütende Mutter, wie man sagt, gerade dreyßig Tage sitzet. Unter diesen Eyern aber finden sich oft unbefruchtete. Nur höchst selten werden drey junge Adler in Einem Neste gefunden. 67) Das gewöhnlichste bey denselben ist, einen, oder zween junge Adler auszubringen. Dazu kömmt noch, daß die Mutter, sobald ihre Jungen ein wenig heranwachsen, das schwächlichste, oder gefräßigste derselben, umbringet. Bloß der Mangel an Lebensmitteln kann ein so widerna-

67) Einer von meinen Freunden versichert mir, ein Adlersnest in Auvergne angetroffen zu haben, das zwischen zwern Felsen aufgebaut, und mit drey jungen, ziemlich erwachsenen Adlern besezt war. S. *Ornithol. de Salerne.* p. 4. Anm. Herr Salerne scheint bloß darum diesen Umstand zu erzählen, daß er desto sicherer die vom Ritter von Linne angenommene Meynung behaupten könnte, daß nämlich ein Weibchen dieses Adlers vier Eyer lege. Indessen finde ich, daß Hr. v. Linne diesen Umstand nicht von den Adlern ins besondre, sondern von den Raubvögeln überhaupt anmerket, sie pflegten etwa vier Eyer zu legen. *Accipitres:* Nidus in altis, *Ova circiter quatuor.* *Linn.* S. N. Ed. X. T. I. p. 81. Ed. XII. p. 115. Es ist also sehr wahrscheinlich, daß dieser Adler von Auvergne, der drey Junge ausgebrütet haben sollte, nicht von der Gattung der großen Adler, sondern vielmehr der kleinen, oder des Balbusard, gewesen sey, der in der That drey, bis vier Eyer legt. A. d. V.

dernatürliches Verfahren veranlassen. Wenn Vater und Mutter für sich selbst nicht genugsamen Unterhalt finden, so denken sie vornämlich auf die Verminderung ihrer Familie, und jagen die Jungen, sobald sie nur anfangen zum Fluge hinlänglich reif und kräftig zu werden, weit von sich hinweg, ohne ihnen jemals einen Besuch, oder eine Rückkehr in ihr Gehege zu erlauben.

Die jungen Adler haben auf ihren Federn weit hellere Farben, als die alten. Anfänglich sind sie ganz weiß, hernach werden sie blaßgelb, und am Ende hell rothbraun. Das Alter, ein öfterer anhaltender und unbefriedigter Heißhunger, Krankheiten, und allzulange Gefangenschaften, verhelfen ihnen wieder zu einer weißen Farbe. Man versichert, sie könnten länger, als ein Jahrhundert leben, und stürben auch dann mehr aus Unmöglichkeit, ihren Unterhalt zu suchen, als vor großem Alter; denn ihr Schnabel nimmt im Alter eine so große Krümmung an, daß er für sie ganz unbrauchbar wird. Doch ist an Adlern, die man in Vogelhäusern aufbehalten hat, bemerkt worden, daß sie ihren Schnabel stark wetzen, und in vielen Jahren keinen merklichen Anwachs desselben zu fürchten haben.

Man hat auch die Beobachtung gemacht, daß es gar wohl angehe, sie mit allerley Fleisch, sogar mit anderm Adlerfleisch, zu nähren, und daß, in Ermangelung des Fleisches, ihrem Heißhunger auch Brod, Schlangen, Eidexen u. s. w. sehr willkommen wären. Wenn sie noch nicht gezähmt, oder kirre gemacht werden sind, hakken sie grausam auf Hunde, Katzen und Menschen ein, die sich ihnen zu nähern

nähern wagen. Von Zeit zu Zeit pflegen sie ein starkes, weit ertönendes, klägliches Geschrey, lange hinter einander, hören zu lassen. Ans Trinken denket ein Adler nur selten; in seiner Freyheit vielleicht gar nicht [68]), weil das Blut erwürgter Opfer seinen Durst hinlänglich abkühlet. Sein Auswurf ist allemal weich und feuchter, als bey andern, so gar feuchter, als bey solchen Vögeln, welche viel und fleißig zu saufen gewohnt sind.

Bloß auf diese große Gattung von Adlern läßt sich die angeführte Stelle des Leo aus Afrika, und aller andern afrikanischen und asiatischen Reisebeschreiber Zeugniß anwenden, die einstimmig behaupten, daß dieser Vogel nicht allein Lämmer, Ziegen und junge Gazellen mit sich in die Luft nimmt, sondern auch, wenn er abgerichtet ist, [69]) Füchse und Wölfe stößet. [70]) (Anm.

68) Daher ist ihre Zunge, wie auch der untere Theil des Schnabels, wie eine Rinne ausgehöhlt, um das Blut von der frisch gefangenen Beute bequemer verschlucken zu können, weil kein Adler, oder Habicht, Wasser zu seinem Getränke sucht. Klein. l. c. p. 77. M.

69) Daß es schwer, und so gar gefährlich ist, einen Adler zur Jagd abzurichten, hat schon Hr. v. Büffon oben gesaget. Indessen hat man doch hin und wieder einige nicht ganz mißlungene Versuche gemacht. „Die Jungen, sagt Herr Halle l. c. p. 176. die man aus dem Neste genommen, lernen Hasen, Füchse und Rehe angreifen. Man erziehet sie an dunkeln Orten, gewöhnt sie, auf der Hand zu sitzen, und die ersten Versuche an jungen Vögeln zu machen. Um sich derselben zu versichern, werden ihnen die Schwanzfedern zusammengenähet, oder die Pflaumfedern am Bürzel berupfet. Man trägt sie auf Handschuhen, mit verkapptem Auge. So oft sie ein Thier gefänglich einbringen,

(Anm. Die Jagdverständigen haben die Beobachtung gemacht, daß große Raubvögel, folglich auch vor allen andern dieser Stein- oder Goldadler, alle Morgen ihr Gewölle werfen, oder die Haare und Federn ausspeyen, die sie von dem durch sie am vorigen Tage gestoßenen Raube, oder Aezung, im Kropfe gesammlet haben. Ohne diese tägliche Auslerung würden sie nicht vermögend seyn, das geringste zu schlagen, oder zu fangen. Ich selbst habe in meiner Sammlung ein solches Gewölle von einem thüringischen großen Adler aufbehalten, das aus lauter Fuchs- und Rehhaaren zu bestehen, und als eine haarige Kugel, an Gestalt und übriger Beschaffenheit, einem Seeball (Pila marina) zu gleichen scheinet.

Die Adler, sagen die Naturkundiger, haben deßwegen ihre Beine so stark mit Federn besetzet, damit

gen, bekommen sie, zur Belohnung, einen ansehnlichen Theil von der Beute. Die Spanier und andere Völker, in deren Nachbarschaft unser großer Adler horstet, versehen sich darauf, durch seine Gegenwart ihre Finanzen zu vergrößern. Sie pflegen ihm nämlich die geraubte Beute wieder abzunehmen, und in ihrer Küche keinen Mangel zu spüren, so lange der Adler Junge hat. In Oberkrain wird er zuweilen bey den ausgesteckten Bissen der Schwanenhälse, oder Fuchseisen, gefangen. (S. Skopoli l. c. p. 2.) M.

r) Der Kaiser zu Thibet hatte viele zahm gemachte Adler, die so hitzig und heißhungrig sind, daß sie auf Hasen, Rehböcke, Gemsen und Füchse stoßen. Es giebt unter denselben sogar einige, die sich nicht scheuen, einen Wolf mit Ungestüm anzufallen, und ihn dermaßen zu quälen, daß er mit leichter Mühe gefangen werden kann. S. *Marc. Paul.* Livr. II. p. 56. A. d. V.

damit sie nicht allein wider die Bisse, und wider das Kratzen der Vögel mit ihren Krallen, wenn sie dieselben mit ihren Klauen fangen, sondern zugleich wider die Kälte des Schnees geschützet wären, der sich auf hohen Gebirgen, als ihrem gewöhnlichen Aufenthalt, so häufig zu finden pfleget. Zur Bewahrung wider die Kälte überhaupt sind ihnen auch die Pflaumfedern sehr behülflich. S. Abh. zur Naturgesch. der Thiere und Pflanzen. II B. S. 30.

M . . .

II.

Der gemeine Adler. 71)

S. die 409te illuminirte Kupferplatte.

S. II und III Kupferplatte.

Die Gattung des gemeinen Adlers ist nicht so rein, die Art auch nicht so edel, als die Art (Race) des großen Adlers. Sie besteht schon aus zwo Spielarten, dem braunen 72) und

(71) Adler. Aar. Engl. Eagle. Schwed. Orn. Span. Aquila canoida. Griech. Ἀετός, Μελαναίετος.

72) Der kurzschwänzige Steinadler (mit weißem Ring am Schwanze). S. Kaliens Vögel. p. 179. n. 117. Der Kurzschwanz mit weißem Ringe. Kleins Vögel. p. 78. III. Aquila simpliciter. Brisson. Aves. Tom. I. p. 121. n. 1. Aquila. Aigle. Edit. Par. p. 419. Linn. S. Nat. Ed. XII. p. 125. m. 6. Falco fulvus cerâ flavâ pedibusque lanatis fusco-ferrugineis, dorso fusco, caudâ fasciâ albâ. Aldrov. Ornith. I. p. 17. Willughb. Ornith. 28. Tab. 1. & Raji Aves 6. n. 2. Aquila fulva s. Chrysaëtos, caudâ annulo albo cincta. Gaz. Besl. Tab. XVI. Aquila Alpina saxatilis Edw. Av. Tom. I. p. 1. Seeligmanns Vögel. I B. Tab. 1. Der weißgeschwänzte Adler. Aquila caudâ albâ americana. L'Aigle à queue blanche. Memoires pour servir à l'Hist. des animaux. Tom. III. p. 89. Voyage de la Baye de Hudson. Tom. I. p. 54. Cours d'Hist. Nat. Tom. III. p. 219. f.

Anmerk.

Tab. II. *) Der gemeine Braune Adler. Pag. 108.

Büff. Naturh. d. Vögel. I. T. Edw

und schwarzen Adler [n]). Aristoteles hat sie zwar nicht namentlich unterschieden, sondern unter der Benennung Μελανάετος, des schwarzen, oder schwärzlichen

Anm. Willughby und Ray haben die Beywörter *Fulvus* und *Chrysaëtos*, die eigentlich dem großen Adler zukommen, hier unrecht angebracht, weil der gemeine Adler allemal schwärzlich braun, und weder gelb, noch goldfarbig ist. Auch Edwards und der Verf. der Reise nach Hudsonsbay hätten den weißen Schwanz nicht als einen Charakter dieses Adlers anführen sollen, weil man ihn sonst leicht mit dem Fischadler (Pygargue) verwechseln kann, welcher den ächten weißgeschwänzten Adler vorstellet, und wirklich einen ganz weißen Schwanz hat, welcher bey dem gegenwärtigen bloß zum Theil weiß erscheinet; daher ihn auch Hr. v. Linne als eine Spielart des gemeinen betrachtet.
v. B. u. M.

n) Der schwarze Adler. Hallens Vögel. p. 180 n. 118. Melanaëtus, Valeria. *Gesn.* Leporaria. *Arist.* Gerfane, Petit aigle noir. Λαγωφόνος Ebend. Kleins Vögel ic. p. 78 n. IV. Der Hasenadler. Schwarze Adler. Frischs Vögel. I Th. Tab. 69. Der schwarzbraune Adler. Aquila Melanaëtos. Aigle. 2 F. 2 Zoll. *Brisson Aves.* Tom I. p. 125. n. 8. Melanaëtus s. aquila nigra. l'Aigle noir. Edit. Paris. p. 434. *Linn. S. Nat.* Ed. XII. p. 124. n. 2. *Melanaëtus. Falco*, cera luteâ pedibusque semilanatis, corpore ferrugineo-nigricante, striis flavis. *Aquila Valeria. Gesn.* Av. 203. *Aldrov.* Ornith. I. p. 197. Tab. p. 199. 200. *Raj. Av.* 7. n. 4. *Wil.* Ornith. 30. T. 2. *Alb.* Aves 2. p. 2. Tab. 2. *Schwenckf.* p. 218. Aquila nigra. *Belon.* Hist. des Oiseaux. p. 92. l'Aigle noir. *Hiperionis Avis* allorum. *Charlet. Cours d'Hist. Nat.* Tom. III. p. 220. n. 7. Engl. Black-Eagle.

Anm. *Melanaëtus* wird er von seiner Schwärze, *Valeria* darum genennet, weil dieser Vogel mit seinem Körper und Klauen, oder Fängern, sehr viel vermag. Klein l. c. v. B. u. M.

lichen Adlers 74), zusammen genommen, und er hatte vollkommen recht, als er diese von der vorhergehenden Gattung absonderte, weil sie von jener wirklich 1) in der Größe, 2) in den Farben, 3) in ihrem natürlichen Betragen, und ihren Gewohnheiten, merklich unterschieden ist. Denn die gemeinen Adler, sowohl der schwarze, als der braune, sind allemal viel kleiner, als der vorhergehende große. Die Farben sind beym großen Adler beständig überein; beym gemeinen aber, wie man siehet, sehr veränderlich. Vom großen Adler hört man oft ein klägliches Geschrey; da hingegen der gemeine braune und schwarze seine Stimme nur selten erhebet. Der gemeine Adler füttert alle seine Jungen im Neste, ziehet sie auf, und leitet sie alle in ihrer ersten Jugend. Vom großen haben wir aber gesehen, daß er sie, sobald sie nur ihre Flügel brauchen können, aus dem Neste verjaget, und ihrer eignen Willkühr überläßt.

Es scheint leicht erweißlich zu seyn, daß der braune und schwarze Adler, die ich hier unter einerley Gattung zusammenbringe, wirklich nicht von unterschiedener Gattung seyn können. Man darf sie nur

74) *Tertium genus (Aquilae)* colore nigricans, unde nomen accepit, ut *pulla* & *fulvia* vocetur. Magnitudine minima, *(minor)* sed viribus omnium praestantissima *(praestantior)*, colit montes & sylvas ac *Leporiaria* cognominatur. Una haec foetus suos alit atque educit: pernix, concinna, polita, apta, intrepida, strenua, liberalis, non invida est; modesta etiam, nec petulans, quippe quae non clangat, neque lippiat aut murmuret. *Aristot. Hist. Anim.* Lib. IX. cap. XXXII. A. d. V.

Tab. III.*) Der gemeine schwarze Adler. Pag. 110.

Büff. Naturh. d. Vögel I. T.

Frisch 69.

nur unter einander, sogar nach denjenigen Charakteren vergleichen, welche die Methodisten in der Absicht angenommen, sie von einander zu trennen. Beyde haben fast einerley Grösse, fast einerley, nur mehr, oder weniger dunkelbraune Farbe; beyde sind an den obern Theilen des Kopfes und Halses nur mit wenigem Rothbraun, am Ursprunge der großen Federn aber mit einem hellen Weiß bezeichnet. Ihre Schenkel und Beine sind auf einerley Art bedeckt, und mit Federn gezieret. Beyde haben einen nußfarbigen Ring im Auge. Die Haut, welche die Wurzel des Schnabels überziehet, ist an beyden hellgelb. Die Farbe des Schnabels spielt aus dem Hornfarbigen ins Blaue. Die Zeen sind gelb, und die Krallen schwarz. Ihr ganzer Unterschied besteht also in der Art, wie die Farben auf ihren Federn vertheilet sind. Ist aber dieses wohl hinlänglich, zwo verschiedene Gattungen auszumachen, besonders wenn die Anzal der Aenlichkeiten die Anzal der Verschiedenheit so weit und offenbar übersteiget?

Ich habe mir also gar kein Bedenken daraus machen dürfen, diese beyde Adler unter einer einzigen Gattung zusammenzubringen, und sie den gemeinen Adler zu nennen, weil dieser in der That, unter allen Gattungen von Adlern, am häufigsten vorkömmt. Aristoteles hat, wie schon erinnert worden, eben die Einschränkung beobachtet, ohne derselben besonders Erwähnung zu thun. Doch scheint sie Theodorus Gaza, sein Uebersetzer, bemerket zu haben, weil er das Wort Μελαναίετος nicht sowohl durch *Aquila nigra*, sondern vielmehr durch *Aquila nigricans*, *pulla fulvia*, übersezt hat, worunter beyde schwärzliche Abänderungen dieser Gattung begriffen sind, obgleich die eine mehr Gelb in ihrer Mischung hat, als die andere. Aristoteles, dessen Genauigkeit ich oft bewundern muß, pflegt immer zugleich Namen und Zunamen der beschriebenen Sachen anzugeben. Der Beyname dieser Gattung von Vögeln, sagt er, ist Ἀετὸς λαγωφόνος, der Hasenadler. In der That stoßen zwar auch andere Adler auf Hasen, dieser aber vor allen andern am häufigsten. Die Hasen machen seine gewöhnlichste Jagd, und eine Aezung, oder Beute aus, die er allen andern vorziehet. Die Lateiner, vor Plinius Zeiten, legten diesem Adler den Namen *Valeria* bey, quasi valens viribus [75]), weil er vielmehr Stärke, als andere Adler, nach Beschaffenheit seiner Größe, zu haben scheint.

Die Gattung des gemeinen Adlers ist viel zahlreicher, und in ungleich mehrern Gegenden anzutreffen, als der große. Dieser findet sich nur in den warmen und gemäßigten Gegenden des alten vesten Landes; der gemeine hingegen liebt vorzüglich die kalten Länder, und horstet sowohl auf dem alten, als neuen vesten Lande. Man sieht ihn in Frankreich [76]), in Savoyen, in der Schweitz [77]), in Deutschland [78]), in Pohlen [79]) in Schottland,

75) *Melanaëtos* à Graecis dicta, eademque *Valeria*. *Plin.* *Hist. Nat.* Lib. X. Cap. III.

76) Auf den Gebirgen der Landschaften Bugey, Dauphiné und Auvergne. v. B.

77) S. *Gazoph. Rup. Besler*. Tab. XVI. Aquila Alpina saxatilis.

78) Aquila nigra melanaetos, aquila pulla, fulva, valeria, leporaria : - - Colit sylvas & montes: Hyeme apud nos (in Silesiâ) maximè apparet. *Swenckfeldii* Av. Siles. p. 218. 219. it. *Klein* Ord. Avium p. 42.

79) *Rzaczynsky* Auct. Hist. Nat. Polon. p. 42.

land [80]), auch in Amerika an den Gegenden von Hudsonsbay [81]).

(Dieser Adler, sagt Hr. Hallen, fängt, ohne Unterschied, vierfüßige Thiere, Schlangen und Vö-

 gel.

80) *Sibbaldi* Scotia illustrata. P. III. p. 14.

81) In diesem Lande, (nämlich in den angränzenden Gegenden von Hudsonsbay) giebt es viel, in Ansehung der Form und ihrer Stärke, sehr ansehnliche Vögel. Dahin gehört unter andern der weißgeschwänzte Adler, der beynahe so groß, als ein indianischer Hahn, oder Puter ist. Er hat eine platte Krone, einen kurzen Hals, breite Brust, starke Schenkel, nach Verhältniß seines Körpers ungemein lange und breite Flügel, die oberwärts schwärzlich, an den Seiten aber heller sind. An der Brust ist er weißgefleckt, an den Flügelfedern aber ganz schwarz. Der ausgebreitete Schwanz ist oben und unten weiß, und nur an den äußern Enden der Federn schwarz, oder braun. Die Keulen sind mit schwarzbraunen Federn bedeckt, unter welchen, an gewißen Stellen, weiße Pflaumfedern hervorschimmern, die Schenkel aber bis auf die Füße mit röthlichbraunen Pflaumfedern beleget. Jeder Fuß hat vier dicke, starke Krallen, deren drey vorwärts stehen, eine aber nach hinten gerichtet ist. Sie haben einen Ueberzug von gelben Schuppen, und sind mit ungemein starken, spitzigen, schwarzglänzenden Fängern bewafnet. s. *Voyage de la Baye de Hudson*, par *Ellis* à Par. 1749. in 12mo, Tom. I. p. 54 und 55 mit einer saubern Abbildung, oder Ellis Reise nach Hudsons Meerbusen. Götting. 1750. p. 38. Tab. 3. f. 2.

Anmerk. Man siehet augenscheinlich aus dieser Beschreibung, daß eigentlich unter diesem der gemeine braune, und nicht der Fischadler (Pygargue) verstanden werde, und daß ihn folglich der Verfasser nicht hätte den weißgeschwänzten Adler nennen sollen. Inzwischen finde ich, daß die meisten

gel. Er verschlingt die Fische so, daß er den Kopf derselben zuerst in den Rachen bringt. Sein Koth ist wäßerig, wie verdünnter Kalk, und stinkend. Bisweilen pflegt er zu saufen. Seine gewöhnliche Stimme ist grob, fast wie die Stimme des Raben, den er an Größe zweymal übertrift. Vor Hunger, und aus Furcht, läßt er sie wohl in höhere Töne übergehen. Das Nest verlegt er in bergichte Wälder, wo große Flüße nahe vorbeyströmen. Seine gemeinsten Angriffe treffen die wehrlose Hasen. Zu manchen Zeiten wird er auch das Schrecken der größten Raubvögel. Er ist gelehrig, abgerichtet zu werden, und stößet, mit überlegter Mäßigung, allmählig in schiefer Linie auf den Raub herab, wenn er denselben an ofnen Orten wahrnimmt.„) M.

meisten englischen Naturforscher in diesen kleinen Irrthum verfallen sind, weil sie die weiße Farbe des Schwanzes, als den Hauptcharakter dieses Adlers angenommen haben. Der Verfasser der Brittischen Zoologie (H. Pennant) ist dem Ray und Willughby treulich nachgefolgt, und hat diesen Adler durch eben diesen Charakter (*Ringtail Eagle*) bezeichnet, ob er gleich weder gelbroth (fulvus), noch goldfarbig (Chrysaëtos) ist, und der Charakter des weißgeschwänzten Adlers dem Fischadler viel rechtmäßiger, und schon von Aristotelis Zeiten her, zukömmt.

A. d. V.

III.

Büff. Naturh. d. Vögel. 1. T. Fig. 71.

III.

Der kleine Adler. [82])

S. IVte Kupfertafel.

Die dritte Gattung ist der geflekte, welchen ich den kleinen Adler genennet habe, und welchen Aristoteles genau schildert [83]), wenn er ihn einen klagenden Vogel, mit geflekten, oder schäckichten Ge-

K 4

82) Der kleine Adler, oder Steinadler. Entenadler. Der klingende Schellentenadler. Aquila anataria. Aquila clanga, Morphno congener. Engl. *Rough-footed Eagle. Raj.* s. Kleins Vögel ꝛc. p. 79. n. VI. Frischs Vögel. I Th. Tab. 71. Der Steinadler, Gänseadler. Buteo. Busart. Hallens Vögel. p. 182. n. 120. Entenadler. Schelladler. *Brisson. Av.* Ed. Batav. in 8vo. Tom. I. p. 122. n. 4. Aquila naevia. *L'Aigle tacheté.* Ed. Par. p. 426. Le *Petit aigle.* Buff. *Aigle Canardiere.* Kolbe. Part. III. p. 139. Griech. Πλάγγος, Κλάγγος, Μόρφνος. Arab. Zimiech.

Anm. Aldrovandus Tom. I de Avibus p. 214, Johnston, Willughby, Ray und Charleton haben diesen Vogel blos für einen Verwandten des Morphnus gehalten, und Morphno congener genennt; es scheint mir aber unrecht zu seyn, da er den Μόρφνος der Griechen selbst vorstellet.

83) *Alterum genus aquilae* magnitudine secundum & viribus, *Planga* aut *Clanga* nomine, saltus & convalles & lacus incolere solitum, cognomine *anataria* & *morphna* à maculâ pennae, quasi *naeviam* dixeris; cujus Homerus etiam meminit in exitu Priami. *Aristot. Hist. anim.* Libr. IX. C. XXXII.

Gefieder, nennet, der kleiner, und nicht so stark ist, als die andern Adler. In der That beträgt seine Länge nicht über zween und einen halben Fuß, von der Spitze des Schnabels bis an die Fußsohlen gerechnet. Seine Flügel sind verhältnißmäßig noch kürzer; denn wenn sie ausgebreitet sind, pflegt ihr größter Durchmesser nicht über vier Fuß auszumachen. Man hat ihn *Aquila planga*, oder *clanga*, den klagenden, oder schreyenden Adler genennet, und es ist gewiß, er hätte keinen schicklichern Namen erhalten können, weil er fast beständig ein jämmerlich klagendes Geschrey hören läßt. *Anataria*, oder Entenadler, heißt er, weil er die Enten vorzüglich stößet; *Morphna* hingegen, weil seine dunkelbraune Federn an den Beinen, und unter den Flügeln mit häufigen weißen Flecken bezeichnet sind, am Hals aber ein großes weißliches Band erscheinet. Unter allen Adlern läßt sich dieser am leichtesten zähmen. 84) Er ist schwächer, und weder so herzhaft, noch so verwegen, als die andern. Die Araber nennen ihn *Zemiech* 85), um ihn von dem großen Adler, der bey

84) Hr. Klein hat über drey Jahre lang einen solchen zahmen Adler bey sich ernähret. So oft er ihm Freyheit gab, hat er sich ihm viele Stunden hindurch zur Linken auf den Tisch gesetzt, und jede Bewegung der rechten Hand beobachtet, womit er schrieb. Zuweilen hat er mit seinem Kopf Hrn. Kleinens Mütze gestrichen, und, wenn er ihn unter dem Kinn kützelte, ganz hell geklingelt. Er gieng zwischen den andern Vögeln im Garten, sonderlich zwischen den Möven herum, und fraß nichts weiter, als frisch Ochsenfleisch. S. Kleins Vogelhist. p. 80. *Ejusd. Ordo Avium.* p. 41. 42. v. B. u. M.

85) Es giebt zwo Gattungen von Adlern, wovon die eine durchaus *Zummach*, die andere *Zemiech* heißet. . . Der Zumach

bey ihnen *Zumach* heißet, unterscheiden zu können. Der Kranich ist seine größte Beute, woran er sich waget, außerdem stößt er gemeiniglich nur Enten, kleinere Vögel und Mäuse. [86]) Obgleich die Gattung nicht an jedem Orte sehr zahlreich ist, so findet man sie doch allenthalben, in Europa [87]), in Asien [88]) und Afrika, bis zum Vorgebirge der guten Hofnung [89]) vertheilet. In Amerika scheint er aber unbekannt zu seyn. Denn mich dünkt, nachdem ich die Nachrichten der Reisebeschreiber unter einander verglichen, daß der Vogel, den sie den Adler von Orenoque nennen, mit gegenwärtigem zwar

Zummach stößt Hasen, Füchse, Gazellen; der Zemiech Kraniche, und kleinere Vögel. S. Fauconnerie de Guill. Tardif. Lib. II. Cap. II. A. d. V.

86) Mures ut gratum cibum devorare solet; aviculas etiam, anates & columbas venatur. *Schwenckf. Av. Siles.* p. 220.

87) Z. B. um Danzig, auch wohl, doch sparsamer, in den schlesischen Gebirgen. S. Schwenkf. l. c. p. 220. A. d. V.

88) In Griechenland wird er ebenfalls angetroffen, weil ihn schon Aristoteles mit anführet. Nach Chardins Zeugniß ist er auch in Persien wahrgenommen worden, und in Arabien heißt er *Zümiech*, oder der schwache Adler. A. d. V.

89) Mir scheint es eben der Adler zu seyn, den Kolbe in seiner Beschr. des Vorgeb. der guten Hofnung Fr. 1745. 4to, S. 385 den Entenadler, Entenstoßer, aquila anataria nennet, weil sie die Enten gern verfolgen und fressen. Er hat sie oft sehr hoch in die Luft steigen gesehen, mit jungen Enten in den Klauen, die sie gleich in der Luft zerfleischten und auf fraßen. v. B. u. M.

zwar etwas Aehnliches, in Ansehung der mancherley Farben auf den Federn, hat, aber doch als ein Vogel, von ganz anderer Gattung, zu betrachten ist.

Wenn dieser kleine Adler, der weit gelehriger, und viel bequemer zu zähmen, auch so schwer auf der Hand zu tragen, und für seinen Herrn minder gefährlich, als die beyden vorigen, ist, eben so beherzt wäre befunden worden, so hätte man denselben gewiß zur Jagd abgerichtet. Er besitzt aber eben so viel Zaghaftigkeit, als Neigung zum Klagen und Schreyen. Ein gut abgerichteter Sperber ist schon fähig, ihn zu überwinden und zu stoßen [90]). Außerdem weis man aus den Zeugnissen unserer von der Falkenierkunst handelnder Schriftsteller, daß man, wenigstens in Frankreich, nie eine andere, als die beyden ersten Gattungen von Adlern, den großen Adler nämlich, oder den Goldadler, den braunen und schwärzlichen, oder den gemeinen, zur Jagd

90) Auf diese zaghafte Gattung beziehet sich folgende Stelle des Hrn. Chardin, (in seiner Voyage, Londres 1686. 292 rc.) „ Es giebt auch auf den bey Tauris in Persien gelegenen Gebirgen Adler, deren ich einen von den Bauern für fünf Sous verkaufen sahe. Vornehme Leute jagen diesen Vogel mit Sperbern, und diese Art von Jagd ist ohnstreitig eben so seltsam, als wunderbar. Die Art, wie der Sperber den Adler stößt, besteht hauptsächlich darinn, daß er erst weit über ihn empor flieget, hernach mit größter Geschwindigkeit auf ihn herab fährt, seine Fänger in die Seiten des Adlers einschlägt, und ihm, in beständigem Fluge, den Kopf unaufhörlich mit seinen Flügeln zerklopfet. Indessen geschiehet es zuweilen, daß der Sperber und Adler, beyde zugleich, aus der Luft auf die Erde fallen. „ A. d. V.

Jagd abgerichtet hat. Wenn man dieses thun will, muß man sie ganz jung fangen; denn ein erwachsner Adler ist nicht allein ungelehrig, sondern auch auf keine Weise zu bändigen. Sie müssen lauter Wildpret von der Art zu fressen bekommen, auf welche sie künftig stoßen sollen. Zu ihrer Abrichtung wird viel mehr und anhaltendere Sorgfalt erfordert, als zur Abrichtung anderer Stoßvögel. Beym Artikel der Falken wollen wir eine kurze Nachricht von dieser Kunst mittheilen. Hier will ich nur noch einige besondere Merkwürdigkeiten anführen, die man von den Adlern sowohl im Zustand ihrer Freyheit, als in ihrer Gefangenschaft, aus Beobachtungen weis.

Das Weibchen, das bey den Adlern sowohl, als bey allen andern Gattungen von Raubvögeln, weit größer, als das Männchen ist, und sich im freyen Zustande weit muthiger, beherzter und lustiger beweiset, scheint in der Gefangenschaft alle diese leztern Eigenschaften zu verlieren; daher man die männlichen Adler am liebsten zur Jagd abrichtet. Im Frühjahr, wenn die Zeit anrükt, wo ihr Paarungstrieb in ihnen erwachet, suchen sie zu entfliehen, um ein Weibchen zu finden; wenn man sie also zu dieser Jahreszeit in der Jagd üben wollte, so würde man in Gefahr seyn, sie zu verlieren, wofern man sich nicht etwa der Vorsicht bedienet, durch heftige Purgiermittel diese Begierden zu ersticken. Man hat auch schon angemerkt; wenn ein Adler, indem er von der Hand gelassen wird, erst gegen die Erde sinkt, hernach aber in gerader Linie sich in die Lüfte schwinget, daß dies ein Merkmal seiner vorhabenden Flucht sey. In diesem Fall muß er, durch Vorwerfung seiner gewöhnlichen Aezung, oder seines Futters, eiligst wieder zurük gelocket

locket werden. Wenn er sich aber, während seines Flugs, in einem Kreis über seinem Herrn herumschwinget, ohne sich weit von ihm zu entfernen, so ist es ein Zeichen seiner Zuneigung und Ergebenheit, wobey man von seiner Flucht nichts zu fürchten hat. Es ist auch schon oft bemerket worden, daß ein zur Jagd abgerichteter Adler gern auf Habichte und kleinere Raubvögel stößet, welches in dem Fall, wo er bloß den Trieben der Natur folget, nie zu geschehen pflegt. Im natürlichen Zustand fällt er dergleichen Vögel nicht als einen Raub an, sondern bloß, um ihnen eine glücklich erhaschte Beute streitig zu machen, und abzujagen.

Ein in Freyheit lebender, ungezähmter Adler jagt niemals allein, außer zu der Zeit, wo das Weibchen genöthigt ist, auf den Eyern, oder bey ihren Jungen zu bleiben. Weil dieses gerade in die Jahreszeit einfällt, wo durch die Zurükkunft wandernder Vögel, das Wildpret sich häufig darzubiethen anfängt, so wird es ihm leicht, sattsamen Unterhalt für sich und sein brütendes Weibchen zu finden. In allen andern Jahreszeiten scheinen das Männchen und Weibchen auf der Jagd gemeinschaftliche Sache zu machen. Man siehet sie fast beständig zusammen, oder wenigstens nicht weit von einander entfernt. Die Einwohner der Gebirge, welche die beste Gelegenheit haben, sie zu beobachten, geben vor, daß einer von beyden immer auf die Sträucher und Büsche schlägt, wenn indessen der andere auf einem Baum, oder Felsen, das aufgejagte Wildpret, als einen Raub, erwartet [91]).

Bis-

[91]) Vom Hasenadler haben die alten Jäger eine gleiche List bemerket, seinen Raub aufzujagen. Er fasset nämlich, wie

Bisweilen schwingen sie sich zu einer Höhe, wo man sie aus den Augen verlieret; ohnerachtet einer so grossen Entfernung aber, kann man ihre Stimme noch sehr deutlich wahrnehmen. Ihr Geschrey gleicht alsdann dem Bellen eines jungen Hundes.

Obgleich der Adler sehr gefräßig ist, so kann er doch lange Zeit ohne Nahrung leben, besonders in seiner Gefangenschaft, wo es ihm an Bewegung fehlet. Ich habe mir von einem sehr glaubwürdigen Manne sagen lassen, daß einer von den gemeinen Adlern in einer Fuchsschlinge gefangen worden, und fünf ganzer Wochen, ohne die mindeste Nahrung, zugebracht, auch nicht eher entkräftet geschienen habe, als in den lezten acht Tagen, nach deren Verfließung man ihn tödtete, damit er nicht allzulangsam verhungern, und sterben mögte.

Ueberhaupt lieben zwar die Adler einsame Gegenden und Gebirge; man wird sie aber doch nicht leicht auf den Gebirgen schmaler Halbinseln, oder anderer kleiner Inseln, antreffen. Sie horsten auf dem vesten Lande der alten und neuen Welt viel lieber, weil es auf den Inseln lange nicht so viel Thiere giebt, als auf dem vesten Lande. Die Alten haben schon angemerkt, daß auf der Insel Rhodus niemals Adler gesehen worden; daher sie es für ein wunderbares Abentheuer

wie die Jagdbücher versichern, große Steine in seine Fänge, und läßt sie aus der Luft in die Büsche fallen, um damit seinen Raub,! die Hasen, zu sprengen, wenn er in freyem Felde keine Beute wahrnimmt. S. J. Tänzers Notabilia venatoris. 5 Aufl. Nürnb. 1731. 8vo. S. 129.

Abentheuer hielten, daß zu der Zeit, als der Kayser Tiberius auf dieser Insel war, ein Adler sich auf dem Hause, das er bewohnte, niederlies. In der That sind auf den Inseln die Adler bloß als Gäste zu betrachten, die sich nie lange verweilen, am wenigsten aber daselbst zu horsten pflegen. Wenn also die Reisebeschreiber von Adlern reden, deren Horste, oder Nester an den Ufern der Wasser, und auf Inseln gefunden worden, so können dadurch nie unsre bisher beschriebne Adler angedeutet, sondern es müssen vielmehr die **Meeradler** (Balbuzards), und **Beinbrecher** (Orfraies), darunter gemeynet seyn, welches Vögel von ganz anderm Naturell sind, die mehr von Fischen, als vom Wildpret leben.

Hier lassen sich die anatomischen Beobachtungen, welche mit den innern Theilen der Adler angestellet worden, am besten anbringen, und ich kann, sonder Zweifel, aus keiner zuverläßigern Quelle schöpfen, als aus den **Abhandlungen der Mitglieder unserer Akad. der Wissenschaften**, welche zween Adler, einen männlichen und einen weiblichen, von der gemeinen Art, zergliedert haben [92]). Nachdem sie

92) Obgleich die Herrn Perrault, Charras und Dodard im II Band ihrer Abhandl. zur Naturgesch. der Thiere und Pflanzen, Leipz. 1757, 4to, p. 33 in den Gedanken standen, die beyde von ihnen beschriebene und zergliederte Adler gehörten zur Gattung des grossen, oder Goldadlers (Chrysaëtos); so erkennet man doch leicht aus ihrer eignen Beschreibung, und aus der Vergleichung ihrer Merkmale, mit den von uns angegebnen, daß diese beyde nicht von der Gattung der grossen, sondern der mittlern, oder gemeinen Adler waren. A. d. V.

sie gesagt, daß die Augen der Adler tief im Kopfe lägen, und von einer Isabellfarbe, mit einem topasartigen Schimmer, wären; daß die durchsichtige Hornhaut eine große Ausbiegung machte, das Bindhäutchen aber (la conjonctive) lebhaft roth aussähe; und daß von den großen Augenliedern jedes vermögend wäre, das ganze Auge zu bedecken; haben sie von den innern Theilen besonders noch angemerket, daß ihre Zunge vorn knorpelich, in der Mitte hingegen fleischig, die Kehle viereckicht, und nicht, wie bey den meisten Vögeln mit geraden Schnäbeln zugespitzet wäre; daß ihr sehr weiter Schlund sich unterwärts immer mehr ausdehne, um daselbst den Magen zu bilden, der nicht so dicht und hart, wie bey andern Vögeln, sondern biegsam und häutig, wie der Schlund, nur auf dem Grund etwas stärker wäre; daß diese beyde Höhlungen, sowohl am Ende des Schlundes, als des Magens, wegen ihrer vorzüglichen Weite, mit der Gefräßigkeit eines dergleichen Thieres im vollkommensten Verhältniß stünden; daß die Eingeweide, wie bey andern fleischfressenden Thieren, sehr klein wären; daß man bey den männlichen Adlern gar keinen Blinddarm, bey den weiblichen aber einen doppelten, und jeden derselben ziemlich weit, und über zween Zoll lang, anträfe; daß die Leber ungemein groß, und sehr lebhaft roth, ihr linker Lappen aber größer, als der rechte; daß die Gallenblase wohl so dick, und eben so gestaltet sey, als eine Kastanie; daß die Nieren, in Vergleichung mit andern Vögeln, verhältnißmäßig

mäßig nur klein, die männlichen Hoden ohngefähr einer Erbse groß wären, und aus dem Fleischfarbigen ins Gelbe fielen Den weiblichen Eyerstock, und den Gang desselben, haben sie von eben der Beschaffenheit, wie bey andern Vögeln, gefunden 93).

93) Man sehe nach in den angeführten Abhandl. zur Naturgeschichte der Thiere und Pflanzen rc. II Th. p. 36—40, oder *Memoires pour servir à l'Hist. des Animaux.* Part. II. Art. *Aigle.*

Tab. V. VI. Der kleine Fischadler. Pag. 125.

Frisch fc.

Buff. Naturh. d. Vogel 1. T.

IV.

Der Fischadler.[94]

S. die 411te der illuminirten Platten.

S. V. VI. und VIIte Platte.

Die Gattung des Fischadlers scheint mir wieder aus drey Spielgattungen, als 1) dem großen[95]), 2) dem kleinen[96]) und 3) dem weißköpfi.

94) Griech. Πύγαργος. Lat. Aquila albicilla. Hinularia. Franz. Pygargue. Schw. Hafs-Orn. Norw. Fisk-orn. Dän. Fisk-örn. S. Leems Finnmark Lappen p. 126. Nora. Pontopp. Dännemark 4to, p. 165. Krainisch. Postoina. Ital. Avoltoio. Aquilone.

95) Der große Fischadler. Kleins Vogelh. p. 77. II. Der Weißkopf. Gelbschnabel. Aquila. Pygargus. Albicilla. Skopoli Vögel seines Kabinets rc. mit D. Günthers Anmerk. p. 3. Der weißgeschwänzte Adler. Steingeyer, Weißkopf, Gelbschnabel. *Briss. Av.* I. p. 123. n. 5. Aquila. *Albicilla.* L'Aigle à queue blanche. Engl. Fawn-killing-eagle. *Linn. S. N.* XII. p. 126. *Falco Albicilla* seu *Pygargus*. *Gesn. Av.* 205. *Johnst. Av.* Tab. 2. & 3. p. 5. Pygargus. *Willughby Orn.* p. 31. *Ornithol. de Salerne.* La grande Bondrée blanche p. 8.

M . . .

96) Der kleine Fischadler. Der braunfahle Adler. Aquila Pygargus. Aigle brunâtre. Frischs Vögel I Th. Tab. 70. *Briss. Av.* I. p. 124. n. 6. Aquila Albicilla minor. *Petit aigle à queuë blanche.* Pygargus Hinnularis *Charl. & Sibbaldi.* Engl. Erne. Le petit Pygargue. *Buff.* Aquila Pygargus. *Raec. Gesn. Johnst.* M.

köpfigen Fischadler 97), zu bestehen. Die ersten beyden sind nicht bloß in der Größe, der letzte hingegen fast in gar nichts weiter vom ersten, der mit ihm einerley Größe hat, unterschieden, als daß er auf dem Kopf, und am Hals etwas weißer aussiehet. Aristoteles gedenket bloß der Gattung, ohne sich auf die Abänderungen besonders einzulassen 98). Eigentlich scheint er bloß vom großen Fischadler zu reden, weil er ihm den Beynamen *Hinnularia* giebt, welcher andeutet, daß eigentlich die jungen Rehböcke, Hirsche und Damhirsche (Hinuli), den beliebtesten Raub dieser Vögel ausmachen. Eine Eigenschaft, welche dem kleinen Fischadler unmöglich beygeleget werden kann, da er viel zu schwach ist, auf so große Thiere zu stoßen!

Die Merkmale, wodurch man die Fischadler von den eigentlichen Adlern (N. I. II. III.) unterscheiden kann, sind: 1) die kahlern Füße. Die Adler

97) Der weißköpfige Fischadler. Hallens Vögel. p. 177. n. 115. F. 8. Der weißköpfige Adler, mit halb weißem Schwanze. Ebend. p. 178. No. 116. Der weißköpfige Adler, mit glattem Kopf. Queue blanche. *Catesby* I. Tab. I. Seeligm. I. Tab. II. Aquila capite albo. Aigle à tête blanche. Ed. Par. p. 422. *Briss. Av.* I. p. 422. n. 2. Aquila leucocephalos. L'Aigle à tête blanche. *Buff.* Ed. Gall. T. I. p. 138. Pygargue à tête blanche. Engl. *Bald-Eagle*. *Linn.* S. N. Ed. XII. p. 124. n. 3. *Falco Leucocephalus*. M.

98) Aquilarum plura sunt genera. Unum quod *Pygargus* ab albicante caudâ dicitur, ac si *Albicillam* nomines. Gaudet haec planis & lucis & oppidis; *Hinnularia* à nonnullis vocata cognomine est. Montes etiam sylvasque, suis freta viribus, petit. Reliqua genera raro plana & lucos adeunt. *Arist. Hist. Anim.* L. IX. C. XXXII.

Tab. VII.*) Der weißkopfige Fischadler. Pag. 120.

Büff. Naturh. d. Vögel I. T. Buff. Tol. 411

Adler sind bis an die Krallen mit Federn bedeckt; an den Fischadlern findet man den ganzen untern Theil der Beine völlig entblößet. 2) Die Farbe des Schnabels, die bey den vorigen Adlern bläulich schwarz, bey diesen aber gelb, oder weiß, erscheinet. 3) Der weiße Schwanz, wovon die Fischadler den Namen der weißgeschwänzten Adler bekommen, weil ihr Schwanz in der That oben und unten durchaus eine weiße Farbe hat. Außerdem unterscheiden sie sich auch von den vorigen Adlern durch einige natürliche Gewohnheiten. Die Fischadler pflegen sich nie an einsamen Orten, oder Gebirgen, aufzuhalten, sondern vielmehr die Ebenen und Waldungen vorzuziehen, welche nicht weit von bewohnten Oertern abgelegen sind. Sie scheinen auch, wie die gemeinen Adler, (No. II.) die kältern Himmelsstriche den andern vorzuziehen. Man findet sie daher in allen mit-

n) Der Ritter v. Linné behauptet (in seiner *Fauna Suec.* 1761. p. 19. n. 35), daß der Fischadler sich in allen schwedischen Wäldern aufhalte, — von der Größe einer Gans, das Weibchen aber weißer, als das Männchen, zu seyn pflege.

Hr. Klein gedenket eines dergleichen Adlers aus dem grebenischen Walde von $7\frac{1}{2}$ Pfund. S. dessen Vogelh. p. 78. Der Fischadler, welchen Hr. Skopoli l. c. anführet, war aus Oberkrain, und größer, als ein Hahn. Derjenige hingegen, den Hr. D. Günther in seinem Kabinet aufbehält, und welcher zu fröhlichen Wiederkunft, einem Fürstl. Jagdschloße bey Kahla, im Winter auf dem Fuchseisen gefangen worden, ist wohl dreymal so groß, als ein Hahn, und hatte frisch 15 Pfund gewogen; woraus man schlüssen kann, daß er zu den großen Fischadlern gehöre).

M ...

mitternächtlichen Provinzen Europens 99). Der große Fischadler hat, wo nicht noch mehr, doch fast eben so viel Stärke und Größe, als der gemeine Adler (No. II.), wenigstens ist er noch begieriger auf den Raub, verwegner, und weniger für seine Jungen besorget. Er bringt ihnen kurze Zeit hindurch ihr Futter, und jagt sie aus dem Horst, ehe sie noch recht fähig sind, ihren Unterhalt selbst schaffen zu können. Man will sogar behaupten, daß, ohne den liebreichen Beystand des Beinbrechers 100), der sie willig in seinen Schutz nimmt, nur sehr wenige beym Leben bleiben würden. Er brütet gemeiniglich zwey, bis drey Jungen in einem Horst, oder Nest, aus, welches auf dicke große Bäume gebauet worden. Die Beschreibung eines dergleichen Horstes findet man im Willughby, und vielen andern Schriftstellern, welche ihn übersezt, oder ausgeschrieben haben. Es besteht aus einem ganz platten Boden, wie der Horst eines großen Adlers, und hat oberwärts keine weitere Bedeckung, als die darüber hängende Blätter der Bäume. Uebrigens ist es aus kleinen Ruthen und Zweigen geflochten, worauf unterschiedene Schichten von Heidekraut, und andern Pflanzen, abwechselnd über einander liegen.

Das

100) Quae *offifraga* appellatur, nutricat bene & suos pullos & aquilae; cum enim illa suos nido ejecerit: haec recipit eos & educat, mittit namque suos aquila, antequam tempus sit, adhuc parentis operam desiderantes, nec volandi adeptos facultatem. Pulli a parente ejiciuntur & pulsantur. Dejecti vociferantur, periclitanturque; sed offifraga recipit eos benigne & tuetur & alit dum, quantum satis adolescant. *Aristot. Hist. Anim.* Lib. IX. C. XXXIV.

Das widernatürliche Verfahren dieser Vögel, ihre Jungen zu verstoßen, ehe sie noch im Stande sind, sich selbst zu nähren, welches die Fischadler, die großen (No. I.) und kleinen gefleckten Adler (No. III.) mit einander gemein haben, ist ein Beweiß, daß eben diese drey Gattungen viel gefräßiger, zugleich aber auch auf ihrer Jagd viel nachläßiger und träger seyn müssen, als der gemeine Adler (No. II.), der seine Jungen sorgfältig abwartet, reichlich nähret, mütterlich anführet, fleißig zur Jagd abrichtet, und nicht ehe von sich entfernet, als wenn sie stark genug sind, ohne fernern Beystand sich erhalten zu können. Die Jungen erben ihren Antheil von der sanftern Gemüthsart ihrer Aeltern. Daher sind auch die jungen Adler, von der gemeinen Gattung, sanftmüthig und ruhig; da hingegen die Jungen des großen (No. I.) und des Fischadlers, sobald sie nur einiger maßen erwachsen sind, nicht einen Augenblick Ruhe halten, sondern sich im Neste selbst beständig um die vorräthige Nahrung zanken und schlagen. Das geht so weit, daß oft ihr Vater, oder die Mutter, sich entschlüßen müssen, einen dieser Zänker umzubringen, um dem Streit ein Ende zu machen.

Man kann auch noch hinzufügen, daß der große, und der Fischadler, weil sie gemeiniglich nur auf große Thiere stoßen, sich meistentheils auf der Stelle sättigen, ohne vom Raub etwas mitnehmen zu können. Folglich können sie nur selten eine Beute zum wegtragen machen. Da sie nun kein verdorben Aas in ihren Horsten aufzubehalten pflegen, so müssen sie, natürlicher Weise, nicht selten Verlegenheit und Mangel empfinden. Dem gemeinen Adler hingegen, welcher täglich Hasen und kleine

Vögel stoßen kann, wird es ungemein leicht, seine Jungen mit überflüßiger Nahrung zu versorgen. Man hat auch schon angemerket, besonders von den Fischadlern, die sich oft in der Nähe bewohnter Oerter aufhalten, daß es bey ihnen gewöhnlich ist, mitten am Tage nur einige Stunden zu jagen, des Morgens aber, des Abends und in der Nacht, auszuruhen; da hingegen der gemeine Adler (Aquila valeria) wirklich auf seiner Jagd viel muthiger, fleißiger und unermüdeter ist.

V.

Büff. Naturh. d. Vögel 1. T.

V.

Der kleine
Fluß- oder Meeradler [1].
Der Balbusard.

S. die 414te illuminirte Platte.

S. VIIIte Kupfertafel.

Der Balbusard ist derjenige Vogel, welcher von unsern Methodisten der Meeradler genennet wird [2]. In Burgund heißt er auch *Craupêcherot*, oder Fischerrabe, weil das Rabengeschrey die

L 4

[1] Deutsch. Der kleine Meeradler. Fischaar. Der Flußadler. Büff. Rohrfalke. Halle. Lat. Aquila marina. Ital. Anguista piombina. Pohlnisch. Orzelmarsky. Schwed. Bläfot. Fisk-orn. Engl. Balbuzard. Bald-Buzzard. Franz. Le Balbuzard. In Burg. Craupêcherot ou *Corbeau-Pêcheur* aut Crospecherot. Gesn. Griech. Ἁλιάετος. *Briss. Aves.* I. p. 126. Ed. Par. p. 440. Tab. 34. Haliæetus, s. Aquila marina, Aigle de mer. *British Zoology* Tab. A. I. Balbuzardus Anglorum. s. *Will. Ornith.* p. 37. Pont. Dännem. p. 165 Fisk-aar. *Aldrov.* Av. I. p. 188. 190. Haliætus Ibid. p. 211. Morphnos. *Gesn.* Av. 74. Falco, *Cyanopoda.* Kolbens Vorgeb. der guten Hofn. 410, p. 386. *Cours d'Hist. Nat.* III. p. 220. Aigle marine. *Huard. Linn. S. Nat.* Ed. XII. p. 129. n. 26. *Haliætus.* Falco. *Faun. Suec.* p. 22. n. 63. Aquila Pyrenaica. *Barr.* M.

[2] Ich habe ihn, zur bequemern Unterscheidung vom Beinbrecher, der auch Meeradler heißt, den kleinen Meeradler genennet. Man hat sich überhaupt bey den in unsern Methodi-

die Sylbe Krau oder Kraw auszudrucken scheinet. Eben diese Benennung, (nämlich Balbuzard) führt er auch in einigen andern Sprachen, besonders im Englischen. Die burgundischen Bauern haben ihn, nebst vielen andern englischen Wörtern, in ihrer Bauernsprache beybehalten, ohnstreitig noch von der Zeit an, da sich die Engelländer, unter Karl dem Vten und VIten, in dieser Provinz aufhielten. Gesner, welcher zuerst sagte, daß dieser Vogel in Burgund *Crospecherot* genennt würde, hat allerdings dieses Wort sehr unrichtig aufgeschrieben, weil er das kauterwelsche Französisch der Burgundier nicht verstehen konnte. Das eigentliche Wort ist *Crau* und nicht *Cros*, es wird auch weder als *Cros*, noch als *Crau*, sondern *Craw*, oder schlecht weg *Crâ* ausgesprochen.

Nach genauer Untersuchung dieses Vogels, muß man gestehen, daß er kein eigentlicher Adler sey, ob er gleich mit den Adlern mehr Aehnlichkeit, als mit allen übrigen Raubvögeln hat. Erstlich ist er viel kleiner [3]), und hat weder das Ansehen oder die Figur,

thodisten angeführten Benennungen wohl zu hüten, daß man den kleinen Meeradler, oder Balbusard, weder mit dem großen, oder dem Beinbrecher, noch mit dem oben (N. III.) beschriebnen kleinen Stein- oder Entenadler verwechselt, um so vielmehr, da ihn Bellonius auch *Orfraie*, wie den Beinbrecher, nennet, und Brisson aus Versehen, den Kolbe hier mit anführet, welcher nicht sowohl unsern kleinen Meeradler, als vielmehr den eigentlichen Entenadler (aigle Canardiere), beschreibt. Die Gesnerische Beywörter: Clanga, Planga, Percnos, Morphnos im Brisson können ebenfalls nur auf den kleinen Adler (No. III.) angewendet werden. M.

3) Bey den Balbusards herrscht unter den Männchen und Weibchen, in Ansehung der Größe, schon ein merklicherer Unter-

gur, noch den gewöhnlichen Flug eines Adlers. Seine Lebensart und natürliche Gewohnheiten sind auch eben so merklich von der Lebensart eines wirklichen Adlers, als sein Appetit, unterschieden, indem er blos von Fischen lebt, die er einige Fuß tief aus dem Wasser hervor hohlet 4). Ein sicherer Beweiß, daß die

L 5 Fische

Unterschied, als unter den eigentlichen Adlern. Der kleine Meeradler, den Brisson beschreibt, und welcher ohnstreitig ein Männchen seyn mogte, war, bis an die Krallen gerechnet, nicht über einen Fuß und sieben Zoll lang, und mit ausgespannten Flügeln etwa fünf Fuß und drey Zoll breit. An einem andern, den man mir brachte, betrug die Länge des Körpers nicht über einen Fuß, neun Zoll, und die Flügel waren kaum fünf Fuß und sieben Zoll weit ausgespannet. Das Weibchen hingegen, was die Herren Perrault, Charras und Dodart in ihren Abhandl. zur Naturg. ꝛc. II Th. p. 29 unter dem Namen *Haliaetus* beschrieben, hatte von der Spitze des Schnabels an, bis an das Ende des Schwanzes, zween Fuß, neun Zoll; vom Ende des einen Flügels aber bis an das andere, wenn sie ausgebreitet waren, 7½ Fuß. Dieser Unterschied ist so beträchtlich, daß man leicht auf den Zweifel gerathen könnte, ob auch der von diesen Gliedern der pariser Akademie beschriebene Vogel ein wirklicher Balbusard, oder Craupêcheroт gewesen, wenn es nicht aus andern Merkmalen klar wäre. A. d. V.

4) Aristoteles hat sich durch alle diese Verschiedenheiten dennoch nicht abhalten lassen, den Balbuzard unter die Adler zu setzen. „Quintum Aquilae genus est, heißt es in *Hist. animal.* (L. IX. Cap. XXXII.) quod *Haliaetus*, hoc est aquila *marina* vocatur, cervice magnâ & crassâ, alis curvantibus, caudâ latâ. Moratur haec in littoribus & oris. Accidit huic saepius, ut, quum ferre quod ceperit nequeat, in gurgitem demergatur.“ Allein man muß wissen, daß ehemals die Griechen alle Raubvögel, die am

Tage

Fische wirklich seine gewöhnlichste Nahrung sind, läßt sich daher nehmen, weil sein Fleisch so stark nach Fischen riechet. Ich selbst habe diesen Vogel zuweilen über eine Stunde lang auf einem an einem Teiche stehenden Baum sitzen und lauren gesehen, bis er einen grossen Fisch erblikte, auf welchen er stossen und ihn in seinen Krallen entführen konnte. Er hat kahle, gemeiniglich blauliche Schenkel. Doch giebt es auch einige mit gelblichen

Tage nach Beute fliegen, unter den drey Geschlechtsnamen: Ἀετος, Γυψ, Ἱεραξ, Aquila, vultur, accipiter, oder Adler, Geyer und Sperber begriffen, und wenig Gattungen durch specifische Namen in diesen drey Geschlechtern unterschieden. Das mag ohnstreitig der Grund seyn, warum Aristoteles den Balbusard unter die Adler gebracht hat. Ich begreife nicht, wie Hr. Ray, der sonst ein so gelehrter und genau prüfender Schriftsteller ist, versichern können, daß unter dem Balbusard und Beinbrecher, oder unter dem kleinen und großen Meeradler einerley Vogel zu verstehen sey, da sie doch Aristoteles schon so genau unterscheidet, und jeden in einem besondern Kapitel abgehandelt hat? Der einzige Grund, wodurch Ray seine Meynung unterstützet, ist dieser, daß der Balbusard, um die Anzal der Adler vermehren zu können, viel zu klein, und folglich auch nicht der sogenannte *Haliaetus* sey. Er bedenket aber nicht, daß der *Morphnus*, oder kleine Adler (No. III.), auf welchen eben dieser Vorwurf passet, von den Schriftstellern so gut unter die Adler gezählet worden, als der *Haliaetus* vom Aristoteles, und daß der Balbusard unmöglich mit dem Beinbrecher zu verwechseln sey, weil Aristoteles alle Unterscheidungsmerkmale so deutlich angiebt. Ich habe blos darum diese Anmerkung gemacht, weil dieser Irrthum des Herrn Ray von den meisten Schriftstellern, besonders von den englischen, durch beständige Wiederhohlung, beynahe verewiget worden. A. d. V.

lichen Schenkeln und Füssen. Die Fänger sind schwarz, ungemein groß und sehr spitzig, die Füße und Zeen, so steif, daß man sie gar nicht biegen kann, der Bauch ganz weiß, der Schwanz breit, der Kopf groß und dicke. Er unterscheidet sich daher von den Adlern auch dadurch, daß er an den Füssen und hinterwärts an der untern Hälfte der Beine nicht mit Federn bedeckt und seine hintere Kralle kürzer, als die andern ist; dahingegen bey den Adlern die hintere Kralle durchgängig den längsten vorstellet. Ferner ist er noch darinn von den Adlern unterschieden, daß er einen schwärzern Schnabel hat, daß die Füße, die Zeen und die Haut, welche die Wurzel des Schnabels deckt, beym Balbusard gemeiniglich blau, bey den Adlern aber gelb sind. Uebrigens wird man zwischen den Zeen des linken Fusses keine Spuren von einer Schwimmhaut gewahr, ob sie gleich der Archiater von Linne ausdrücklich benennet [5]); denn die Zeen beyder Füsse sind auf gleiche Weise von einander abgesondert und nirgends etwas von einer Schwimmhaut wahrzunehmen. Es ist ein gemeiner Irrthum, daß dieser Vogel mit einem Fuß schwimme, wenn er indessen den andern braucht, um Fische zu fangen; ein Irrthum, der auch den Ritter von Linne zu dem angeführten Mißverständniß verleitet [6]) hat! Herr Klein

5) *S. Nat. Ed. X.* p. 91. *Ed.* XII. p. 129. *Haliaetus* - - - victitat piscibus majoribus, Anatibus; *Pes sinister subpalmatus.*

6) Hr. Kolbe l. c. sagt: „Weil ich den Meeradler nie auf „dem Lande des Vorgebirges, sondern blos auf dem Meer „gesehen, so kann ich nicht bekräftigen, was einige sagen, „daß er einen Fuß, wie ein Gänsefuß, ums Schwimmens willen habe, der andere aber, zum bequemern „Fisch-

Klein behauptete vorher eben dieses vom Beinbrecher, oder grossem Meeradler [7]), allein mit eben so wenig Grunde; denn weder vom kleinen Meeradler, noch vom grossen läßt sich erweisen, daß er an irgend einer Zee des einen oder des andern Fusses mit einer Schwimmhaut versehen sey. Die erste Quelle dieses Irrthums ist in des grossen Alberts Schriften zu suchen, welcher vorgegeben, der eine Fuß dieses Vogels gleiche dem Fuß eines Sperbers, der andere dem Fuß einer Gans: allein dieses Vorgeben ist nicht allein falsch, sondern völlig abgeschmackt und ohne Beyspiel in der Natur. Man muß erstaunen, wenn man sieht, wie schwer es einem Gesner, Aldrovandus, Klein und Linne geworden, sich über die alten Vorurtheile zu erheben. Aldrovandus behauptet so gar mit kaltem Blute, daß es der Wahrscheinlichkeit gar nicht entgegen wäre: „Denn, setzt er „sehr zuversichtlich hinzu, ich weis ja, daß es auch „Wasserhühner giebt, deren Füsse halb mit Schwimmhäuten versehen und halb gespalten sind." Ein neuer Umstand, der eben so wenig Grund hat, als der erste!

Uebri-

„Fischfang, mit einer grossen, krummen und scharfen „Klaue bewafnet sey." Obwohl eine Nachricht von ähnlicher Art Gelegenheit mag gegeben haben, daß der Archiater von Linné diesem Adler ebenfalls einen mit halben Schwimmhäuten versehenen Fuß beygeleget hat, mögte ich nicht gern entscheiden. M.

7) S. dessen Vögelhist. p. 79. „damit er sich, heißt es daselbst, mit seiner Beute desto leichter aus dem Wasser, welches er mit seinem Schuß tief zertheilt, erheben möge, hat die Natur die Zeen des linken Fußes einigermaßen durch eine Membrane mit einander vereiniget." M.

Uebrigens kommt es mir gar nicht befremdend vor, daß Aristoteles diesen Vogel Haliaetos oder Meeradler genennet hat; ich kann aber gar nicht begreifen, wie alle, die alte so wohl, als neuere Naturforscher, diese Benennung ohne Bedenken, und ich mögte sagen, ohne Ueberlegung, beybehalten konnten; da doch der Balbusard gar nicht aus vorzüglicher Neigung die Meerküsten besuchet. Man trift ihn viel häufiger mitten auf dem vesten Lande an, das nahe bey Flüssen, Teichen und andern süssen Wassern liegt, und er ist in Burgund, als dem eigentlichen Mittelpunkt von Frankreich, viel gemeiner, als auf irgend einer unserer Seeküsten. In Griechenland giebt es überhaupt nur wenig süsses Wasser, und das veste Land wird fast allenthalben in kleinen Abständen vom Meer umringet und durchkreutzet; Aristoteles hat also in seinem Vaterlande gesehen, daß diese Fischjäger ihrem Raub immer an den Ufern des Meeres auflauerten und sie deswegen Meeradler genennet. Wäre er aber mitten in Frankreich oder Deutschland [8]), in der Schweitz [9]) oder einer andern vom ofnen Meer ent-

8) Hanc aquilam (*Haliaetum*) nuper accepi à nobili domino *Nic. Zeidlitz* in *Schildau*, quam servitor ejus bombardae globulo, dum in Bobero pisces venaretur, interfecerat. Mirae pinguedinis avis, quae tota piscium odorem spirabat .... Non solùm circa mare moratur, verùm etiam ad flumina & stagna Silesiae nostrae degit & arboribus insidens piscibus insidiatur. *Schwenkf. Av. Siles.* p. 217.

9) Gesner behauptet, eben dieser Vogel finde sich auch in der Schweitz an vielen Orten, und horste auf gewissen Felsen, nahe beym Wasser, und in tiefen Thälern. Er setzet hinzu, daß man ihn auch abrichten, und bey der Phasanenjagd brauchen kann.

entfernten Gegend zu Hause gewesen, wo sie häufig vorkommen, so hätte dieser grosse Weltweise sie vielmehr Flußadler oder Adler der süssen Wasser genennet. Ich mache blos deswegen diese Anmerkung, damit man einsehen möge, daß ich nicht ohne hinlänglichen Grund die Benennung des Meeradlers verworfen und an dessen Stelle die specifische Benennung Balbusard gewählt habe, um zu verhindern, daß man diesen Vogel nicht mit den Adlern vermenge [10]).

Aristoteles versichert [11]), ein jeder von diesen Vögeln sey mit einem sehr durchdringenden Gesichte begabet. „Die Alten, sagt er, zwingen ihre Jungen, in die Sonne zu sehen, und bringen dasjenige „gleich um, welches ihren Glanz nicht ertragen kann". Dieser Umstand, wovon ich nicht Gelegenheit gehabt, Erfahrungen zu machen, die ihn bestätigen könnten, kommt mir sehr unwahrscheinlich vor, ob er gleich von vielen Schriftstellern angeführt oder vielmehr wiederhohlt und so gar allgemein gemacht worden, weil man von

10) Hr. Salerne stand in einem erwiesenen Irrthum, da er behauptete, der Vogel, welcher in Burgund *Craupêcherot* hieße, wäre der Beinbrecher, oder große Meeradler. Vielmehr ist unter seinem sogenannten Sumpffalken (Faucon de marais) der Craupêcherot angedeutet worden. S. dessen *Ornithol.* in 4to, Paris 1767, p. 6, 7, wo dieser Fehler zu verbessern ist.

11) At verò marina illa (aquila) clarissimâ oculorum acie est, ac pullos adhuc implumes cogit adversos intueri solem, percutit eum, qui renitet & vertit ad solem: tum cujus oculi lacrymârint, hunc occidit, reliquam educat. *Aristot.* Hist animal. Libr. IX. Cap. XXXIV.

von allen Adlern erzählet, sie zwängen ihre Jungen mit unverwendeten Augen in die Sonne zu sehen. Wie schwer ist nicht eine solche Beobachtung zu machen? Darzu kömmt noch, daß ein Aristoteles, auf dessen Zeugniß dieses Vorgeben sich allein gründet, lange nicht genugsam in Ansehung der Jungen dieses Vogels unterrichtet zu seyn scheinet. Er giebt vor, daß er nur zwey Jungen ausbrüte und noch dasjenige von beyden tödte, welchem der Glanz der Sonne zu blendend wäre. Nun wissen wir aber, daß er oft vier und nur selten weniger, als drey Eyer leget und überdies alle seine Junge erziehet.

Anstatt auf steilen Felsen und hohen Bergen sich aufzuhalten, wie die Adler, sucht er vielmehr niedrige, morastige Gegenden an Teichen und fischreichen Seen. Mich dünket auch, daß man vielmehr vom Beinbrecher, als vom Balbusard behaupten könne, was Aristoteles von seiner Jagd auf die Meervögel saget [12]). Vom Balbusard weis man ja, daß er vielmehr ein guter Fischer, als ein starker Jäger ist, und mir ist noch nie gesagt worden, daß er sich von den Ufern entfernte, um den Möven und andern Meervögeln den Krieg anzukündigen. Es scheinet vielmehr, daß er blos von Fischen lebet. Wer sich noch die Mühe genommen, den Leib dieses Vogels zu eröfnen, hat allemal in seinem gefüllten Magen lauter Fische gefunden, und sein Fleisch, das, wie schon erinnert worden, stark und blos nach Fischen riechet, ist ein sichrer

12) Vagetur haec (aquila) per mare, littora, undè nomen accepit, *vivitque avium marinarum venatu*; aggreditur singulas. *Arist.* l. c.

sichrer Beweis, daß er sich, wenigstens die meiste Zeit und am liebsten, mit lauter Fischen beköstiget. Gemeiniglich ist er sehr fett, und kann, wie die Adler, viele Tage fasten, ohne dadurch beschweret oder entkräftet zu werden [13]. Er ist auch lange nicht so wild und grausam, als der Fischaar (Pygargue), und man sagt von ihm, daß er eben so bequem zur Fischerey, als andere Vögel zur Jagd, abzurichten wäre.

Nachdem wir nun die Zeugnisse der Schriftsteller mit einander verglichen haben, so scheint mir die Gattung des Balbusard eine der zahlreichsten unter den grossen Raubvögeln, und fast allgemein in Europa, im mittäglichen Theil von Norden, von Schweden bis nach Griechenland; ja er scheint so gar in viel wärmern Ländern, als in Egypten, bis nach Nigritien in Afrika, nicht einmal eine grosse Seltenheit zu seyn [14]. Ich

13) Captus aliquando *Haliaetus* à doctissimo quodam Mellico, moribus satis placidus visus fuit ac tractabilis & famis patientissimus. Vixit septem dies absque omni cibo & quidem in altâ quiete . . . Carnem oblatam recusavit, pisces fine dubio voraturus, si exhibitae fuissent, cum certò constaret, eum hisce vivere. *Aldrov. Ornith.* Tom. I. Lib. II. p. 195.

14) Mich deucht, folgende Stelle könne nicht leicht auf einen andern Vogel, als den Balbusard, angewendet werden. „ Man zeigte uns in Nigritien eine Menge Vögel, und unter andern zweyerley Adler, deren eine Gattung sich von ländlicher Beute, die andere hingegen von Fischen nährte. Die letzte nennen wir die Nonne, weil die Farben ihrer Federn der Kleidung einer Karmeliternonne, mit ihrem überhängenden weissen Schulterband, gleichen. Ihr Gesicht ist weit schärfer, als das Gesicht der Menschen. S. *Relation de la Nigritie* par, *Gaby*. à Par. 1689.

Ich habe in einer der vorhergehenden Anmerkungen dieses Artikels gesagt, unsere benannten Mitglieder der Akademie der Wissenschaften hätten einen weiblichen Balbusard oder *Haliaetus* beschrieben [15]; und seine Länge auf zween Fuß neun Zoll, von der Spitze des Schnabels bis ans Ende des Schwanzes gerechnet, den Durchmesser seiner ausgebreiteten Flügel aber auf $7\frac{1}{2}$ Fuß gesetzet; Da hingegen andere Naturforscher den Körper des Balbusard nur zween Fuß lang, den Durchmesser seiner ausgespannten Flügel aber fünf und einen halben Fuß breit angegeben. Durch eine so grosse Verschiedenheit konnte man auf die Gedanken gebracht werden, die Herrn der Akademie der Wissenschaften hätten einen ganz andern, viel grössern Vogel, als den Balbusard, beschrieben. So bald man indessen ihre Beschreibung mit der unsrigen zusammen hält, kann man deswegen keinen weitern Zweifel hegen. Denn unter allen Vögeln dieses Geschlechts ist wohl der Balbusard noch der einzige, der zu den Adlern gerechnet werden könnte, der einzige, der blaue Beine und Füsse, einen ganz schwarzen Schnabel, oder, nach Beschaffenheit seiner Grösse, lange Beine und kurze Füsse hat. Ich glaube daher mit erwähnten Herrn der Akademie, daß ihr Vogel der wahre *Haliaetus* des Aristoteles, oder unser Balbusard, und zwar eines der grösten Weibchen dieser Art gewesen, welches von ihnen beschrieben und zergliedert worden.

In Ansehung der innern Theile ist der Balbusard nur wenig von den Adlern unterschieden. Die Her-

15) v. Mémoires pour servir à l'Hist. des Animaux. Part. II. *Art. Aigle.*

Herren Perrault, Charras und Dodart haben keinen andern beträchtlichen Unterschied, als blos in der Leber, die viel kleiner im Balbusard ist, in den beyden Blinddärmen des Weibchens, die ebenfalls nicht so groß waren, in der Lage der Milz, die bey den Adlern unmittelbar an der rechten Seite des Magens anhängt, am Balbusard aber unter dem rechten Lappen der Leber sich befindet, und in der Grösse der Nieren gefunden, welche beym Balbusard fast eben so, wie bey denjenigen Vögeln beschaffen waren, bey welchen dieselbe, in Vergleichung mit andern Thieren, sehr groß gefunden werden, da sie hingegen bey den Adlern sehr klein zu seyn pflegen.

VI.

Tab. IX. Der Beinbrecher. Pag. 143.

Büff. Naturh. d. Vögel 1. T.

VI.

Der Beinbrecher [16].

Man sehe die 112 und 415te illuminirte Platte.

S. unsre IXte Kupfertafel.

Der Beinbrecher wird von unsern Methodisten der grosse Meeradler genennet, und ist wirklich beynahe so groß, als der Steinadler (No. 1.) Es scheint so gar, als ob sein Körper verhältnißmäßig

 länger

[16]) Der Beinbrecher. Der große Meeradler. Klein und Kolbe. Großer Hasenadler. Büff. Gänseadler. Pont. Der bartige Adler. Franz. Orfraye, l'*Orfraie*, Freneau, Bris-os, Osfrague, Offraie, Grand aigle de mer. *Briss.* L'*Aigle barbu* ou quelque espece de Vautour. *Bel.* Ossifrague. *Kolb.* Casseur d'os. Lat. Ossifraga. Ital. Aquilastro, Anguista barbata. Engl. Sea-eagle, Osprey, Pohln. Orzel-lomignat. Dän. Gaase-örn. Span. *Quetrantabuessos* und *Chebalos*. Aldrov. Schles. Ekast. Griech. Φήνης. *Not.* Die Alten, sagt Hr. v. Büffon, gaben diesem Vogel den Namen des Beinbrechers, weil sie bemerkt hatten, daß er mit seinem Schnabel die Knochen der Thiere, die er gestoßen, zerhakte. Kolbe meynet hingegen l. c. p. 385, dieser Name komme von seiner Geschicklichkeit her, die Schalen der Landschildkröten zu zerbrechen. „Man weis," fährt er fort, aus dem Valerius Maximus Lib. IX. de mortibus non vulgaribus, daß Achylus durch eine Schidkröte getödtet worden, die ein solcher Adler ihm auf den Kopf herabfallen ließ, weil er seinen kahlen Scheitel für einen Stein angese-

länger wäre, doch ist er mit kürzern Flügeln versehen. Denn der Beinbrecher hat von der Spitze des Schnabels bis an die Spitze der Fänger drey und einen halben Fuß in der Länge, zugleich aber nicht mehr, als ohngefähr sieben Fuß im Durchmesser seiner ausgespannten Flügel. Da hingegen die Länge des großen Adlers gemeiniglich nur drey Fuß und zween bis drey Zoll, die Breite der ausgespannten Flügel aber wohl acht bis neun Fuß beträgt.

Dieser Vogel ist also schon seiner Grösse wegen sehr merkwürdig, übrigens aber an folgenden Merkmalen deutlich zu erkennen: 1) an der **Farbe und Figur seiner Fänger**, die glänzend schwarz aussehen und einen vollkommnen Halbzirkel bilden; 2) an seinen **Beinen**, die am untern Theile kahl und mit einer gelbgeschuppten Haut bedecket sind; 3) an seinem vom **Kinne herabhangenden Federbart**, wovon er den Namen des **bartigen Adlers** erhalten.

Sein liebster Aufenthalt ist nahe bey den Ufern des Meeres, oder auch oft mitten auf dem platten Lande, nahe bey fischreichen Flüssen, Seen und Teichen.

angesehen." Cf. Hallens Vögel. p. 181. n. 119. Der Meeradler. Kleins Vogelhist. p. 79. V. Beinbrecher. Pontopp. Dän. p. 166. Gänseadler. *Gesn.* Av. 263. *Aldrov.* Orn. I. p. 222. Tab. 225. 228. *Brunnich.* Ornith. 13. *Willughb.* Orn. 29. T. I. *Rai. Av.* 7. n. 3. *Nisus* veterum. *Immissulus* aliorum. *Briss. Av.* Tom. I. p. 125. n. 9. Ed. Par. p. 437. *Aquila ossifraga.* Rzac. & Schwenkf. *Bell. Charl. Johnst.* Grand aigle de mer. *Linn. S. N.* Ed. XII. p. 124. *Ossifragus.* Falco. *Cours d'Hist. Nat.* Tom. III. p. 120. n. 8.

M . . .

chen. Er stößt nur auf die grösten Fische, ohne sich dadurch vom Raube des Wildprets abhalten zu lassen. Da er sehr groß und stark ist, nimmt er mit leichter Mühe, Gänse, Hasen, Lämmer, so gar junge Ziegen mit sich fort. Aristoteles versichert, daß die Weibchen der Beinbrecher nicht allein mit ihren eignen Jungen sehr zärtlich umgiengen, sondern sich sogar anderer von ihren Aeltern zu früh verstoßner junger Adler mitleidig annähmen und sie eben so reichlich nährten, als ob sie zu ihrer Familie gehöreten. Ich finde doch aber dieses sonderbare Vorgeben, das alle Naturforscher treulich wiederhohlt haben, nirgends durch Erfahrungen bestätigt. Mir kömmt es daher, besonders darum, zweifelhaft vor, weil dieser Vogel überhaupt nur zwey Eyer leget und gemeiniglich nur ein Junges erziehet. Man sollte daher glauben, daß er sich in ziemlicher Verlegenheit befinden müsse, wenn er eine so zahlreiche Familie besorgen und ernähren sollte. Indessen findet man in des Aristoteles Geschichte der Thiere nicht leicht einen Umstand, welcher nicht wahr oder zum wenigsten auf eine Wahrheit gegründet wäre. Ich selbst habe viele bestätiget, welche mir eben so verdächtig, als dieser, vorkamen. Daher ich denenjenigen, die Gelegenheit haben, diesen Vogel zu beobachten, die Bemühung empfehle, sich von dem Grund oder Ungrund dieses Vorgebens aus Erfahrungen zu überzeugen. Einen Beweiß, daß Aristoteles fast in allen Stücken richtig sahe und immer der Wahrheit gemäß erzählte, findet man, ohne ihn weit herzuhohlen, in einem andern Umstand, welcher anfänglich noch ausserordentlicher schien und eben so vieler Bestätigung bedurfte. „Der „Beinbrecher, sagt er, hat ein schwaches Gesicht, „schlechte und gleichsam durch ein Wölkchen verdunkelte

„kelte Augen" [17]). Es scheint also, als ob dieses eigentlich die Ursache sey, welche ihn bewogen, den Beinbrecher von den Adlern abzusondern und ihn unter die Eulen und andere Vögel zu setzen, die am Tage nicht gut sehen können. Wenn man aus dem, was sich hieraus folgern läßt, einen Schluß ziehen wollte, so müßte man dieses Vorgeben allerdings nicht allein verdächtig, sondern ganz falsch finden. Alle, die bis ietzo dem Beinbrecher auf seinen Spuren nachgegangen, haben zwar deutlich bemerket, daß er des Nachts helle genug sehen konnte, um Wildpret und sogar Fische zu stossen; sie haben aber nicht wahrgenommen, daß er ein schwaches Gesicht hätte, und am Tage keinen vortheilhaften Gebrauch davon zu machen wüste. Er zielt im Gegentheil mit seinem Blick sehr weit nach dem Fisch, den er stossen will, und verfolgt mit vieler Lebhaftigkeit alle Vögel, die er zu seinem Raub auserlesen hat. Wenn er langsamer, als die Adler flieget, so geschieht es vielmehr um der kürzern Flügel, als um der blöden Augen willen. Inzwischen hat sich doch Aldrovandus, durch die Hochachtung für den angeführten grossen Weltweisen getrieben, die Mühe genommen, die Augen des Beinbrechers aufs allersorgfältigste zu untersuchen, und hat gefunden, daß die Oefnung des Sterns im Auge [18]), die gemeiniglich nur durch die Hornhaut bedeckt

17) Parum *Ossifraga* oculis valet; Nubeculâ enim oculos habet laesos. *Arist.* H. An. L. IX. Cap. XXXIV.

18) Sed in oculo dignum obseruatione est, quod Uvea, quae homini in pupillâ perforatur, tenuissimam quandam membranulam pupillae praetensam habeat: atqui hoc est, quod Philosophus dicere voluit . . . subtilissimam illam membranam

bedeckt wird, bey diesem Vogel noch mit einer andern, ungemein zarten Haut überzogen war, die wirklich dem Scheine nach, einen kleinen Flecken, mitten auf der Oefnung des Augensterns, bildet. Er hat aber zugleich beobachtet, wie das Nachtheilige dieser Bildung, durch die vollkommene Durchsichtigkeit des runden Theiles, welcher den Stern umgiebt, und bey andern Vögeln undurchsichtig und von dunkler Farbe ist, ersetzet zu seyn scheinet.

Die Bemerkung des Aristoteles ist also recht gut und seine Beobachtung richtig, daß der Beinbrecher ein kleines Wölkchen auf den Augen hat. Allein es folgt nur hieraus noch nicht, daß er viel schlechter, als andere Vögel sehen müsse, weil das Licht ungemein bequem und häufig in den kleinen vollkommnen durchsichtigen Zirkel eindringen kann, welcher den Augenstern umgiebt. Es läßt sich hieraus nur schlüssen, daß dieser Vogel auf der Mitte aller Gegenstände, die er ansiehet, einen Fleck oder dunkles Wölkchen wahrnehmen und also von der Seite besser, als gerade zu, sehen müsse. Inzwischen ist bereits erinnert worden, wie man aus allen seinen Unternehmungen keinen Beweiß ziehen könne, daß er in der That ein schlech-

nam *nubeculam* vocans. Istaec tamen, ne prorsus visionem præpediret, quod retro & ab lateribus nigro, ut homini, colore imbuta, & substantiâ paulo crassior sit; itaque partem, quae iridis ambitu clauditur, subtilissimam, omnisque coloris expertem & exactè pellucidam natura fabricata est; hoc ipsum visus detrimentum non nihil resarcire potest superciliorum aut supernae orbitae oculorum partis prominentiâ, quae ceu tectum, oculos supernè operit. *Aldrov. Ornith.* Tom. I. p. 226. *Edit. Francof.* Lib. II. p. 120.

schlechter Gesicht, als andere Vögel, habe. Es ist freylich ausgemacht, daß er sich lange nicht so hoch, als die Adler in die Lüfte schwinget, auch in seinem Fluge nicht so schnell ist, als diese, und seinen Raub nicht in einer so grossen Entfernung ausforschet und verfolgt; es ist also wahrscheinlich, daß er weder ein so helles, noch durchdringendes Gesicht, als ein Adler hat: allein es ist eben so gewiß, daß er auch nicht mit so schlechten Augen, als die Eulen, versehen ist, welche am Tage ganz dunkel bleiben, weil er seinen Raub am Tage so gut, als des Nachts, besonders des Morgens und Abends aufsuchet und verfolget [19]).

Wenn man die Bildung der Augen des Steinbrechers und der Nachteulen oder anderer Nachtvögel mit einander vergleichet, so wird man gar bald gewahr, daß die Verschiedenheit unter beyderley Augen sehr merklich ist, und sehr unterschiedene Wirkungen hervorbringet. Die Nachtvögel sehen blos darum schlecht oder gar nichts am Tage, weil ihre Augen gar zu empfindlich sind, und nur sehr wenig Licht brauchen, um die Gegenstände deutlich zu erkennen. Ihr Augenstern ist völlig offen, und ist nicht mit einer solchen Haut oder einem solchen Wölkchen, als das Auge des Beinbrechers, bedecket. Bey allen Nachtvögeln, bey den Katzen und einigen andern vierfüßigen

19) Ich bin durch Augenzeugen überführet worden, daß der Beinbrecher des Nachts Fische stößt, und alsdann, wenn er aufs Wasser niederschießet, in weiter Entfernung ein großes Geräusche hören lässet. Hr. Salerne behauptet ebenfalls, daß der Beinbrecher, wenn er auf einen Teich sich niederläßt, um seinen Raub zu fangen, ein Lärm verursache, das, besonders zur Nachtzeit, erschröcklich anzuhören ist. S. dessen *Ornith.* p. 6. A. d. V.

gen Thieren, welche im Dunkeln sehen können, ist der Stern rund und von einem grossen Durchmesser, so lange derselbe nur den Eindruck eines schwachen Lichts als z. B. der Abenddämmerung, empfindet; er verlängert sich aber senkrecht bey den Katzen, oder ziehet sich koncentrisch zusammen bey den Nachtvögeln, so bald nur das Auge durch ein stärkeres Licht getroffen wird. Diese Zusammenziehung ist ein Beweiß, daß dergleichen Thiere blos darum schlecht sehen, weil sie allzu gute Augen haben, indem sie nur ein sehr geringes Licht brauchen, um alles zu erkennen; da hingegen bey andern Vögeln das ganze Tageslicht erfordert wird und sie desto besser sehen können, je heller es ist. Wie vielmehr würde nicht der Steinbrecher, mit seinem Wölkchen auf dem Stern, eines Ueberflusses von Lichte, mehr, als irgend ein anderer Vogel, benöthigt seyn, wenn diesem Fehler nicht auf eine andere Art abgeholfen wäre? Am allermeisten ist Aristoteles deswegen, daß er diesen Vogel unter die Nachtvögel setzet, aus dem Grunde zu entschuldigen, weil er in der That eben so wohl des Nachts, als am Tage, seiner Beute nachstellet. Bey hellem Lichte sieht er nicht so gut, als der Steinadler (No. 1.), im Dunkeln aber auch vielleicht schlechter, als die Nachteule. Er zieht aber mehr wesentlichen Vortheil, als alle beyde, aus dieser ihm eigenthümlichen Bildung der Augen, die eben so weit von der Bildung der Augen bey den Tagevögeln, als bey den Nachtvögeln, unterschieden ist.

So viel Wahrheit ich in den meisten Geschichten und Nachrichten des Aristoteles von den Thieren angetroffen, so viel Irrthümer und Unrichtigkeiten scheinen mir in seinem Traktat vom Wunderbaren (de Mirabilibus) enthalten zu seyn. Man findet in selbigen so gar gewiße Begebenheiten, welche demjenigen gerade zu widersprechen, die er in seinen andern Werken erzählet. Ich kann mich daher nicht enthalten, zu glauben, daß dieser Traktat sich gar nicht von diesem Weltweisen herschreibet, und man ihm auch selbigen gewiß nicht würde zugeeignet haben, wenn man sich die Mühe nehmen wollen, die darinn enthaltene Sachen mit seinen in der Geschichte der Thiere befindlichen Meynungen zu vergleichen. Plinius, dessen Geschichte der Natur größtentheils aus dem Aristoteles genommen ist, hat blos darum so viel zweydeutige und falsche Nachrichten darinn angebracht, weil er, ohne Unterschied aus allen Werken schöpfte, die man dem Aristoteles (zum Theil fälschlich) zueignete, hernach aber die Meynungen aller folgenden Schriftsteller sammlete, welche mehrentheils auf pöbelhafte Irrthümer gegründet waren. Ohne uns weit von unserm Gegenstand entfernen zu dürfen, können wir ein deutliches Beyspiel hiervon anführen. Aristoteles bezeichnet, wie man gesehen, die Gattung des Balbusard in seiner Geschichte der Thiere vollkommen deutlich, weil er sie zur fünften Gattung seiner Adler machet, und ihr sehr unterscheidende Charaktere beyleget. In dem Traktat vom Wunderbaren aber heißt es, der kleine Fluß- oder Meeradler (Haliaetus) mache keine besondere Gattung aus. Plinius, der diese Meynung noch weiter ausdehnte, behauptet nicht allein, daß die Balbusards, keine eigne Gattung wären, und von der Vermischung unterschiedener Adlergattungen entständen, sondern

dern auch, daß die Jungen der Balbusards nicht wieder kleine Balbusarde, sondern Beinbrecher wären, von welchen junge Habichte gezeugt würden, die hernach wieder grosse Habichte hervorbrächten, welche nichts weiter zu erzeugen vermögend wären [20]. Was für eine Reihe unglaublicher Nachrichten in dieser einzigen Stelle! Was für abgeschmackte Sachen, wovon sich in der Natur gar nichts ähnliches denken läßt! Wenn wir auch die Grenzen der möglichen Veränderungen in der Natur noch so weit ausdehnen und in Erklärung dieser Stelle so viel höfliche Nachsicht, als möglich ist, anwenden, folglich auf einen Augenblick annehmen, die Balbusards wären in der That Früchte der Vermischung unterschiedener Adlergattungen, und wären fruchtbar, wie es die Bastardarten einiger anderer Vögel sind; wenn wir zugeben, sie brächten eine zwote Bastardart hervor, die sich der Gattung der Beinbrecher näherte, wenn die erste Vermischung, etwa mit einem Beinbrecher und einem andern Adler geschehen; so haben wir alles mögliche zugestanden, ohne wider die Gesetze der Natur offenbar zu verstossen. Wenn man aber hierauf noch sagen wollte, daß von diesen in Beinbrecher verwandelten Balbusards kleine Habichte hervorgebracht würden,

20) *Haliaeti* suum genus non habent, sed ex diverso aquilarum coitu nascuntur. Id quidem, quod ex iis natum est, in *ossifragis* genus habet, e quibus *vultures* praegenerantur *minores* & ex iis *magni*, qui omnino non generant. *Plin. Hist. Nat.* Libr. X. Cap. III.

den, die wieder grössere unfruchtbare Habichte zeugten, so verdunkelte man den Funken der Wahrscheinlichkeit beyder angeführten Meynungen, die schon schwer zu glauben waren, durch drey andere, welche durchaus keinen Glauben verdienen. Obgleich im Plinius viele Sachen auf gerade wohl hingeschrieben worden, so kann ich mich doch nicht bereden, daß er auch der Urheber dieser drey lächerlichen Grillen sey. Ich vermuthe vielmehr, daß der Schluß dieser Stelle gänzlich untergeschoben worden.

Uebrigens ist es gewiß, daß die Beinbrecher niemals kleine Habichte, und diese niemals grosse zur fernern Zeugung untüchtige Bastardgeyer hervorgebracht haben. Jede Gattung, jede besondere Art von Habichten bringt ihres Gleichen hervor. So verhält sichs auch mit jeder Gattung von Adlern, und so ist es auch mit dem Balbusard und Beinbrecher beschaffen, und alle Mittelgattungen, die etwa durch eine Vermischung der Adler unter einander entstanden seyn mögen, haben beständige Arten ausgemacht, die sich, wie andere Gattungen, erhalten und fortdauern. Besonders können wir uns völlig überzeugt halten, daß der männliche Balbusard mit seinem Weibchen lauter Junge von seines Gleichen erzeugen, und wenn jemals ein Balbusard einen Beinbrecher hervorbringt, so kann es unmöglich durch die Gattung selbst, sondern es muß durch seine Vermischung mit einem Beinbrecher geschehen. Es würde sich also mit einer solchen Vermischung des männlichen Balbusard und einem weiblichen Beinbrecher gerade so, wie mit einer Vereinigung des Ziegenbocks und eines Schafes verhalten, woraus ein Lamm entstehet, weil das

Schaf

Schaf bey der Zeugung den vorzüglichsten Einfluß hat; so wie bey der andern Vermischung ein Beinbrecher zum Vorschein kommen würde; denn überhaupt sind in diesem Fall die Weibchen immer die herrschende Parthey, und es pflegen so wohl alle fruchtbare Bastarde der Gattung ihrer Mutter zu gleichen, als auch die wahren oder unfruchtbaren Bastarde mehr von der Gattung der Mutter, als des Vaters, an sich zu haben.

Was die Möglichkeit dieser Vermischung des Balbusard mit einem Beinbrecher und der aus derselben entstehenden Frucht glaublich macht, ist vorzüglich die Aehnlichkeit ihres Appetits, ihres Naturells und sogar die Figur dieser beyden Vögel. Denn ob sie gleich in Ansehung der Grösse sehr unterschieden sind, indem der Beinbrecher fast noch halb so groß ist, als der Balbusard, so haben sie doch in Ansehung des Verhältnisses ihrer Theile viel Aehnlichkeit mit einander. Beyde sind, in Betrachtung der Länge ihres Körpers, mit kurzen Flügeln und Beinen versehen, der untere Theil der Beine so wohl, als die Füsse, sind an beyden kahl; beyde fliegen weder eben so hoch, noch eben so schnell, als die Adler; beyde sind bessere Fischer, als Jäger, und halten sich am liebsten an solchen Orten auf, die nicht weit von fischreichen Wassern und Teichen entfernt liegen; beyde sind auch in Frankreich und andern gemäßigten Ländern sehr gemein; doch pfleget allemal der Beinbrecher, als ein grösserer Vogel, nur zwey, der Balbusard aber vier Eyer zu legen [21]). An diesem ist gemeiniglich

[21]) Der große Meeradler, oder sogenannte Beinbrecher horstet auf den höchsten Eichen, und bauet ein ausserordent-

niglich die Haut, welche die Wurzel des Schnabels bedecket, nebst den Füssen, blau; am Beinbrecher aber ist eben diese Haut, nebst den Schuppen am untern Theil der Beine und an den Füssen gewöhnlicher maßen dunkelgelb. Es herrschet auch eine Verschiedenheit in Vertheilung der Farbe auf ihren Federn: allein aller dieser kleinen Abweichungen ohnerachtet, sind beyde Vogelgattungen doch nahe genug mit einander verwandt, um sich vermischen zu können. Gewisse von ähnlichen Fällen entliehene Gründe überzeugen mich auch von der Fruchtbarkeit einer solchen Vermischung, und lassen mich glauben, daß ein männlicher Balbusard

dentlich breites Nest, worein er nicht mehr, als zwey große, ganz runde, sehr schwere, schmutzig weiße Eyer leget. Vor einigen Jahren fand man einen im Chambardischen Thiergarten. Seine beyden Eyer schikte ich dem Hrn. von Reaumur, das Nest konnte man aber nicht losmachen. Im Jahr 1766 wurde das Nest eines Adlers zu St. Laurent, des, Eaux im Walde bey Briau ausgenommen, worinn ein einziger junger Adler befindlich war, welchen der Postmeister dieses Ortes erziehen lassen. Zu Bellegarde hat man im orleanischen Forst einen Beinbrecher getödtet, welcher des Nachts immer die größten Hechte aus einem Teich wegfischte, der vormals dem Herzog von Antin gehörte. Zu Seneley in Solagne wurde nachher ein anderer in dem Augenblick getödtet, da er am hellen Tage sich mit einem großen Karpfen in die Luft schwingen wollte. Der Balbusard (den Herr Salerne Faucon de Marais nennet) hält sich zwischen dem Schilf, längs den Ufern auf, legt jedesmal vier weiße Eyer von ellyptischer Figur, und nähret sich von Fischen. S. *Ornithologie de Salerne.* p. 5. 7. A. d. V.

busard mit einem weiblichen Beinbrecher wirkliche Beinbrecher zeuge, daß aber der weibliche Balbusard mit einem männlichen Beinbrecher Bastard-Balbusards hervorbringe, und daß eben diese Bastarde, sie mögen Beinbrecher, oder Balbusarde seyn, da sie fast alle die Natur ihrer Mütter annehmen, nur einzelne Züge vom natürlichen Charakter ihres Vaters an sich behalten, wodurch sie von den ächten Beinbrechern und Balbusarden unterschieden werden können; So findet man, zum Beyspiel, gelbfüßige Balbusards und blaufüßige Beinbrecher, ob gleich sonst ein Balbusard blaue, der Beinbrecher aber gelbe Füsse haben sollte. Dergleichen Abwechselungen der Farbe können leicht von der Vermischung dieser beyden Gattungen entstehen. Man findet auch Balbusarde, dergleichen die erwähnten Herren der Akademie der Wissenschaften einen beschrieben, die viel grösser und stärker, als die gewöhnliche sind; hingegen trift man auch Beinbrecher an, die lange die gewöhnliche Größe nicht haben, deren Kleinheit aber weder dem Geschlecht, noch dem Alter, folglich keiner andern Ursache zugeschrieben werden kann, als der Vermischung mit einer kleinen Gattung, nämlich des Balbusards mit einem weiblichen Beinbrecher.

In so fern dieser Vogel einer der grösten Vögel ist, und sich aus diesem Grunde nur wenig vermehret, folglich auch das ganze Jahr hindurch nur zwey Eyer leget, wovon er oft nur ein Junges erziehet, ist wohl die Gattung nirgends häufig anzutreffen, aber doch allenthalben zerstreuet. Man findet sie fast in ganz Europa und es scheint, als ob sie so gar auf dem vesten Lande der alten und neuen Welt sehr bekannt wä-

ren

ren, und nicht selten auch die Seen des mitternächtlichen Theils von Amerika besuchten [22]).

22) Mich dünkt, folgende Stellen der *Voyage au pays des Hurons par Sagar Théodat* p. 297 sey bloß vom Beinbrecher zu verstehen. „Es giebt noch eine Menge von Adlern, welche in ihrer Sprache *Soudaqua* genennet werden. Sie horsten gemeiniglich an den Ufern der Wasser, oder an andern Abgründen ganz oben auf den höchsten Bäumen, oder Felsen, und sind folglich ungemein schwer zu bekommen. Doch haben wir unterschiedene solcher Nester ausgenommen, aber nie mehr, als einen, höchstens zween junge Adler darinn angetroffen. Ich hatte mir vorgenommen, einige zu erziehen, als wir von den Huronen unsern Weg nach Quebek nahmen; allein theils weil sie beschwerlich zu tragen, theils auch, weil wir nicht vermögend waren, ihnen so viel Fische zu schaffen, als sie brauchten, schmaußten wir sie mit einander auf, und ließen sie uns recht wohl schmecken; denn sie waren noch jung, und von zartem Fleische. A. d. V.

VII.

Tab: X. Der Lerchengeyer. Pag. 157.

Buff. Naturh. d. Vögel I. T.

VII.

Der Lerchengeyer. [31])

S. die 413 illuminirte und unsre XIte Platte.

Ich habe diesen Vogel am Leben gesehen und einige Zeit hindurch füttern lassen. Er war im Jahr 1768 im Augustmonath gefangen worden, und schien im Jenner 1769 zu seiner völligen Größe gediehen zu seyn. Seine Länge, von der Spitze des Schnabels bis

31) Der Lerchengeyer. St. Martin der große. Der weiße Hans. Franz. *Jean-le-blanc* ou *premier Oiseau St. Martin, Belon.* Hist. Nat. des Ois. p. 103. Fig. p. 104. *Brisson. Av.* Vol. I. p. 127. n. 11. Ed. Paris. p. 443. Pygargus Jean-le-blanc, Pygargi primum genus *Johnst.* Secundum genus *Aldrov.* Einige haben diesen Vogel den weißschwänzigen Ritter, *Chevalier blanche-queue* genennt, vielleicht weil er auf etwas hohen Füßen einhertritt. S. *Ornithol. de Salerne* p. 24. Das Männchen ist leichter und weißer, als das Weibchen, besonders auf dem Bürzel; es hat einen langen Schwanz, und feine, reizend gelbe Füße. Ebend. Anm. Bellonius und einige seiner Nachfolger haben diesen Vogel für einen Fischadler (Pygargue) gehalten; allein mit Unrecht, wie man sich leicht überzeugen kann, wenn man das, was unter dem Artikel von den Fischadlern (No. IV.) gesagt worden, mit demjenigen vergleichet, was wir vom Lerchengeyer zu melden haben. A. d. V.

bis an das Ende des Schwanzes, betrug zween Fuß, bis an die Spitze der Krallen aber einen Fuß und acht Zoll. Sein Schnabel hatte siebenzehn Linien, von seiner Krümmung bis an den Winkel seiner Oefnung gerechnet. Die Länge des Schwanzes machte zehn Zoll aus, und er konnte seine Flügel auf ohngefähr fünf Fuß und einen Zoll ausbreiten. Wenn sie zusammen geleget waren, ragten sie ein wenig über die Spitze des Schwanzes hervor. Der Kopf, der obere Theil des Halses, Rücken und Bürzel waren aschfarbig braun; doch erschienen alle Federn, mit welchen die benannten Theile bedeckt waren, an ihrem Ursprung weiß, in ihrer ganzen übrigen Ausdehnung aber braun. Die letzte Farbe bedeckte das Weiß dergestalt, daß man, um es wahrzunehmen, die Federn aufheben muste. Hals, Brust, Bauch, und Seitentheile waren ganz weiß und mit langen braunrothen Flecken gezieret. Queer über den Schwanz liefen dunckelbraune Banden. Die Haut, welche die Wurzel der Nase deckt, hat eine schmuzig blaue Farbe. Die Nasenlöcher sind neben dieser Haut wahrzunehmen. Die Farbe des Regenbogens im Auge ist schön zitrongelb oder einem orientalischen Topas ähnlich. In der Jugend waren die Füsse mit einer unansehnlichen Fleischfarbe überzogen, die sich aber im zunehmenden Alter, so wie die Haut an der Wurzel des Schnabels, ins Gelbe verlieret. Die Räume zwischen den Schuppen, welche die Haut an den Beinen decken, schienen röthlich, und in der Ferne, so gar im ersten Jahre, durchaus alles gelb zu seyn. Wenn er eben gefressen hatte, wog dieser Vogel drey Pfund, vier Unzen, als er noch jung war.

Der sogenannte Lerchengeyer unterscheidet sich stärker, als alle vorhergehende Vögel von den Adlern.

Mit oben beschriebnen Fischadlern (No. IV.) hat er weiter nichts gemein, als die federlose Beine und die weisse Farbe der Steiß- und Schwanzfedern. Die Theile seines Körpers haben gegen einander ein ganz anderes Verhältniß Der Körper selbst, in Absicht auf den ganzen Vogel betrachtet, ist viel grösser, als der Körper des Fischadlers. Er hat, wie oben erinnert worden, nur zween Fuß in der Länge, von der Spitze des Schnabels, bis an das Ende der Füsse gemessen, und nur fünf Fuß im Durchmesser seiner ausgespannten Flügel; dagegen ist sein Leib im Durchmesser fast eben so groß, als der Körper des gemeinen Adlers (No. II.), der in der Länge mehr als zween und einen halben Fuß, im Durchmesser seiner ausgespannten Flügel aber über sieben Fuß hat. Die angegebene Verhältnisse scheinen ziemlich viel Aehnlichkeit unsers **Lerchengeyers** mit dem **Balbusard** (No. V.) oder **kleinen Meeradler** zu verrathen, der ebenfalls in Vergleichung mit seinem Körper, nur kurze Flügel hat. Er ist aber nicht, wie dieser, mit blauen Füssen versehen. Er hat auch viel dünnere und verhältnißmäßig weit längere Beine, als irgend einer unter den wirklichen Adlern. Ob er also gleich in einigen Stücken mit den Adlern, besonders dem **Fischadler** und **Balbusard**, übereinkömmt, macht er doch eine ganz eigne, von beyden sehr unterschiedene Gattung aus. In Ansehung der Farbenordnung auf seinen Federn und eines andern Charakters, der mich oft stutzig machte, hat er auch von den **Weyhen** etwas an sich; daß er nämlich in gewissen Stellungen, vornämlich wenn man ihm gerade ins Gesicht sieht, einem **Adler**, von der Seite hingegen, oder in andern Stellungen, einem **Weyhen** gleichet. Mein Zeichenmeister und einige andere Personen, haben eben diese Bemerkung gemacht. Sonderbar genug ist es, daß diese Zweydeutigkeit in der Figur mit eben so viel Zweydeutigkeit im Naturell verbunden zu seyn scheinet. In der That besizt unser Lerchengeyer einen Theil der natürlichen Eigenschaften so wohl des Adlers, als des Weyhen. Er ist also gewissermaassen als eine Mittelgattung zwischen diesen beyden Vogelgeschlechtern zu betrachten.

Mir schien es, als ob dieser Vogel am Tage sehr scharf sehen könnte, und so gar das stärkste Licht nicht scheuete. Denn er drehete seine Augen sehr gern auf die Seite, wo das stärkste Licht hineinfallen konnte, und warf seinen Blick so gar gerade nach der Sonne. Wenn man ihn schüchtern machte, lief er sehr schnell und verdoppelte die Geschwindigkeit seines Laufs mit Hülfe der Flügel. Wenn er sich in einem Zimmer befand, gab er sich alle Mühe, bey das Feuer zu kommen, ob er gleich die Kälte ziemlich ertragen kann; denn man hatte ihn, zur Winterszeit, viele Nächte hindurch unter freyem Himmel sitzen lassen, ohne daß er dadurch beunruhiget zu werden schien.

Er wurde zwar mit rohem, blutigen Fleische gefüttert; wenn man ihn aber eine Weile hungern ließ, nahm er auch wohl mit gekochtem Fleische vor lieb. Mit seinem Schnabel zerriß er alles Fleisch, was ihm vorgelegt wurde und schluckte ziemlich grosse Bissen davon hinunter. Er trank niemals, wenn man um ihn war, auch so lange nicht, als er noch jemand von Ferne wahrnahm. So bald er sich aber allein und an einem bedeckten Orte befand, hat man ihn trinken und dabey mehr Vorsicht anwenden gesehen, als eine so einfache Handlung zu erfordern scheint. Man ließ ein Gefäß mit Wasser in der Nähe stehen. Er machte, te, wenn er es wahrnahm, den Anfang damit, daß er sich lange und genau nach allen Seiten umsahe, um sich gleichsam vorher zu versichern, daß er auch allein wäre. Hierauf trat er näher zum Gefäße, und schauete nochmals rund um sich her. Nach langen zweifelhaften Ueberlegungen tauchte der schüchterne Vogel endlich den Schnabel zu wiederhohlten malen, bis an die Augen, ins Wasser. Es ist wahrscheinlich, daß alle Raubvögel nur eben so verstohlen saufen. Vielleicht geschieht es darum, weil diese Vögel keine Feuchtigkeit anders zu sich nehmen können, als wenn sie den Kopf bis über die Oefnung des Schnabels oder bis an die Augen eintauchen, welches keiner von ihnen waget, so lange sie noch das mindeste zu befürchten haben. Indessen war unser Lerchengeyer nur in diesem einzigen Punkte mißtrauisch. In allen andern Stücken schien er gleichgültig und so gar ziemlich dumm zu seyn. Boshaft und falsch hat er sich nie gezeiget. Man konnte ihn anfassen, ohne ihn empfindlich zu machen. Er hatte sogar einen kleinen Ausdruck des Vergnügens in seiner Gewalt. Wenn man ihm zu fressen gab, ließ er immer die Töne Rö . . Rö von sich hören. Er war aber allem Anscheine nach niemanden besonders zugethan. Im Herbst wird er fett und sezt in allen Jahreszeiten mehr Fleisch an, als die meisten andern Raubvögel [24]).

 In

[24]) Der Mensch, dem ich die Sorge für mein Federvieh aufgetragen, hat mir von diesem Vogel nachstehenden Bericht abgestattet: „Als ich ihm unterschiedene Nahrungsmittel, als Brod, Käse, Weintrauben, Aepfel u. s. w. vorgelegt, hat er von allen diesen Sachen gar nichts berühret, ob er gleich schon vier und zwanzig Stunden hungern müssen. Ich ließ ihn hierauf noch drey ganzer Tage hungern. Auch

In Frankreich ist er sehr gemein, und, nach Belons Bericht, giebt es daselbst fast keinen Landmann, der diesen Vogel nicht kennen, und wegen seiner Hüner fürchten sollte. Von ihnen hat er eben die

Auch nach Verfliessung dieser Zeit blieben alle diese Nahrungsmittel unberührt liegen. Man kann also dreuste behaupten, daß er von dergleichen Speisen, auch beym stärksten Heißhunger, nichts zu sich nehme. Ich habe ihm auch Würmer vorgelegt, deren Genuß er eben so beharrlich ausgeschlagen. Als ich ihm einen in den Schnabel steckte, gab er ihn wieder von sich, ob er ihn gleich schon zur Hälfte verschlukt hatte. Feld- und Hausmäuse, die man ihm vorlegte, fiel er mit großer Begierde plötzlich an, und verschlukte sie, ohne ihnen einen einzigen Fang mit seinem Schnabel zu geben. Ich merkte, wenn er zwo, bis drey kleine Mäuse, oder nur eine große Maus verschlukt hatte, daß er ein unruhiges Ansehen bekam, als ob er irgend einen Schmerz empfände. Seinen Kopf ließ er in diesem Fall, anstatt ihn munter empor zu heben, mehr, als gewöhnlich, niedersinken, und blieb sechs, auch wohl sieben Minuten in diesem Zustand, ohne sich mit etwas anders zu beschäftigen. Er sahe sich nicht, wie er sonst gemeiniglich zu thun pflegte, nach allen Seiten um. Ich glaubte sogar, man hätte sich ihm völlig nähern können, ohne daß er zu sich selbst gekommen wäre; so ernstlich schien er mit der Verdauung der verschlukten Mäuse beschäftiget zu seyn. Ich legte ihm hernach Frösche und kleine Fische vor. Die leztern hat er nie berühret, von den erstern aber halbe Dutzende, zuweilen mehr, auf einmal verzehret. Er verschlukt sie aber nicht ganz, wie die Mäuse, sondern ergreift sie erst mit seinen Fängern, um sie vorher in Stükken zu reißen, und so zu verzehren. Ich ließ ihn einst ganzer drey Tage bey rohen Fischen hungern, die er aber hartnäckig verachtete. Die Mäusefelle gab er, wie ich bemerken konnte, in lauter Ballen, eines Zolls lang, von sich. Als ich sie einige Zeit in Wasser eingeweicht hatte, fand

die Benennung *Jean-le-blanc* erhalten [25]), weil er in der That wegen der weißen Farbe seines Bauches, der untern Fläche seiner Flügel, des Bürzels und Schwanzes merkwürdig ist. Indessen hat man als gewiß anzunehmen, daß nur das Männchen diese Merkmale der Farbe offenbar an sich träget. Das Weibchen ist fast überall grau, und nur auf dem Bürzel mit einer schmutzig weißen Farbe bezeichnet. Es ist auch, wie bey andern Raubvögeln, größer, dicker, und schwerer, als das Männchen. Es nistet ganz nahe an der Erde, in Gegenden, welche mit Heide- und Farrenkraut, mit Genisten und Binsen bedeckt sind; zuweilen auch wohl auf den Fichten und andern hohen Bäumen. Gemeiniglich legt ein Weibchen drey Eyer von einer grauen, ins schieferartige spielenden Farbe [26]) Das Männchen versorgt

 seine

fand ich, daß diese Ballen blos aus den Haaren und aus der Haut, ohne Beymischung der mindesten Spur von einem Knochen, bestanden. In einigen dieser Ballen entdeckte ich Körner von geschmolzenem Eisen, und einige Stückchen Kohlen." A. d. V.

[25]) Die Bauern und andere Bewohner der Dörfer kennen, zu ihrem größten Schaden, einen Raubvogel, den sie *Jean-le-blanc* nennen. Er ist ihrem Federvieh noch weit gefährlicher, als der Geyer. S. *Belon. Hist. des Oiseaux* p. 103. ... Dieser Jean-le-blanc, oder Lerchengeyer stößt auf den Dörfern die Hüner, Vögel und Kaninichen. So verwegen ist er. Unter den Rebhünern richtet er große Verwüstungen an, und frißt allerley Arten kleiner Vögel. Dann er fliegt verstohlner Weise an den Hecken und an den Wäldern herum, und es giebt, mit einem Worte, keinen Bauer, der ihn nicht kennet. Ebend.
A. d. V.

[26]) S. *Ornithol. de Salerne*, p. 23. 24.

seine Gattin, so lange diese brütet, und sich mit Pflege und Erziehung der Jungen beschäftiget, mit überflüßiger Nahrung. Es hält sich immer in der Nachbarschaft bewohnter Oerter, besonders um die Dörfer und Meyereyen auf. Hier befleißiget sich der sorgfältige Gatte auf den Raub und Entführung der **Hüner, jungen Puten,** und **zahmen Enten,** und wenn es ihm an Hofgefieder mangelt, so stößt er auf junge **Kaninchen, Rebhüner, Wachteln** und andere noch kleinere Vögel. Im Nothfall ist er auch mit **Feldmäusen** und **Eidexen** zufrieden.

In sofern diese Vögel, besonders die Weibchen, kurze Flügel, und einen dicken Leib haben, kann ihr Flug nicht anders, als schwer seyn, und keinen sehr hohen Schwung erlauben. Man sieht sie beständig niedrig fliegen [17]), und ihren Raub nicht sowohl in der Luft, als auf der Erde fangen. Ihr Geschrey besteht in einem durchdringenden Gezische, das man aber nur selten von ihnen hört. Sie gehen blos des Morgens und Abends auf Raub aus, und pflegen den übrigen Theil des Tages zu ruhen.

Man sollte glauben, daß es auch Abänderungen von dieser Gattung gebe: denn **Belon** beschreibt einen

[17]) Wer ihn im Fluge betrachtet, entdekt an ihm eine Aehnlichkeit mit einem in der Luft schweifenden Reiger. Denn er schlägt eben so mit seinen Flügeln, und schwingt sich nicht schwebend in die Lüfte, wie andre Raubvögel, sondern läßt sich fast beständig, besonders des Abends und Morgens, nach der Erde herab. S. *Belon.* Hist. Nat. des Ois. p. 103.

nen zweeten Vogel, „der, wie er sagt [28]), eine an-
„ dere Art von St. Martinsvogel ist, und eben-
„ falls der Weißschwanz genennet wird. Er ge-
„ höret zu der Gattung des angeführten weißen Han-
„ sen (Jean-le-blanc), und kömmt so genau mit
„ dem Hünergeyer (Milan royal) überein, daß
„ man zwischen beyden gar keinen Unterschied entde-
„ cken würde, wenn er nicht kleiner, und sowohl
„ am Bauche, als oben und unten am Bürzel,
„ weiß wäre.“

Diese Aehnlichkeiten, denen man eine noch viel wesentlichere, nämlich die langen Füße, beyfügen kann, zeigen weiter nichts an, als daß diese Gattung nahe mit unserm weisen Hansen verwandt ist; weil sie aber, in Ansehung der Größe und anderer Charaktere, stark von demselben abweichet, so kann man sie unmöglich für eine bloße Abänderung ausgeben. Wir haben eingesehen, daß es eben der Vogel sey, den unsre Methodisten den grauweißen Geyer, oder Würger (Lanier cendré) nennen, dessen wir in der Folge, unter dem Namen St. Martin, gedenken werden, in so fern er mit den Würgern gar keine Aehnlichkeit hat.

Uebrigens ist unser in Frankreich so bekannter Lerchengeyer anderwärts allenthalben ungemein seltsam, weil kein einziger italiänischer, englischer, deutscher, oder nordländischer Naturkundiger seiner, vor dem Belon, gedacht hat. Aus diesem Grunde schien es mir nöthig zu seyn, die besondere Geschichte dieses

28) Ebend. p. 104.

Vogels etwas umständlicher zu erzählen. Ich muß auch noch anmerken, daß Hr. Salerne sich ungemein irret [29]), wenn er behauptet, dieser Vogel wäre gerade derjenige, welcher bey den Engelländern *Ringtail*, oder Weißschwanz heißet, und dessen Männchen sie *Henharrow*, oder *Henharrier*, d. i. Hünerdieb, nennen. Hr. Salerne hat sich blos durch den weißen Schwanz, und die natürliche Gewohnheit,

29) *Jean-le-blanc*, Pygargus accipiter subluteo Turneri; *Raj. Syn.* en Anglois The *Ringtail* c'est à dire *queue-blanche*; & le mâle *Henharrow* ou *Henharrier*, c'est à dire *Ravisseur de poules.* Dies sind die eigentlichen Worte des Herrn Salerne: „Der Vogel, sagt er ferner, unter„scheidet sich von andern Vögeln dieses Geschlechtes blos „durch den weißen Bürzel, wovon er im Griechischen den „Namen Pygargus erhalten, imgleichen durch einen „Kragen von Federn, die sich um die Ohren herum in „die Höhe sträuben, und seinen Kopf, in Form einer „Krone, umringen. Hr. von Linné hat von diesem Vo„gel nichts erwähnet; er muß also in Schweden wohl „nicht bekannt seyn. Hier (in Frankreich) ist er desto „gemeiner, besonders in Sologne, wo er auf der Erde, „zwischen dem Heidekraut, nistet. (Entre les *Bruyeres* „*à balais*, que l'on appelle vulgairement des *Brémailles* -- ich muß diese Stelle in der Grundsprache hersetzen, weil ich nicht fähig bin, das Wort *Brémailles* in die unsrige überzutragen). S. *Ornith. de Salerne.* p. 23.

Anm. Wenn Hr. Salerne diesen Vogel selbst gesehen hätte, ich wette, daß es ihm nicht eingefallen wäre, ihm eine Federkrone, oder einen Kragen von Federn, die sich um den Kopf herum sträubten, anzudichten. Dem weißen Hansen kann dieser Charakter auf keine Art beygelegt werden, der eigentlich nur dem Vogel zukömmt, welchen Turner *Subluteo*, Hr. Brisson aber *Faucon à collier*, oder den Ringelfalken genennet hat. A. d. U.

heit, Hüner zu rauben, welche der englische Weißschwanz (*Ringtail*) mit unserm weisen Hansen (Jean-le-blanc) gemein hat, hintergehen lassen, daß er sie für einerley Vogel hielt. Wenn er aber die Beschreibungen seiner Vorgänger mit einander verglichen hätte, so würde er leicht eingesehen haben, daß es Vögel von zwo sehr unterschiedenen Gattungen sind. Andere Naturforscher hielten den Edwardischen *Bluehawk*, oder blauen Falken, für den *Henharrier* 30), oder Hünerdieb, ob sie gleich ebenfalls beyde zu ganz unterschiedenen Gattungen gehören. Wir wollen sehen, ob wir diesen Punkt, welcher noch einer von den dunkelsten in der natürlichen Geschichte der Raubvögel ist, etwas mehr aufklären können.

Man weis, daß die Raubvögel in zwo Ordnungen eingetheilt werden, deren erste die streitbaren, edlen und muthigen Vögel, als Adler, Falken, Geyerfalken, Habichte, Würger, Sperber u. s. w. die andere hingegen lauter niedrige, unedle, gefräßige Vögel, als große und kleine Geyer, Weyhen u. s. w. in sich schließet. Zwischen diesen beyden, in Ansehung ihrer natürlichen Eigenschaften und Sitten so merklich unterschiedenen Ordnungen, finden sich, wie allenthalben in der Natur, einige Zwischengeschlechter, die von beyden Ordnungen etwas an sich haben, und, in gewißen Stücken, sowohl etwas vom Naturell der edlen, als unedlen Gattungen äußern. Diese Zwischengattungen sind 1) der iezt beschriebene Lerchengeyer, der, wie schon

30) S. British Zoology. p. 67.

schon gesagt worden, etwas vom Adler und vom Weyhen; 2) der Vogel St. Martin, den die Hrn. Brisson und Frisch den grauweißen Geyer (Lanier cendré), Herr Edwards hingegen den blauen Falken zu nennen beliebt, welcher aber mehr vom Lerchengeyer und den Weyhen, als vom Falken und Würger an sich hat; 3) der sogenannte Ringelfalk (*Soubuse*), welche Gattung die Engelländer nicht genug kennten, weil sie einen andern Vogel für das Männchen derselben hielten, und sein Weibchen Ringtail, oder Weißschwanz (queue annelée de blanc), das vorgebliche Männchen aber *Henharrier*, oder Hünerdieb nennten. Eben diese Vögel heißen beym Brisson Ringelfalken (Faucons à collier); sie kommen aber mehr mit einem Weyhen, als mit einem Falken, oder Adler überein.

Alle drey angeführte Gattungen also hatten das Schicksal, besonders die letzte, nicht sattsam gekannt, oder mit einander verwechselt, oder mit unschicklichen Namen beleget zu werden. Denn der weiße Hans kann unmöglich in die Liste der Adler mit eingetragen werden. Der St. Martin ist weder ein Falke, wie Hr. Edwards glaubet, noch ein Würger, wie die Herrn Brisson und Frisch vorgeben, weil er ein ganz anderes Naturell, und völlig entgegengesetzte Sitten zeiget. Eben so verhält sichs mit dem Ringelfalken, der weder einen Adler, noch einen Falken vorstellet, weil er eine ganz andere Lebensart führet, als diese beyde Geschlechter von Vögeln. Man wird es in den Artikeln, wo ich diese beyde Vögel beschreibe, gar leicht aus den angeführten Umständen erkennen.

Mich

Mich dünkt aber, daß man dem Lerchengeyer, den wir sehr gut kennen, auch noch einen andern Vogel beyfügen müsse, der uns blos aus dem Aldrovandus [31]) unter dem Namen Lanarius, und aus dem Schwenkfeld [32]) unter dem Namen Milvus albus bekannt ist. Obgleich auch Hr. Brisson einen Würger aus diesem Vogel gemacht hat, so scheint er sich doch noch weiter von der Gattung der Würger zu entfernen, als der St. Martin. Aldrovandus beschreibet zween solcher Vögel, wovon der eine größer ist, und von der Spitze des Schnabels bis zum Ende des Schwanzes zween Fuß ausmachet, folglich dem Lerchengeyer, in diesem Stücke, gleich kömmt. Wenn man außerdem des Aldrovandus Beschreibung, und unsre bisher gegebene mit einander vergleichet, so wird man gewiß genug ähnliche Merkmale finden, um diesen Aldrovandischen Würger für unsern weißen Hans zu halten; dieser Schriftsteller scheint also, wenn gleich seine Vogelgeschichte übrigens gut, und besonders in Absicht unsrer einheimischen Vögel sehr vollständig ist, unsern weißen Hans, oder Lerchengeyer nicht selbst gesehen zu haben, weil er ihn blos nach dem Belon [33]) anzeigte, und ihm sogar die Figur dieses Vogels abborgte.

31) Lanarius. *Aldrov.* Av. Tom. I. p. 380. Icon. p. 381. 382.

32) Milvus albus. *Schwenckf.* Theriotroph. Sil. p. 304. Lanier blanc. *Briss.* Av. Tom. I. p. 107. Ed. Paris. p. 367.

33) *Pygargi* secundum genus. *Aldrov.* Av. Tom. I. p. 208.

Ausländische Vögel, die eine Beziehung auf die Adler oder Balbusards haben.

VIII.

Der Adler von Pondichery [34]).

S. die 416 illuminirte Platte und unsere XIte Kupfertafel.

Der indianische Vogel, wovon Herr Brisson eine deutliche Beschreibung unter dem Namen des Adlers von Pondichery geliefert, ist auf unserer XIten Kupfertafel abgebildet [35]). Wir merken hier nur

34) Der malabarische Adler. *Brisson.* Aves. Tom. I. p. 129. Aquila Podiceriana. Ed. Parif. p. 450. Pl. XXXV. Aigle de Pondichery. *Ornith. de Salerne.* p. 8. L'Aigle malabare. *Cours* d'Hift. Nat. III. p. 221. n. 4.

35) Er hat, sagt Hr. Brisson, ohngefähr die Statur des Geyerfalken, und beträgt einen Fuß und sieben Zoll in der Länge. Sein Schnabel ist einen Zoll und sieben Linien, der Schwanz aber sieben Zoll und drey Linien, der mittlere von den drey Vorderkrallen, mit dem Fänger, einen Zoll und acht Linien lang. Die Seitenkrallen sind etwas

Tab. XI.* Adler von Pondichery. Pag. 170.

Büff. Naturh. d. Vögel 1. T. Büff. fol.

nur noch an, daß er um seiner kleinen Statur willen schon allein verdiente, von der Familie der Adler getrennet zu werden, weil er kaum die Hälfte so groß, als der kleinste Adler ist. Durch die kahle blauliche Haut, welche die Wurzel des Schnabels deckt, gleicht er dem Balbusard (No. V.), er hat aber nicht, wie dieser, blaue, sondern vielmehr gelbe Füsse, wie der Fischadler (No. IV.). Sein am Ursprung aschfarbiger und an der Spitze blaßgelber Schnabel, hat in Ansehung der Farben mit dem Schnabel der eigentlichen Adler und der Fischadler etwas gemein und man sieht aus diesen Abweichungen klar genug, daß dieser Vogel eine besondere Gattung ausmachet. Er ist, nach allem Anschein, der merkwürdigste Raubvogel dieser indianischen Gegend, weil ihn die Malabaren zu einem Abgott erwählet, dem sie mit grosser Ehrfurcht huldigen 36). Man erweiset ihm aber diese Huldigung viel-

etwas kürzer; die hintere kömmt an Länge den äußern Vorderkrallen gleich; die allerkürzeste ist eigentlich die innere Vorderkralle. Die ausgespannte Flügel haben einen Durchmesser von drey Fuß und acht Zoll; die zusammengelegte Flügel stehen ein wenig über die Spitze des Schwanzes hervor. Die Haut, welche die Wurzel der Nase dekt, fällt ins blauliche, der Schnabel selbst ist an seinem Ursprung aschfarbig, und an der Spitze blaßgelb. Die gelben Füße sind mit schwarzen Fängern bewafnet. Brisson l. cit. M . . .

36) Der malabarische Adler ist eben so schön, als seltsam. Sein Kopf, Hals und ganze Brust sind mit sehr weißen Federn bedecket, die mehr lang, als breit fallen, deren Kiel und Rücken wie ein schwarzer Achat glänzen. Der übrige Theil des Schaftes, oder Körpers ist hell kastanienfarbig, unterwärts heller, als oben. Die sechs erste Federn des

vielmehr um seiner schönen Federn, als um seiner Grösse oder Stärke willen; denn man hat Ursach, ihn den schönsten unter dem Geschlecht der Raubvögel zu nennen.

des Flügels haben schwarze Spitzen. Die Haut um den Schnabel ist blaulich; die Spitze des Schnabels spielt aus dem Gelben ins Grünliche. Auch die Füße sind gelb, und mit schwarzen Klauen bewafnet. Dieser Vogel hat einen durchdringenden Blick, und ohngefähr die Größe der Falken. Bey den Malabaren stellt er eine angebetete Gottheit vor. Man findet ihn auch im Reiche Visapur, und in den Ländern des großen Mogols. S. *Ornithol. de Salerne*. p. 8.

Tab. XII.* Der Heiducken Adler. Pag. 173

Buff. Naturh. d. Vögel I. T. F. dir

IX.

Der brasilianische Heidukkenadler 37).

S. die XIIte Kupferplatte.

Dies ist ein Vogel aus dem mitternächtlichen Amerika, den Markgraf unter dem Namen Urutaurana, welchen ihm die Indianer in Brasilien beylegen, Fernandes aber unter der Benennung *Yzquauthli*, wie er in Mexiko heißt, beschrieben haben. Es ist eben derjenige, welchen unsre französische Reise-

37) Der große amerikanische Stoßadler. Hallens Vögel. p. 183. n. 121. 122. Kleins Vogelhist. p. 81. Der gehäubte Adler. Die Harpye. Linn. Der Adler von Orenoque. Aigle hupé du Bresil. *Briss.* Aves I. p. 128. n. 13. Ed. Paris. p. 446. Aigle d'Orénoque. *Du Tertre* Hist. Nat. des Antilles. p. 159. Oiseau de l'amerique meridionale. *Buff.* Ed. in 8vo. Tom. I. p. 192. Engl. *Orenoko-Eagle Browne* Nat. Hist. of Jam. p. 471. Brasil. *Urutaurana*, *Uritavi cuquichu Carirtri.* *Marcgr.* Hist. Natur. *Bras.* p. 203. Mexikan. *Ysquauthli*, oder *Yzquauthli.* *Fernandes* Hist. Nat. novae Hisp. p. 34. Aquilae cristatae Genus. *Raj.* Av. p. 161. Aquila Brasil. cristata. *Briss.* l. c. & *Klein.* Falco maximus subcinereus cristatus. *Browne* l. c. *Linn.* S. N. XII. p. 121. n. 2. *Vultur Harpyja.* v. B. u. M.

sebeschreiber den Adler von Orenoque [38]) und die Engelländer, nach ihrem Beyspiel, Orenoko-Eagle [39]) genennet haben. Er hat nicht völlig die Größe des gemeinen Adlers (No. II.) und gleichet, in Ansehung des bunten Gefieders, ziemlich dem gefleckten oder kleinen Adler (No. III.). Das Eigenthümliche und Besondere, was an ihm bemerket wird, ist 1) der weißlichgelbe Saum der Flügel und des Schwanzes; 2) die zwo schwarze, über zween Zoll lange

38) Es kommt oft eine Art von großen Vögeln vom vesten Land auf die antillischen Inseln, der unter den amerikanischen Raubvögeln den ersten Rang verdienet. Die ersten Einwohner auf der Insel Tabago nennten ihn den Adler von Orenoko, weil er die Gestallt und Größe von einem Adler hat, und man in der Meynung steht, daß er, in so fern man ihn auf dieser Insel bloß wie einen Gast betrachten muß, gemeiniglich in diesem südlichen Theil von Amerika, der von dem großen Fluß Orenoko befeuchtet wird, sich aufhält. Alle seine Federn sind hellgrau, mit schwarzen Flecken getigert, außer die Spitzen der Flügel und des Schwanzes, die einen gelben Saum haben. Seine Augen sind lebhaft und durchdringend, seine Flügel sehr lang, sein Flug schnell und hurtig, in Betrachtung der Schwere seines Körpers. Er nähret sich von andern Vögeln, auf die er wüthend stößet, und, sobald er sie zur Erde geworfen, gleich in Stücken zerreißet und verschlinget . . . Die großen Arrasen und kleinen Pappagayen sind vor seinen Anfällen nie gesichert. Man hat gesehen, daß er zu der Zeit, wenn er sich auf der Erde, oder auf einem Zweig befindet, seine Beute nicht anfällt, sondern allemal wartet, bis er sich wieder in die Höhe geschwungen, um ihr den Krieg in freyer Luft anzukündigen. S. Du Tertre l. cit. Rochefort hat in seiner *Relation de l'Isle de Tabago* p. 30. 31 diese Stelle von Wort zu Wort nachgeschrieben.

39) S. Brown am angef. Orte.

lange und noch zwo andere kleinere Federn, die alle vier auf dem Wirbel des Kopfes stehen und die er, nach Belieben sinken lassen und erheben kann; 3) die bis auf die Füße mit weissen und schwarzen wie Schuppen übereinander liegenden Federn bedeckte Beine; 4) der hellgelbe Regenbogen in den Augen; 5) die Schnabelhaut und Füße, die so gelb, als an den Adlern sind; 6) der schwärzere Schnabel und die minder schwarze Krallen. Diese Verschiedenheiten sind wohl hinreichend, unsern Vogel so wohl von den Adlern, als von allen andern Vögeln, deren wir in den vorhergehenden Artickeln gedacht haben, auszuzeichnen. Doch glaube ich, daß man zu dieser Gattung noch den Vogel rechnen müsse, den Garcilasso den peruanischen Adler nennet [40]), und für kleiner angiebt, als die spanischen Adler.

So verhält sichs auch mit dem Vogel der westlichen Küsten von Afrika [41]), den Edwards in einer sehr gut ausgemalten Abbildung, mit einer vortreflichen Beschreibung, unter dem Namen des gekrönten Adlers geliefert hat. Er scheint mir von eben derselben, oder wenigstens einer sehr nahe mit dem vorigen verwandten Gattung zu seyn. Es

40) S. *Hist. Nat. des Incas.* Tom. II. p. 274.

41) Der gekrönte (afrikan.) Adler. Aquila coronata sive aurita Guineensis. l'Aigle huppé. *Crowned-Eagle. Edw. Gleanures.* P. I. p. 31. Tab. 224. Seeligmanns Vögel. VII. Th. Tab. I. Oiseau des cotes occidentales de l'Afrique. *Buff. Orn.* I. p. 194. *Cours d'Hist. Nat.* Tom. III. p. 220. *Briss. Av.* I. p. 128. Aquila africana cristata. Aigle huppé d'Afrique. Ed. Par. p. 448. M.

wird am besten seyn, die ganze Beschreibung des Herrn Edwards herzusetzen, um unsern Lesern Gelegenheit zu geben, selbst über dieselbe zu urtheilen.

Der gekrönte Adler, sagen Herr Edwards und Seeligmann locc. all. ist um ein Drittel kleiner, als die europäischen Adler, doch sieht man ihm eben so viel Stärke und Kühnheit an, als die europäischen Adler zu haben pflegen. Der Schnabel und die Haut, welche den obern Theil desselben bedecket, in welchem auch die Nasenlöcher liegen, haben eine dunkelbraune Farbe. Der Spalt im Schnabel erstreckt sich bis unter die Augen hin, und sein Rand um die Mundangeln herum, bis an die Nasenlöcher, ist gelb. Die Augen stehen in einem röthlich oranienfarbnen Zirkel. Der vordere Theil des Kopfes, die Theile um die Augen herum und die Kehle sind weißlicht, mit kleinen schwarzen Flecken bezeichnet. Am hintern Theil des Kopfes und Halses, auf dem Rücken und an den Flügeln erblickt man eine dunkelbraune oder schwärzlichte Farbe. Die Einfassung der Federn ist heller braun, die Schwungfedern aber sind viel dunkler, als die andern Federn der Flügel. Der Rand des Flügels oben herum und einige von den kleinen Deckfedern der Flügel sind weiß; der Schwanz ist oben braun und schwarz, weiter unten aber dunkel und hell aschfarbig, die Brust röthlich braun, und an beyden Seiten mit senkrecht unter einander stehenden breiten, schwarzen Flecken bezeichnet. Der Bauch und die Deckfedern unterm Schwanze sind weiß mit schwarz vermischet. An den weissen Schenkeln und Füssen wird man viele kleine schwarze Flecken gewahr, die rund herum laufen und eine wahre Schönheit an diesem Vogel ausmachen. Er

hat

hat sehr starke Zeen oder Krallen und Klauen, wovon die ersten mit hell oraniengelben Schuppen bedeckt, die letztern aber schwarz erscheinen. Am hintern Theil des Kopfes kann er die Federn wie einen Kamm, oder Krone, aufrichten, und von diesem Umstand hat er die Benennung des gekrönten Adlers erhalten.

Ich habe diesen Vogel, fährt Hr. Edwards fort, zu London im Jahr 1752. lebendig abgezeichnet. Man ließ ihn für Geld sehen, und sein Eigenthümer sagte mir, daß man ihn aus Afrika, von der guineischen Küste, gebracht habe. Ich wurde hernach von der Wahrheit dieses Vorgebens noch mehr überzeugt, als ich bey Herrn Penwald in London zween andere Vögel, von eben dieser Art, sahe, die er auch von Guinea bekommen zu haben versicherte.

In Barbots Beschreibung von Guinea, die zu London im Jahr 1746. in Fol. heraus kam, wird S. 218 von einem gekrönten Adler geredet. Alles aber, was er davon saget, bestehet in Folgendem: „Es giebt hier Adler, die von den europäi„schen gar nicht unterschieden sind; man findet aber „hier auch noch eine andere Art, welche stark von „den europäischen Adlern abzuweichen scheinet. Ich „habe von der lezten Art einen in Kupfer vorgestellt, „den man bloß in der Provinz Akra findet, wo „man ihn den gekrönten Adler nennet.

Wäre das Kupfer nicht beygefüget, so wüßte man gar nicht, was Barbot habe sagen wollen: allein im Kupfer sieht man am Vogel einen eben solchen Kamm, oder Krone, wie er in unserer Vorstellung aussiehet. Uebrigens ist Barbots Abbildung weder genau, noch richtig. Er hat keine von seinen Flecken, und nichts von seiner besondern und eignen Zeichnung bemerket. Astlev hat in seiner Sammlung von Reisen II. B. S. 722 die Beschreibung und Zeichnung dieses Vogels aus dem Barbot entlehnet. Da man ihn aber aus der einen sowohl, als aus der andern, nur sehr unvollkommen zu erkennen vermag, so halte ich ihn für einen Vogel, der bisher weder genau vorgestellet, noch richtig beschrieben worden ist. . .

Afrika und Brasilien liegen weiter nicht, als vier hundert Meilen von einander. Dieser Abstand ist so groß nicht, daß er, von hoch fliegenden Vögeln, nicht leicht sollte durchstrichen werden können. Es ist also gar wohl möglich, daß unser Heidukkenadler eben sowohl auf den brasilianischen Küsten, als an den südlichen Küsten von Afrika, gefunden werde. Man darf nur die Merkmale, die jedem besonders zukommen, und welche sie mit einander gemein haben, unter einander vergleichen, um sich zu überzeugen, daß es Vögel von einerley Gattung sind. Man findet sie beyde mit einem Federbusch gezieret, welchen sie, nach Belieben, in die Höhe sträuben können; beyde haben fast einerley Größe, einerley bunte, und an eben denselben Stellen geflekte Federn, einerley hell oranienfarbigen Regenbogen, und schwärzlichen Schnabel. Die Schenkel sind an beyden auf gleiche Weise, bis an die Füße mit weißen, schwarzgefleckten Federn bedecket; beyde sind mit gelben Fängern, oder Krallen, und braunen, oder schwarzen Klauen versehen. Ihr ganzer Unterschied gründet sich bloß auf die Farben der Federn, und auf

die

die Vertheilung derselben. Kann aber dieser Umstand wohl, bey so viel angegebnen Aehnlichkeiten, mit in Betrachtung gezogen werden? Und habe ich nicht Gründe genug für mich, den Vogel von den afrikanischen Küsten für einerley Gattung mit demjenigen zu halten, der in Brasilien zu Hause gehört? Folglich müssen 1) der gekrönte brasilische, der orenokische, der peruanische und gekrönte guineische Adler Vögel von einer, und eben derselben Gattung seyn, die mit unserm gefleckten, oder kleinen europäischen Adler (No. III.) mehr Aehnlichkeit, als mit irgend einem andern, haben.

X.

Der brasilianische Adler [42])

Der brasilianische Vogel, welchen Markgraf unter dem Namen *Urubitinga* beschreibt, gehört wahrscheinlicher Weise zu einer, von der vorigen unterschiedenen Gattung, weil er in eben demselben Lande mit einem andern Namen belegt wird. In der That weicht er auch von ihm in vielen Stücken ab, als 1) in der Größe, weil er kaum halb so groß, als jener ist; 2) in der Farbe; denn dieser ist schwärzlich braun, jener angenehm gefärbet; 3) darum, daß ihm auf dem Kopf die aufgesträubte Federn fehlen, und 4), daß der untere Theil der Schenkel, und seine Füße kahl sind, wie bey dem Fischadler (Pygargue No. IV); da hingegen der vorige, gleich den ächten Adlern, an seinen Schenkeln und Füßen, von oben bis unten, mit Federn bekleidet ist.

42) *Urubitinga* Brasil. (Johnst. Will. Raj.) *Marcgr.* Hist. Brasil. p. 214. *Brisson.* Av. I. p. 128. Aquila Brasiliensis. *Aigle du Bresil.* Ed. Par. p. 445. *Buffon.* Orn. I. p. 197. n. 3. Oiseau du Bresil.

XI.

Tab. XIII.* Der kleine amerikan: Adler. Pag. 181.

Büff. Naturh. d. Vögel I. T. Buff. f.

XI.

Der kleine amerikanische Adler [43]).

S. die 417 illuminirte, und unsre XIIIte Platte.

Dieser Vogel, dem wir keine bessere Benennung, als des kleinen amerikanischen Adlers, zu geben wußten, und der noch von keinem Naturforscher angezeigt worden, pflegt sich eigentlich in Guiana, und andern Theilen des mittäglichen Amerika vorzüglich aufzuhalten. Seine Länge beträgt nicht über sechszehn, bis achtzehn Zoll, und er macht sich, gleich beym ersten Anblick, durch eine breite purpurfarbige Platte merkwürdig, womit er unter der Kehle, und unter dem Hals bezeichnet ist. Weil er so klein ist, sollte man glauben, daß er unter die Sperber, oder Falken gehörte. Die Form seines Schnabels aber, der bey seinem Ursprung gerade ist, und wie bey den Adlern, sich erst weiter vorwärts zu krümmen anfängt, hat uns bewogen, ihn lieber der Familie der Adler, als der Sperber einzuverleiben. Wir finden es unnöthig, ihn weitläuftiger zu beschreiben, weil die andern Charaktere desselben aus der illuminirten Kupferplatte deutlich zu erkennen sind.

43) Le *petit aigle d l'amerique.* Buff.

XII.

Der Fischweihe 44).

S. unsre XIVte Kupfertafel.

Der antillische Vogel, welchen der Pater Du Tertre den Fischer (*Pêscheur*) nennet, ist ohnstreitig eben derselbe, den Catesby durch die Benennung des karolinischen Fischerfalken (Fishing-Hawk) andeutet. Er gleicht an Größe dem Habicht, und hat einen etwas längern Körper. Die zusammen gelegte Flügel ragen ein wenig über die Spitze des Schwanzes hinaus, und haben im Fluge mehr, als fünf Fuß im Durchmesser. Er hat einen gelben Regenbogen im Auge, eine blaue Deckhaut an der Wurzel des Schnabels, einen schwarzen Schnabel, hell-

44) Der Fischweihe. Seefalk mit Fischerhosen. Hallens Vögel. p. 215. n. 151. Der Weißkopf, oder weißköpfige Blaufuß. Kleins Vogelhist. p. 99. n. XIX. Falco, Piscator, Cyanopus. Der Fischer der antill. Inseln. *Pêcheur* des Antilles. S. *du Tertre* Hist. gen. des Antilles. Tom. II. p. 253. *Oiseau des Antilles.* *Buff.* Ornith. I. p. 199. n. 5. *Catesby.* Tom. I. Tab. II. Seeligm. Vögel. I. Tab. IV. *Faucon Pêcheur.* Engl. *Fishing-Hawk.* *Cours d'Hist. Nat.* T. III. p. 191. *Briss Av.* Tom. I. p. 105. n. 14. Falco Piscator Antillarum. Faucon Pêscheur des Antilles (de Du Tertre) und No. 11 Falco Piscator Carolinensis. Faucon Pêscheur de la Caroline.

Tab. XIV. Der Fischweyhe. Pag.

Büff. Naturh. d. Vögel I. T. Seelig m.

hellblaue Füße, und schwarze Klauen beynahe von einer gleichen Länge. Die Oberfläche des Körpers, des Flügels und Schwanzes ist dunkelbraun, da hingegen alle diese Theile unterwärts weiß erscheinen. Auch die Schenkelfedern sind weiß, kurz, dicht an der Haut anliegend.

„Der Fischer, heißt es beym Pater Du Tertre, „gleicht dem sogenannten Mansfeni vollkommen, „außer daß er am Bauch weiße, oben auf dem „Kopf aber schwarze Federn, und etwas kleinere „Fänger, oder Klauen hat. Dieser Fischer ist ein „wahrer Seeräuber, der die Landthiere so wenig, „als die Vögel in der Luft zu achten scheinet, und „nur auf lauter Fische jaget, die er auf einem na„hen Zweig, oder auf einer Felsenspitze zu belauren „sucht, und sobald er sie auf der Fläche des Wassers „erblicket, auf sie loß schießet, sie mit seinen Klauen „entführet, und auf einem Felsen verzehret 45). Ob „er gleich an Vögeln keine Feindseligkeiten ausübet, „unter-

45) Wenn dieser Vogel, sagt Hr. Hallen l. cit., auf den Fischfang ausgehet, schwebet er mit schlauen Augen eine Zeitlang über den Gewässern hin und her, wirft sich alsdann schnell mitten unter die Fluthen, welche sich über ihm zertheilen, und bringt, wenn er mit seinen rauschenden Flügeln wieder hervorkömmt, gemeiniglich einen geschuppten Gefangenen mit sich. Oft erscheint in eben dem Augenblick der Meeradler, und bemüht sich, dem Seefalken die gemachte Beute wieder abzunehmen. Er fällt über ihn her, und zwinget den schwächern Freybeuter, den Fisch in der Angst fallen zu lassen. Mit schnellem Schuß stürzt sich der Adler über den Ort herab, den der fallende Fisch in dem neuen Elemente der Luft durchlaufen muß, und schlägt seine Klauen schon in denselben ein, ehe dieser noch

„ unterlassen sie doch niemals, ihn zu verfolgen, sich „ häufig zu versammlen, und so lange mit ihren „ Schnäbeln auf ihn loß zu hacken, bis er sich be„ quemt, seinen Aufenthalt zu verändern. Die „ Kinder der Wilden pflegen sie jung auszunehmen, „ und sie zum Fischen zu brauchen, aber bloß zur „ Lust, weil ihnen diese Vögel niemals ihren Raub „ überbringen.“

Diese Beschreibung des P. Du Tertre ist weder genau, noch umständlich genug, um sicher daraus zu schlüßen, ob sein Fischer eben der Vogel sey, von welchem Katesby redet. Wir geben es bloß als eine Vermuthung an. Viel zuverläßiger ist es, daß eben der amerikanische Vogel, den Katesby geschildert, mit unserm europäischen Balbusard (No.V.) so viel Aehnlichkeit hat, daß man mit Grund glauben sollte, es müsse durchaus entweder eben derselbe, oder wenigstens eine bloße Abänderung dieser Gattung seyn. Er hat eben die Größe, als jener, eben die Form, beynahe die nämlichen Farben, zugleich aber auch die Art, wie der Balbusard, sich vom Raub der Fische zu nähren. So viel Charaktere vereinigen sich, um aus dem Balbusard, und aus diesem Fischer eine und eben dieselbe Gattung zu machen.

noch die Fläche des Wassers berühret. Das kleinste Geschrey des Meerfalken lockt den Adler herbey, der mit ihm einerley Gegenden bewohnt, und immer bereit ist, von dem Fischzuge desselben unfehlbaren Vortheil zu ziehen. M.

XIII.

XIII.

Der Mansfeni des Du Tertre.

Den Vogel der antillischen Inseln, den unsre Reisebeschreiber Mansfeni nennen, ist von ihnen immer, als eine Gattung kleiner Adler (Nisus), betrachtet worden. „Der Mansfeni, „sagt Hr. Du Tertre [46]), ist einer von den mäch„tigen Raubvögeln, der sowohl wegen seiner Federn, „als auch seiner Gestallt nach, so viel Aehnliches mit „einem Adler hat, daß blos die Kleinheit seines Kör„pers ihn einiger maßen von demselben unterscheidet. „Er ist nicht größer, als ein Falke; seine Klauen aber „sind wenigstens zweymal so lang und stark, als an „jenem. Ohnerachtet seiner mächtigen Waffen, jagt „er doch nur lauter kleine wehrlose Vögel, als Dros„seln, Seelerchen, und höchstens wilde- oder Tur„teltauben. Auch Seeschlangen, und kleine Sorten „von Eidexen gehören unter seine gewöhnliche Spei„sen. Er sitzt gewöhnlich auf den höchsten Bäumen, „und hat so veste, dicht an einander liegende Federn, „daß eine Bleykugel, wenn man sich nicht bemühet, „gegen den Strich derselben zu schießen, ihm gar „nichts anhaben kann. Sein Fleisch ist etwas schwär„zer, dem ohnerachtet aber ungemein schmackhaft.

46) S. dessen *Hist. des Antilles*. Tom. II. p. 252.

XIV.

Von den grossen Geyern.

Man hat unter den Raubvögeln den Adlern den ersten Rang nicht so wohl deswegen eingestanden, weil sie stärker und grösser, als weil sie großmüthiger oder nicht auf eine so niederträchtige Art grausam sind, als die Geyer. Die erstern beweisen sich in ihren Sitten stolzer, in ihren Unternehmungen verwegener und bey ihrer Herzhaftigkeit edler, als die Geyer, indem sie wenigstens eben so viel Geschmack am Kampfe, als Begierde nach Raub, empfinden. Die Geyer hingegen sind blos mit einem natürlichen Triebe der unmäßigsten Gefräßigkeit begabet. Sie stossen ehe nicht auf ein lebendes Geschöpf, als wenn sie an vorräthigem Aase nicht völlige Sättigung finden. Der Adler streitet mit seinen Feinden oder bekämpft seine zum Raub ersehene Opfer mit offenbarer Gewalt; er allein verfolgt, bezwingt und greifet sie. Die Geyer hingegen, wenn sie den mindesten Widerstand vermuthen, versammlen sich, gleich niederträchtigen Strassenräubern, Truppweise. Sie können also nur als Räuber, aber nicht als Krieger, nur als fleischfressende, nicht aber als Raubvögel betrachtet werden; denn unter dem ganzen Geschlechte der Raubvögel sind sie die einzige Gattung, die zusammen halten, damit ihrer viele wider Einen streiten können. Nur sie allein sind auf Luder so begierig, daß sie es

bis

bis auf die Knochen verzehren. Die Verderbniß und Fäulung, an statt sie zu verscheuchen, sind ihre kräftigste Lockspeisen. Die Sperber, Falken und sogar die kleinsten Vögel sind ihnen an Muth überlegen, weil sie allein jagen und fast alle das Aas verachten und verdorbnes Fleisch verabscheuen. Bey Vergleichung der Vögel mit vierfüßigen Thieren scheinet ein Geyer die Stärke und Grausamkeit eines Tigers mit der schmutzigen Gefräßigkeit eines Jackals zu vereinigen, der ebenfalls mit seines Gleichen zusammen hält, um das Luder zu verschlucken und Leichname wieder aus der Erde zu scharren; da hingegen der Adler, wie schon erinnert worden, in seinem Betragen die Herzhaftigkeit, Edelmuth, und Freygebigkeit eines Löwen beweiset.

Man muß also die Geyer gleich anfangs durch diesen Unterschied im Naturell von den Adlern auszeichnen und man kann sie beym ersten Anblick so gleich erkennen, weil ihre Augen gerade bis an die Fläche der Seiten des Kopfs hervorstehen, da sie bey den Adlern ein Fleck in die Augenhöhlen eingesunken zu seyn scheinen. Ausserdem haben die Geyer einen kahlen Kopf und fast eben so kahlen Hals, der bloß mit weichen Federn und einigen zerstreuten Haaren oder zottichten Federn unordentlich besetzet ist; da hingegen am Adler alle diese Theile reichlich mit Federn bekleidet sind. Wenn man die Klauen betrachtet, so findet man sie bey den Adlern, weil sie nur selten auf der Erde sich aufhalten, fast halbzirkelsförmig, bey den Geyern aber viel kürzer und nicht so stark gekrümmet. Ferner kann man die Geyer an den feinen Pflaumenfedern unter ihren Flügeln, die an andern Raubvögeln gar nicht wahrgenommen werden, und am untern Theil der Kehle, leicht erkennen, die mehr haarig, als mit

Federn

Federn bewachsen zu seyn scheinet 47). Ihre Stellung ist viel unedler und gebeugter, als die Stellung der Adler, die mit ihren Füssen beynahe eine senkrechte Linie macht, wenn im Gegentheil der Geyer durch seine halb wagerechte Stellung und Beugung seines Körpers die Niederträchtigkeit seines Charakters zu verrathen scheinet. So gar in der Ferne lassen sich die Geyer dadurch von andern Vögeln des räuberischen Geschlechts unterscheiden, weil sie unter den Raubvögeln die einzigen sind, welche häufiger, als paarweise, zusammen ausfliegen. Sie verrathen sich auch durch ihren schweren Flug und weil sie viel Mühe haben, sich von der Erde zu heben; denn sie müssen wenigstens drey bis viermal ansetzen und versuchen, bevor sie sich in vollen Schwung setzen können. 48).

Wir

47) Klein sagt l. cit. p. 82: die wollichten Federn kommen bey den Geyern sogleich, wenn man einige Federn ausrupft, zum Vorschein, und wer den ganzen Vogel rupfen wollte, der würde ihn ehe für ein geflügeltes Schaf, oder für einen wunderbaren fremden Vogel, als für einen Geyer halten. M...

48) Die Herren Ray und Salerne, wovon der letzte den ersten von Wort zu Wort ausgeschrieben, machen auch noch die Form des Schnabels, der sich nicht unmittelbar an seinem Ursprunge krümmet, sondern wohl bis auf zween Zoll vorwärts gerade läuft, zu einem Unterscheidungsmerkmal zwischen Geyern und Adlern. Ich muß aber hier anmerken, daß dieses Unterscheidungszeichen unrecht angebracht ist. Denn der Adlerschnabel krümmet sich ebenfalls an seinem Ursprung, hernach läuft er ein Fleckchen gerade fort, und der Unterschied bestehet blos darinn, daß dieser gerade Theil des Schnabels bey den Geyern länger ist, als bey den Adlern. Andere Naturforscher zählen zu den Unterscheidungsmerkmalen auch die Hervorragung des

Kropfs,

Wir haben im Geschlechte der Adler dreyerley Gattungen, den grossen (No. I.), den mittlern oder gemeinen (No. II.), und den kleinern Adler (No. III.) angenommen, und noch die Vögel ihnen an die Seite gesetzt, welche die gröste Aehnlichkeit mit ihnen haben, als den Fischadler (No. IV.), den Balbusard (No. V.), den Beinbrecher (No. VI.), den weissen Hansen (No. VII.), und noch sechs fremde Vögel, die auf die vorigen einige Beziehung hatten: als den Adler von Pondichery (No. VIII.), den Heldukkenadler (No. IX.), den brasiliani-schen Adler, (No. X.) den kleinen amerikanischen Adler (No. XI.), den Fischweyhen (No. XII.), und den Mansfeni (No. XIII.), der eine Gattung des kleinen Adlers zu seyn scheinet. Ueberhaupt machen diese Vögel zusammen dreyzehn Gattungen aus, worunter der so von uns genannte kleine amerikanische Adler noch von keinem Naturforscher beschrieben worden.

Auf gleiche Art wollen wir nun die Gattungen der Geyer, mit nöthiger Einschränkung, anzeigen und gleich anfangs von einem Vogel reden, den Aristoteles, und nach ihm die meisten Schriftsteller, unter die Zahl der Adler gebracht haben, ob er gleich in der That nur ein Geyer und kein Adler ist.

Kropfs, die bey den Geyern merklicher, als bey den Adlern seyn soll; allein dieser Charakter ist allzu zweydeutig; weil er sich nicht auf alle Gattungen von Geyern passet. Beym graurothen (Griffon), als einem der ansehnlichsten Geyer, findet man, daß sein Kropf, anstatt weit hervorzustehen, so tief liegt, daß unter dem Hals, an der Stelle des Kropfes, vielmehr eine Faust große Vertiefung zu sehen ist. A. d. V.

XIV.

Der Geyeradler [49].

S. die 426te illuminirte und unsre XVIte Platte.

Ich habe die aus dem Griechischen entliehene Benennung *Percnoptere* beybehalten, um diesen Vogel von allen andern unterscheiden zu können. Er ist nichts weniger, als ein Adler, sondern zuverläßig ein Geyer; oder wenn man der Meynung der Alten beypflichten will, so macht er den letzten Grad von Schattirung zwischen beyden Geschlechtern aus, und nähert sich den Geyern unbeschreiblich viel mehr, als den

49) Hallens Vögel. p. 192. n. 129. Der rothbraune Geyeradler, ohne Palatin. Kleins Vogelhist. p. 85. Der Geyeradler, Bastardadler. Bergstorch. Vulturina aquila. Franz. Le Percnoptere. *Buffon.* Ornith. I. p. 209. *Trencalos* en Catalogne. *Aigle Vautour* Alb. *Vautour des Alpes.* Vultur alpinus. *Briss. Av.* I. p. 133. n. 8. Ed. Par. p. 464. Hypaeetus *Arist.* Gypaetus *Gesn.* Percnopterus *Aldr. Barr. Johnst. Charl. Willughby, Raj.* An corvus moschatus, rostro adunco? *Barr.* vel Fregato sylvat. moschata? Ejusd. *Oripelargus* Aldr. Engl. The Buld. Vulturine Eagle. *Cours d'Hist. Nat.* T. III. p. 225. n. 8. *Subaquila. Ciconia montana. Linn. S. Nat.* XII. p. 123. n. 7. *Vultur Percnopterus.*

M . . .

Tab. XV.* Der Geyeradler. Pag. 100.

Büff. Naturh. d. Vögel. I. T. Buff. fil.

den Adlern. Aristoteles [50]), welcher ihm unter den Adlern eine Stelle gegeben, bekennet selbst, er gehöre vielmehr zu den Geyern, weil er, seiner Aussage nach, zwar alle Fehler des Adlers, aber keine von seinen guten Eigenschaften an sich hat. Er läßt sich von den Raben hetzen und schlagen, ist faul auf seiner Jagd, schwer im Fluge, unter beständigem Schreyen und Klagen, unbeschreiblich heißhungrig und nach Aase begierig. Er hat auch kürzere Flügel und einen längern Schwanz, als die Adler, einen hellblauen Kopf, einen weissen und kahlen, oder, wie der Kopf selbst, mit blassen weissen Dunen bewachsenen Hals, nebst einem Halsband unter demselben, welches aus kleinen, steifen, weissen Federn, gleich einer Halskrause, gebildet ist. Der Augenring ist röthlich gelb. Der Schnabel und die glatte Schnabelhaut sind schwarz, der Haken am Schnabel, weiß. Der untere Theil der Schenkel und der Füsse sind kahl und bleyfarbig, die Klauen schwärz und weder so lang, noch so krumm, als bey den Adlern. Uebrigens macht ihn ein brauner herzförmiger Fleck auf der Brust, gleich unter seiner Halskrause, desto merkwürdiger, weil dieser Fleck überdies noch mit einem schmalen weissen Rand umgeben oder vielmehr gestickt ist.

[50]) Anm. Aristoteles macht ihn zur vierten Gattung der Adler, und nennt ihn Περκνόπτερος, mit dem Zunamen Ὑπάετος, welchen Theodorus Gaza durch das Wort *Subaquila* sehr gut übersezt hat. Andre Schriftsteller, besonders Aldrovandus, haben geglaubt, man müsse γυπάετος an statt ὑπάετος, oder *Vulturina aquila*, statt Subaquila, lesen. Das Gewißeste hierbey ist wohl, daß eine dieser beyden Benennungen für diesen Vogel eben so paßlich ist, als die andere. A. d. V.

Im ganzen betrachtet, hat dieser Vogel eine häßliche, sehr übel gestalltete Figur, und ist ungemein eckel, wegen einer beständig aus den Oefnungen der Nase, und noch aus zwo andern Speicheldrüsen des Schnabels heraus tröpfelnden Feuchtigkeit. Sein Kropf raget weit hervor, und wenn er sich auf der Erde befindet, hat er beständig die Flügel ausgespannet [51]). Kurz: dem Adler scheint er in keinem Stück, als in der Größe, ähnlich zu seyn: denn in Absicht der Grösse seines Körpers übertrift er noch den gemeinen Adler (No. II.), und kömmt dem grossen Adler (No. I.) ziemlich nahe; doch kann er seine kleinern Flügel nicht so weit, als diese, ausspannen.

Die Gattung des Geyeradlers kömmt sparsamer, als die andern Geyer vor. Doch wird er in den pyrenäischen Gebirgen, auf den Alpen und griechischen Gebirgen, aber beständig in sehr geringer Anzal, gefunden.

51) Diese Gewohnheit, immer ausgebreitete Flügel auf dem Lande zu haben, ist nicht blos dieser Gattung, sondern fast allen Geyern und einigen andern Raubvögeln eigen. A. d. V.

XV.

Tab. XVI.* Der Braunrothe Geyer. Pag. 193

Naturh. d. Vögel 1. T. Perrault.

XV.

Der braunrothe Geyer [51]).

Der Greif.

S. unsre XVIte Kupferplatte.

Die oft angeführte Herrn der Akademie der Wissenschaften haben diesem Vogel den Namen des Greifes (Griffon) beygelegt, um ihn von andern Vögeln zu unterscheiden [52]). Andere Naturkundige

P 3 wie

[51]) Der grau- oder braunrothe Geyer, mit kurzem, weißen Federbusch und Brustpalatin, voll ihren Schenkeln, zahnichter Zunge, (wovon er den Namen Vultur dentatus erhalten) und einer haarigen Höhle an der Brust. *Vautour Griffon.* Hallens Vögel. p. 190. n. 128. Fig. 10. Der Herren Perrault, Charras und Dodards Abh. zur Naturgesch. der Thiere und Pflanzen. II Th. p. 363. Tab. 89. *Griffon.* Der Greif. *Buff. Ornith.* Tom. I. p. 212. *Griffon* de MMrs. de l'Ac. des Scienc. *Vautour rouge* de Rzaczynsky. *Vautour jaune* de Will. & Ray *Briss. Aves.* Tom I. p. 133. n. 7. Ed. Paris. p. 462. Vultur fulvus. *Vautour fauve. Willughby* Ornith. p. 36 & *Ray Syn.* Av. p. 10. n. 7. Vultur fulvus noster Boetico Bellonii congener. *Rzacz.* Auct. Hist. Pol. p. 430. *Vultur ruber* seu lateritii coloris, magnitudinis mediae; interdum comparet in Prussia. *Cours d'Hist. Nat.* T. III. p. 225. n. 5. v. B. u. M.

[52]) Ich habe die Benennung des braunrothen Geyers angenommen, weil dieser Vogel nicht allein wirklich zu den Geyern

wie Rzaczynsky, haben ihn den rothen, oder den gelben, wie Ray und Willughby, noch andere, wie Brisson, den rothbraunen Geyer genennet. Weil aber keine dieser Benennungen eingültig und bestimmt genug zu seyn scheinet, haben wir ihnen den einfachen Namen des Greifen vorgezogen.

Dieser Vogel ist noch grösser, als der Geyeradler, weil die ausgespannte Flügel von einer Spitze zur andern acht Fuß ausmachen und sein Körper dicker und länger ist, als am grossen Adler (No. I.); besonders wenn man seine mehr, als einen Fuß lange Beine und seinen Hals von sieben Zoll darzu rechnet. Er ist, wie der Geyeradler (No. XIV.) unten am Halse mit einer Halskrause von weissen Federn gezieret und auf dem Kopf mit eben solchen Federn bedeckt, welche sich hinterwärts in einen kleinen Federbusch endigen, an dessen Seiten die ofnen Ohrenlöcher zu sehen sind. Am ganzen Hals wird man fast gar keine Federn gewahr. Die Augen stehen mit den Seitenflächen des Kopfs in gerader Linie und sind mit einem Paar grossen, gleich stark beweglichen und mit Augenwimpern besetzten Augenliedern versehen. Der Augenzirkel (Iris) ist angenehm orangenfarbig, der lange Schnabel stark gekrümmt, an der Spitze des Hakens und an der Wurzel schwarz, in der Mitte blaulich. Sein tiefliegender Kropf, oder eine

Geyern gehöret, und sich durch seine grau- oder braunrothe herrschende Farbe vor andern Geyern kennbar macht, sondern weil er auch dadurch leichter von dem unten beschriebenen Kondor unterschieden werden kann, den ich, nach dem Beyspiel der meisten Ornithologen, den Greif, oder Greifgeyer nennen werde. M..

eine tiefe Höhlung über dem Magen, deren ganze Vertiefung mit Haaren besezt ist, welche vom Umfang nach dem Mittelpunkte gerichtet sind, machen ihn besonders merkwürdig. Diese Höhlung nimmt gerade die Stelle des Kropfes ein, welcher hier weder vorraget, noch abwärts hänget, wie beym Geyeradler. Die Haut, welche auf dem Hals, um die Augen, um die Ohren u. s. w. ganz kahl erscheinet, ist gräulich braun und blaulich. Die grösten Schwungfedern haben bis zween Fuß in der Länge, und ihr Kiel mehr als einen Zoll im Umfange. Die Klauen sind schwärzlich, aber weder so groß, noch so stark gekrümmt, als an den Adlern.

Ich glaube, wie die Herrn der Akademie der Wissenschaften, daß der Greif wirklich des Aristoteles grosser Geyer sey [54]. Weil sie aber in diesem Fall ihre Meynung nicht mit Gründen unterstützen, und Aristoteles überhaupt nur zwo Gattungen oder Geschlechter von Geyern anführet, nämlich den kleinen weißlichen und den grossen, der in Ansehung der Form allerley Abänderungen leidet [55]; so scheinet wohl das Geschlecht grosser Geyer aus mehr Gattungen zu bestehen, die man alle mit gleichem Rechte darunter zählen darf. Der Geyeradler (No. XIV.) ist

54) Es kann seyn, heißt es in den oft angeführten Abhandl. zur Naturgesch. II B. S. 364, daß der Vogel, den wir beschreiben, und welcher der große Geyer des Aristoteles ist, insgemein Greif genennet wird, weil er einen sehr großen Vogel vorstellet.

55) *Vulturum duo genera* sunt, alterum *parvum* & albicantius, alterum majus, ac multiformius. *Aristot. Hist. Animal.* Lib. VIII. Cap. 3.

ist nur der einzige, den Aristoteles als eine besondere Gattung angegeben. Da er nun keinen einzigen von den andern grossen Geyern beschreibet, so könnte man wohl mit Recht einigen Zweifel hegen, ob der Greif und sein grosser Geyer wirklich einerley Vogel wären? Könnte man den gemeinen Geyer, der eben so groß und minder seltsam als der Greif ist, nicht eben so wohl für den grossen aristotelischen Geyer halten, und folglich den Herrn der Akademie einen Vorwurf darüber machen, daß sie eine so zweydeutige und ungewisse Sache für zuverläßig ausgegeben, ohne durch irgend einen Grund ein Vorgeben zu bestätigen, das doch nur blos zufällig wahr seyn und sonst durch nichts erwiesen werden konnte, als durch Ueberlegungen und Vergleichungen, die sie darüber anzustellen unterlassen hatten? Ich habe mir Mühe gegeben, diesem Fehler abzuhelfen, und will hier gleich die Gründe anzeigen, die mich in der Muthmassung bestärken, daß der Greif wirklich der grosse Geyer der Alten sey.

Die Gattung dieses Vogels scheint mir aus zwo Abänderungen zu bestehen; als 1) aus Brissons rothbraunen Geyer [56]) und 2) aus dem von den Naturforschern so genannten Goldgeyer [57]). Der Un-

56) S. *Briss. Av.* l. cit.

57) Der goldbrüstige Geyer, Goldgeyer. Hallens Vögel, p. 186. n. 124. Der Geyer mit goldgelbem Halse, Brust und Füßen. Goldgeyer. Vultur aureus *Alb. magni. Gesn. Raj. Will.* Kleins Vogelhist. p. 83. n. XXIII. Vultur alpinus, s. aureus *Gesn.* Vultur Boeticus vel Castaneus *Aldr. Johnst. Raj. Will. Charlet.* Moyen Vautour brun ou blanchâtre *Bel.* Engl. The *Golden Vulture.* *Briss.*

Unterschied beyder Vögel, wovon der erste den Greifen vorstellet, ist nicht so beträchtlich, daß man zwo von einander abgesonderte, ganz eigne Gattungen machen könnte; denn sie haben beyde nicht allein einerley Grösse, sondern auch fast gleiche Farben. Beyde haben in Vergleichung mit ihren sehr langen Flügeln, einen ziemlich kurzen Schwanz [58]), und werden durch diesen gemeinschaftlichen Charakter von andern Geyern leicht unterschieden. Diese Aehnlichkeiten haben schon andere Naturkundige vor mir so deutlich bemerket, daß einige den **rothbraunen Geyer** zu einem **Verwandten des Goldgeyers** zu machen für billig erachtet [59]).

Ich bin so gar nicht abgeneigt zu glauben, daß **Belons schwarzer Geyer** [60]) ebenfalls zum braun-

Briss. Av. I. p. 132. n. 5. Edit. Parif. p. 458. Vultur aureus. *Vautour doré. Cours d'Hist. Nat.* Tom. III. p. 235. n. 8. *Linn. S. Nat.* XII. p. 123. Vultur barbatus.

v. B. u. M.

58) Anm. Hr. Brisson hat seinem Goldgeyer seinen Schwanz von zween Fuß, drey Zoll, und seiner größten Schwungfeder nur eine Länge von drey Fuß beygelegt, welches mich zweifelhaft macht, ob es eben der Vogel seyn mögte, den andere Schriftsteller den Goldgeyer nennen, weil dieser, in Vergleichung mit seinen Flügeln, einen sehr kurzen Schwanz hat. A. d. V.

59) Vultur fulvus, *boetico congener. Raj.* Syn. Av. p. 10. n. 7. & *Willughby* Ornith. p. 36.

60) Der schwarze Geyer. *Briss. Aves.* Tom. I. p. 131. n. 4. Ed. Parif. p. 457. Vultur niger. Le *Vautour noir. Johnst. Will. Raj.* Vultur nigricans. *Charlet.* An vultur Percnopterus

braunrothen und Goldgeyer gehöre; denn er hat eben die Grösse und ist auf dem Rücken und auf den Flügeln eben so, wie der Goldgeyer gefärbet. Wenn wir also diese drey Abänderungen unter einer einzigen Gattung zusammen bringen, so wird unter den grossen Adlern der Greif am wenigsten seltsam und zugleich derjenige seyn, dessen Aristoteles besonders Erwähnung gethan. Diese Muthmassung wird noch wahrscheinlicher dadurch, daß Bellonius versichert, man bemerke den grossen schwarzen Geyer häufig in Egypten, in Arabien und auf den Inseln des Archipelagus, und daß er folglich in Griechenland sehr bekannt seyn muß. Dem sey übrigens, wie ihm wolle, so können, meines Erachtens, alle grosse Geyer in Europa bis auf vier Gattungen eingeschränket werden, nämlich

1) auf den Geyeradler (No. XIV.)

2) auf den hier beschriebenen Greif oder braunrothen Geyer,

3) auf den im folgenden Artikel zu (No. XVI.) beschreibenden grossen Geyer, und

4) auf den geschopften Hasengeyer (No. XVII.), die alle genugsam von einander unterschieden sind, um so viel ganz eigne und besondere Gattungen auszumachen.

Die Herrn der Akademie der Wissenschaften, welche zween weibliche Geyer zergliedert haben, merken ganz

pterus americanus totus niger? *Barr.* Vautour noir de Belon. *Cours d'Hist. Nat.* T. III. p. 224. n. 3. Vautour aux Lievres. Engl. Swarthy-Vulture. *Linn. S.* N. Ed. XII. p. 123. *Vultur Percnopterus.* M . . .

ganz richtig an, daß der Schnabel verhältnißmäßig länger, aber nicht so krumm, als bey den Adlern, auch nur an seinem Ursprung und an der Spitze schwarz, in der Mitte hingegen bläulich grau ist. Der Oberschnabel, sagen sie ferner, hat oben an jeder Seite gleichsam eine Kerbe oder einen hohlen Streif; diese Kerben enthielten die schneidenden Ränder des untern Schnabels und diese Ränder lagen, wenn der Schnabel geschlossen war, zwischen zween andern schneidenden Rändern, welche die Seiten einer jeden Kerbe ausmachten. Zwischen diesen beyden Kerben, gegen den Anfang des Schnabels, war eine runde Erhöhung, an deren Seiten sich zwey kleine Löcher wahrnehmen ließen, wodurch die Speichelgänge sich ergossen. In der Grundfläche des Schnabels befinden sich die Nasenlöcher, sechs Linien lang, zwo Linien breit, und gehen von oben nach unten, wodurch die äussern Theile der Werkzeuge des Geruchs bey diesen Vögeln eine sehr ansehnliche Weite bekommen. Ihre Zunge ist hart und knorpelartig. Am Ende macht sie gleichsam einen halben Kanal, ihre beyden Seiten aber sind nach oben erhöhet. Diese Seiten sind mit einem noch härtern Rand versehen, als das Uebrige der Zunge, die gleichsam eine Säge von lauter Spitzen ausmachte, die nach der Kehle zu gekehret waren.

Der Schlund erweitert sich unterwärts und bildet einen starken Höcker, der ein wenig unter der Verengerung des Schlundes hängt, bevor er in den Magen geht. Dieser Höcker ist vom Kropf der Hüner nur darinn unterschieden, daß er mit einer grossen Menge von Gefässen besäet war, die so wohl um ihrer Stärke und Farbe willen, als auch deswegen ungemein

mein deutlich in die Augen fallen, weil das Häutchen der Tasche sehr weiß, und ganz durchsichtig erscheinet [61]).

Der Magen ist weder so dick, noch eben so hart, als bey den Hünern, und sein fleischiger Theil nicht so roth, als an andern Vogelmagens, sondern weiß, wie andere Magens. Die Gedärme und beyde Blinddärme sind klein, wie bey allen andern Raubvögeln. Der Eyerstock ist bey ihnen, wie gewöhnlich; der Eyergang hin und wieder gebogen, wie bey den Hünern, und nicht so gerade und gleich, als bey vielen andern Vögeln [62]).

Wenn wir diese Bemerkungen von den innern Theilen der Geyer mit jenen Beobachtungen zusammen halten, welche diese Zergliederer unsrer Akademie der Wissenschaften von den Adlern aufgezeichnet haben,

[61]) Aus dem, was hier die Herren der Akademie der Wissenschaften erzählen, sollte man schlüßen, der braunrothe Geyer, oder Greif müsse wohl einen hervorstehenden Kropf haben. Ich bin aber, als ein Augenzeuge, vom Gegentheil hinlänglich überführet. Aeußerlich ist allemal eine starke Vertiefung an der Stelle, wo der Kropf liegen sollte, zu sehen. Daraus folgt aber nicht, daß innwendig kein Höcker und Erweiterung in diesem Theil des Schlundes befindlich seyn könnte, wodurch die Haut eben dieser Höhlung, wenn sich das Thier vollkommen satt gefressen hat, sich zu erheben und auszufüllen vermag.

A. d. V.

[62]) S. die angef. Abhandl. aus der Naturgesch. IIter Theil, p. 368 — 370. oder Memoires pour servir à l'Hist. des animaux. Part. III. Art. Griffon.

ben, so werden wir leicht einsehen, daß die Geyer, ob sie sich gleich, wie die Adler, von Fleische nähren, doch an ihren Verdauungswerkzeugen anders gebildet und in dieser Absicht so wohl den Hünern, als andern kornfressenden Vögeln viel ähnlicher sind, weil sie einen Kropf und einen Magen haben, den man, um seines dicken Grundes willen, fur einen halb vesten Magen (Demi-Gesier) halten könnte. Die Geyer scheinen also, ihrer Bildung nach, so eingerichtet zu seyn, daß sie nicht allein Fleisch, sondern auch Körner und im Nothfall alles, was ihnen vorkömmt, fressen können.

XVI.

Der grosse, gemeine Geyer [63]).

S. die 425te illumin. Platte und unsre XVIIte Kupfertafel.

Der schlechtweg so genannte Geyer, oder grosse Geyer ist eben der Vogel, den Bellonius im uneigentlichen Verstande den grossen aschfarbigen, fast alle Naturforscher aber nach ihm, den aschfarbigen Geyer nannten, ob er gleich mehr schwarz, als aschfarbig aussiehet. Er ist dicker und grösser, als der gemeine Adler (No. II.), aber etwas kleiner, als der braunrothe Geyer (No. XV.), von welchem er leicht unterschieden werden kann, 1) durch seinen Hals

63) Der große, oder gemeine Geyer. Der graue Geyer. Graue Weyhe. Kleins Vögelhist. p. 84. n. IV. Vultur cinereus Auctorum. *Ashcoloured Vultur.* Id. Vultur. *Gesn. Aldrov. Schwenkf. Johnst. Will. Charlet. Rzac. Moehr.* Vultur cinereus. *Aldrov. Av.* Tom. I. p. 235 und 271. *Raj. Syn. Av.* p. 9. n. 1. *Willughby* Orn. p. 35. n. 1. *Klein* Ordo Av. p. 44. n. 4. *Charl.* Onomast. p. 64. n. 2. *Rzaczynsky* Auct. H. Nat. Pol. p. 430. Le grand Vautour cendré. *Belon.* Hist. Nat. des Ois. p. 83 auec une figure. *Brisson.* Aves. Tom. I. p. 130. Ed. Paris. p. 453. Vultur. Vautour. *Buff.* Orn. I. p. 221. Le Vautour ou Grand Vautour. *Cours d' Hist. Nat.* Tom. III. p. 222. Engl. *Geir. Vulture.* Span. *Buyetre.* Ital. *Avoltorino.* Pohln. *Sep.* Griech. γύψ. Arab. *Racham. Rocham.*

v. B. u. M.

Tab. XVII. Der grosse gemeine Geyer. Pag. 202.

Büff. Naturh. d. Vögel I. T. Büff. fol.

Hals, der mit weit långern und håufigern Pflaumfedern bedeckt und eben so, wie die Federn des Rückens, gefårbt ist. 2) Durch eine Art eines weissen Halszierraths, der von beyden Seiten des Kopfs bis auf den untern Theil des Halses, in zween langen Zweigen, herabfållt und von jeder Seite zugleich einen schwårzlichen Raum einfasset, unter welchem ein gerades weisses Halsband (als eine wahre Zierde des Vogels) erscheinet; 3) durch die Beine, welche hier mit braunen Federn bedeckt, am Greif aber gelblich, oder weißlich sind; endlich aber 4) an den Krallen, die am gemeinen Geyer eine gelbe [64]), am vorigen aber eine braune oder graue Farbe haben.

[64]) Anm. Herr v. Büffon hat in der kleinen Ausgabe seiner Vögelgeschichte beym großen Geyer seine fünfte, zugleich aber aus dem großen Werke die 425te Platte angeführet. Die Beschreibung selbst paßt, in Ansehung der Halszierrathe, blos auf die lezte, da hingegen die gelbe Farbe der Krallen auf der illuminirten Kupfertafel hell rosenroth, wie der hintere Theil des Schnabels, ausgedruckt, und von der Beschaffenheit seines Geyers auf der 5ten kleinen Platte gar nichts gesagt ist. Wir haben uns daher genöthigt gesehen, die 425te kopiren zu lassen. M.

XVII.

Der Hasengeyer. [65]

Dieser Geyer ist nicht so groß, als die drey ersten, aber doch groß genug, unter die Zahl der grossen Geyer gesetzet zu werden. Gesner [66]), der unter allen Vogelkennern die meisten dieser Art gesehen, hat alles aufgeschrieben, was man von diesem Geyer Bemerkungswürdiges weis. „Der Geyer, sagt er, welcher bey den Deutschen der Hasengeyer heisset, hat einen schwarzen, am Ende gekrümmten Schnabel, häßliche Augen, einen grossen starken Körper, breite Flügel, einen langen und geraden Schwanz, schwarzröthliche Federn, und gelbe Füsse. Wenn er sich ausruhet, und auf der Erde, oder auf Höhen sitzet, sträubt er die Federn am Kopf in die Höhe, die alsdann gleichsam zwey Hörner bilden, von welchen man aber im Fluge nichts wahrnehmen kann. Die

65) Der Hasengeyer mit dem Federbusch, den er im Affekte aufrichtet. Hallens Vögel. p. 189. n. 126. Der Hasengeyer. Gänseaar. Kleins Vogelhist. p. 83. n. II. Aasgeyer. Gesn. Vultur leporarius. *Johnst.* Tab. VI. *Charlet. Schwenkf. Aldrov. Will. Raj. Rzac. Klein. Brisson.* Av. Tom. I. p. 132. Edit. Par. p. 460. Vultur cristatus. Vautour hupé. *Buff.* l. c. p. 223. Vautour à aigrettes ou aux Lievres. *Cours d' Hist. Nat.* Tom. III. p. 224. n. 4. Engl. *Harecatching Vulture.* v. B. u. M.

66) *Gesn. Av.* p. 782.

Die ausgebreiteten Flügel haben beynahe sechs Fuß im Durchmesser. Er hat einen starken Gang, und macht Schritte von funfzehn Zoll in der Länge. Alle Arten von Vögeln sind seiner Nachstellung ausgesetzt, und für ihn eine sichere Beute. Sogar Hasen, Kaninchen, junge Füchse, und kleine Hirschkälber, gehören unter die Gegenstände seines Raubes. Vor seiner Freßbegierde können auch die Fische nicht sicher bleiben. Seine Wildheit ist auf keine Weise zu bändigen. Er pfleget seinen Raub nicht allein im Fluge zu verfolgen, indem er vom Gipfel eines Baums, oder von der Spitze eines erhabenen Felsens herabschiesset, sondern auch im Laufe. Sein Flug ist mit grossem Geräusche begleitet. Er horstet in dicken, einsamen Wäldern, auf den erhabensten Bäumen, und frißt von Fleisch und Eingeweiden sowohl noch lebender, als todter Thiere. So gefräßig er indessen immer seyn mag, kann er doch, ohne Lebensgefahr, eine vierzehn tägige Fastenzeit aushalten.

In Elsaß fieng man im Jenner des Jahres 1513. zween solcher Vögel, und im folgenden Jahre traf man wieder einige in einem Nest an, das auf einem dicken, sehr hohen Eichbaum, nicht weit von der Stadt Misen, erbauet worden.

Alle grosse Geyer, als der Geyeradler (No. XIV), der rothbraune Geyer oder Greif (No XV), der gemeine grosse Geyer (No. XVI), und Hasengeyer, pflegen blos einmal des Jahres und nur wenige Jungen hervorzubringen. Aristoteles versichert, sie legten gemeiniglich nur ein Ey, und höchstens zwey 67). Sie horsten an so erhabenen, und unzugänglichen Oertern, daß man höchst selten einen derselben antrift. Man darf ihn auch nirgends, als auf hohen und wüsten Bergen aufsuchen 68). Die Geyer lieben dergleichen Oerter vorzüglich; so lange die schöne Jahreszeit währet. So bald aber Schnee und Eis die Gipfel der Berge zu decken anfangen, sieht man sie von ihren Höhen auf die Ebenen herabkommen, und ihre Wanderschaft im Winter nach der Seite der wärmern Länder antreten. Denn es scheint, als ob die Geyer den Frost mehr, als die meisten Adler fürchteten. Die nördlichen Länder, werden sparsam von ihnen besucht. Man sollte sogar glauben, daß nach Schweden und jenseit Schweden, gar

67) Rupibus inaccessis parit, neque locorum plurium incola avis haec est; edit non plus, quam unum aut duo complurimum. *Arist. Hist. Anim.* Lib. IX. Cap. II.

68 Anmerk. des V. Ueberhaupt pflegt keiner von den Geyern und Adlern, die auf Inseln, oder andern an der See gelegenen Ländern sich aufhalten, auf Bäumen, sondern allemal auf steilen Felsen und unzugänglichen Oertern zu horsten; daher man sie auch nur von der See beobachten kann, wenn man sich eben auf einem Schiffe befindet. S. *Observations de Belon* von S. 10 bis 14. Dapper behauptet eben dieses, und sezt noch hinzu, daß man die Absicht, ihre Jungen, oder Eyer auszunehmen, anders nicht erreichen kann, als wenn man einen langen Strik an einem dicken Pfahl bevestigt, welcher auf dem Gipfel eines Berges in der Erde tief und vest eingerammt ist, von welchem sich hernach ein Mensch am Seil, bis zum Nest, herablassen, und einen Korb mitnehmen muß, worein er die Jungen, und die Eyer legen kann. Wenn dieses geschehen ist, wird er mit seinem Raub wieder in die Höhe gezogen. S. *Description des Isles de l'Archipel* par *Dapper*. p. 460.

gar keine Geyer kämen, weil Herr von Linné in seinem Verzeichniß der schwedischen Vögel [69]), ihrer gar nicht gedenket. Indessen werden wir, im folgenden Artickel, einen Geyer, der uns aus Norwegen zugeschickt worden, beschreiben; ob es gleich darum nicht weniger ausgemacht ist, daß eben diese Vögel sich häufiger in den warmen Himmelsstrichen, als in Egypten [70]), Arabien, auf den Inseln des Archipelagus, und in vielen andern afrikanischen und asiatischen Provinzen aufhalten. Man macht sogar daselbst häufigen Gebrauch von den Geyerhäuten, weil ihr Leder fast eben so dick, als junge Ziegenfelle, zu seyn pfleget. Es ist mit sehr feinen, dichten und warmen Pflaumenfedern bedecket, wovon man vorzüglich schönes Pelzwerk machen kann [71]).

69) S. *Linn. Faun. Suec.* 1761. p. 19 &c.

70) Da wir in Egypten, und in den Ebenen der Wüsten Arabiens uns aufhielten, haben wir bemerkt, daß es daselbst viele und große Geyer gebe. S. *Belon Hist. Nat. des Oiseaux.* p. 84.

71) Die kretische, und andre in Gebirgen wohnende Bauern verschiedener Länder in Egypten, und im wüsten Arabien, bemühen sich, die Geyer auf allerley Art einzufangen. Sie bringen sie alsdann um, und verkaufen die Häute den Kürschnern. . . Ihr Fell ist fast eben so dick, als ein junges Ziegenfell. . . Die Kürschner wissen die dicksten Federn geschickt aus den Geyerhäuten auszurupfen. Die unter denselben verborgne Pflaumfedern lassen sie daran sitzen, und bereiten sie ordentlich zu einem Pelzwerk, das ihnen große Geldsummen einbringet. In Frankreich bedienet man sich desselben besonders, um es über den Ma-

Uebrigens scheint mir der schwartze Geyer, (S. No. XV.) den Bellonius in Egypten so häufig angetroffen, von eben der Gattung, als der gemeine große, oder aschgraue Geyer zu seyn, und beyde können wohl nicht, wie einige Naturforscher, als Brisson l. c. gethan, von einander getrennet werden, da Bellonius, welcher sie doch nur allein beschrieben, selbst beyde zusammen läßt, und von den aschfarbigen und schwarzen Geyern so

gen zu legen, und ihn zu erwärmen. Wer in Kairo die ausgelegten Kaufmannswaren in Augenschein zu nehmen Gelegenheit hätte, der würde die schönste seidne Kleidungsstücken sowohl mit schwarzen, als weißen Geyerhäuten ausgefüttert finden. Id. Ebend. p. 83. 84. . . Auf der Insel Cypern giebt es eine große Menge Geyer. An Größe pflegen sie den Schwanen gleich zu kommen, und einem Adler sehr ähnlich zu seyn, weil ihre Flügel und Rücken mit eben solchen Federn bedeckt sind. Ihr Hals ist voller Pflaumfedern, die sich eben so weich, als das feinste Pelzwerk, anfühlen lassen. Die ganze Haut ist so dichte mit solchen Dunen besetzt, daß die Einwohner der Insel sie auf die Brust, und vor den Magen legen, um die Verdauung zu befördern. Außerdem haben diese Vögel einen Federbusch unter dem Hals, und sehr dicke, starke Beine . . . Sie nähren sich blos von Aas, und füllen sich dermaßen mit Luder an, daß sie oft auf einmal so viel verschlucken, als zu einer vierzehntägigen Sättigung nöthig war . . . Wenn sie eben so mit ihrer Aezung ausgestopfet sind, können sie nicht leicht von der Erde sich empor schwingen. Das ist also der beste Zeitpunkt, in welchem sie am bequemsten geschossen, oder getödtet werden können. Zu solcher Zeit sind sie bisweilen so schwer, daß man sie mit Hunden hetzen, und mit Steinen, oder Stöcken todt werfen, oder schlagen kann. S. *Description de l' Archipel. par Dapper* p. 50. A. d. V.

so schreibt, als ob sie beyde die Gattung des großen, oder, schlechtweg sogenannten Geyers ausmachten. Es ist also wahrscheinlich, daß es wirklich schwarze, wie der auf der XVIIten Kupferplatte, und auch aschfarbige Vögel dieser Art, geben kann, von welchen letztern wir aber noch keinen gesehen.

Es verhält sich mit dem schwarzen Geyer, wie mit dem schwarzen Adler (N. II). Beyde sind von der gemeinen Art der Geyer und Adler. Aristoteles hatte recht, als er sagte, das ganze Geschlecht großer Geyer hätte mancherley Abänderungen; denn es in der That aus drey Gattungen, dem braunrothen Geyer, oder Greif (No. XV.), dem großen (No. XVI.), und dem Hasengeyer zusammengesezt, ohne den Geyeradler (N. XIV.) mit in den Anschlag zu bringen, von welchem Aristoteles glaubte, daß er von den Geyern abgesondert, und den Adlern beygesellet werden müßte. Mit dem kleinen Geyer, den wir gleich beschreiben wollen, hat es eben die Beschaffenheit. Er scheint mir die einzige in Europa bekannte Gattung auszumachen. Der benannte Weltweise hat also nicht ohne Grund behauptet, das Geschlecht des großen Geyers erscheine unter allerley Gestallten, oder es enthielt mehr Gattungen, als das Geschlecht des kleinen Geyers.

XVIII.

Der kleine Geyer [72]).

Man sehe die 409te illuminirte Platte [73]).

Es ist uns nichts mehr übrig, als noch etwas von den kleinen Geyern zu sagen, die wir von den großen, die bisher beschrieben worden, als vom Geyer.

72) Der kleine Geyer. Der norrwegische Geyer, weil ihn Hr. v. Büffon aus Norrwegen erhalten. Der kleine weißköpfige Geyer. Der weiße Geyer. Hünerweihe. Der weiße Hüneraar. Vultur albicans. Kleins Vogelh. p. 84. V. Schlesisch. Der Grimmer. Vultur albicans. *Johnst. Charl. Will. Raj.* Vultur leucocephalus. *Schwenkf.* Av. Siles. p. 375 Vultur albo capite. *Raac. Brisson.* Av. T. I. p. 134. n. 9. Ed. Par. p 466. Vultur leucocephalus. Vautour à tête blanche. Engl. Whitish Vulture. *Buffon* Ornith. 8vo. Tom. I. p. 230. Le *petit Vautour*. Vautour de Norrwege. *Cours d'Hist. Nat.* T. III. p. 225. n. 6. *Linn. Syst. Nat.* XII. p. 123. n. 7. *Vultur Percnopterus.* M . . .

73) Die Zahl der angezeigten Platte muß ohnstreitig verdrukt seyn, weil unter dieser Nummer, statt eines Geyers, ein entenartiger Wasservogel, wie unser Maler versichert, vorgestellet ist. Da ich das große Werk nicht selbst besitze, um den eigentlichen kleinen Geyer darinn aufzusuchen, haben wir die Vorstellung desselben gänzlich weglassen müssen. M . . .

Tab. XVII.[b] Norwegischer Geyer. S. 210

v. Büff. Vögel IB Büff. fol. 427

Geyeradler (N. XIV.), vom braunrothen Geyer (XV.), vom großen (XVI.), und vom Hasengeyer (XVII.) nicht allein in der Größe, sondern auch durch andere besondere Merkmale unterschieden zu seyn scheinen. Aristoteles hat, wie schon erinnert worden, mehr nicht, als eine Gattung; unsre neue Methodisten aber drey Gattungen daraus gemacht, nämlich 1) den braunen, 2) den egyptischen, und 3) den weißköpfigen Geyer. Dieser letzte ist einer der kleinsten, und scheinet wirklich eine von den beyden ersten unterschiedene Gattung zu seyn; denn er ist unten an den Beinen und an den Füßen ganz von Federn entblößet, die beyden andern hingegen haben stark mit Federn bedekte Beine und Füße. Wahrscheinlicher Weise stellet eben dieser weißköpfige Geyer, den kleinen weißen Geyer der Alten vor, der sich am häufigsten in Arabien, Egypten, Griechenland, in Deutschland, und sogar in Norrwegen aufhält, woher wir den unsrigen erhalten. Man hat hierbey zu merken, daß er am Kopf, und unten am Hals keine Federn hat, und an diesen Theilen röthlich aussiehet, übrigens aber fast allenthalben weiß ist, bis auf die schwarze Schwungfedern der Flügel. An diesen Unterscheidungsmerkmalen ist er mehr als zu deutlich zu erkennen 74).

Von den andern Gattungen kleiner Geyer, die Herr Brisson unter den Benennungen des

74) Dieser Vogel, sagt Schwenkfeld, welcher in Schlesien Grimmer heißt, ist mit einer sehr breiten Zunge, mit einem dicken, faltigen Magen, und einer sehr grossen Gallenblase versehen. S. dessen *Av. Siles.* p. 376.

A. d. V.

des braunen 75) und egyptischen Geyers 76) angezeigt hat, muß, meines Erachtens, der zweete ganz abgesondert werden, weil der egyptische Geyer, nach der Beschreibung, die Bellonius 77) allein von ihm geliefert, kein Geyer ist, sondern zu einem andern Vogelgeschlecht gehöret, welchem er die Benennung des egyptischen geheiligten Vogels (Sacre egyptien), oder des egyptischen Erdgeyers ertheilet. Folglich bleibt uns nur noch der braune Geyer übrig, von welchem ich offenherzig bekennen muß, daß ich den Grund nicht einsehen kann, warum ihn Hr. Brisson zu Gesners *Aquila heteropede*, oder zum Adler mit zweyerley Füßen hat rechnen können. Mir scheint es vielmehr nöthig zu seyn, diesen Vogel, an statt einen Geyer aus ihm zu machen, lieber gar aus der Liste der Vögel zu vertilgen, weil sein wirkliches Daseyn gar noch nicht erwiesen ist. Kein einziger Naturforscher hat ihn gesehen. Selbst Gesner 78), der seiner allein gedenket, und welchen die andere Naturforscher (als Aldrov. Johnston, Charleton rc.) blos

75) Der braune, oder Malthesergeyer. *Briss. Av.* I. p. 130. n. 2. Ed Paris. p. 455. Vultur fuscus, Vautour brun. Aquila heteropus. *Gesn. Aldrov.* Av. Tom. I. p. 232. *Johnst. Charl.* Exerc. p. 71. Percnopterus cucullatus, fuscus, punctis nigris. *Barr.* Falco capite nudo fuscus. *Linn.* S. N. Ed VI. Gen. 36. sp. 2. *Cours d'Hist. Nat.* Tom. III. p. 224. n. 2. S. unten XIX. Artikel.

M . . .

76) S. unten XXter Artikel vom egyptischen Erdgeyer.

77) *Sacre egyptien:* Hierax im Griech. Accipiter aegyptius im Lat. rc. *Belon. Hist. Nat. des Oiseaux* p. 110 und 111.

v. B.

78) Aquila heteropode. *Gesn. Av.* p. 207.

blos ausgeschrieben, hatte blos eine Zeichnung davon, die er stechen ließ, und deren Figur er unter die Adler, aber nicht unter die Geyer sezte. Die Benennung des Adlers mit zweyerley Füßen, die er ihm beyleget, ist ebenfalls nur von der Zeichnung hergenommen, in welcher das eine Bein dieses Vogels blau, das andere hingegen weißlich braun gemahlet war. Er gestehet sogar selbst, er habe von dieser Gattung keine sichere Nachrichten einziehen können, und sich in allem, was er davon gesagt, auch in der Benennung, blos auf die Zuverläßigkeit seiner Abbildung verlassen müssen. Soll man also wohl einen Geyer, oder einen Adler aus einem Vogel machen, der von einem ganz unbekannten Menschen gemahlet, und nach diesem unvollkommnen Gemälde benennet worden; den schon die Verschiedenheit in der Farbe seiner Beine selbst, als ein untergeschobnes Gemälde zu verrathen scheinet, den endlich niemand von allen denjenigen gesehen, die von ihm schreiben? Darf man wohl in seine Wirklichkeit einiges Zutrauen setzen? Nichts kann willkührlicher seyn, als der Einfall, ihn, mit dem braunen Geyer, unter einerley Gattung zu bringen.

Uebrigens haben wir den wirklich vorhandnen Vogel, welcher dem erdichteten Adler mit zweyerley Füßen gar nichts angehet, auf der 427ten unsrer illuminirten Kupferplatten vorgestellet, und selbigen, da wir ihn sowohl aus Afrika, als aus der Insel Maltha zugeschickt bekommen, für den folgenden Artikel der fremden, den Geyern ähnlichen Vögel, aufbehalten.

Fremde Vögel, welche mit den Geyern einige Verwandschaft haben.

XIX.

Der braune oder Malthesergeyer.

S. die 427te illuminirte und unsre XVIIIte Kupfertafel.

Dieser Vogel, den wir aus Afrika, und von der Insel Maltha, unter dem Namen des braunen Geyers erhalten, und wovon wir schon im vorigen Artikel geredet haben [79]), macht eine besondre Abänderung, oder Gattung im Geschlechte der Geyer aus, und muß, da er in Europa nirgends anzutreffen ist, als ein eigenthümlicher Vogel des afrikanischen Himmelsstriches [80]), besonders der Länder betrachtet

79) S. die Anm. No. 75. p. 212.

80) In Ansehung der Dicke seines Körpers, sagt Hr. Brisson l. c. hält der braune Geyer das Mittel zwischen einem Phasan und einem Pfau. Seine ganze Länge beträgt etwa

Büff. Naturh. d. Vögel 1. T. Buff. fol.

trachtet werden, die nahe am mittelländischen Meere liegen.

etwa zween Fuß, und sechs Linien, die Länge des Schnabels zween Zoll, und sechs Linien, des Schwanzes aber neun Zoll. Die mittlere Vorderkralle hat, mit ihrem Fänger gerechnet, zween Zoll, und zehn Linien. Die innwendige Vorderkralle ist etwas kürzer, die auswendige noch kürzer, die hintere so lang, als die äußere Vorderkralle. Die zusammengelegte Flügel bedecken ohngefähr drey Viertel von der Länge des Schwanzes. Der Schnabel ist vorne schwarz, die Klauen ebenfalls, die Füße gelblich. Die Muthmaßung des Hrn. Brisson, daß er in Europa zu Hause gehöre, hat Hr. von Büffon hinlänglich widerleget, aus dessen illuminirter Abbildung wir noch hinzufügen, daß der Schnabel in der Mitte, und am Rande des Unterschnabels gelb, der Augenring orangenfarbig, die Schwanzfedern aber unten weiß gezeichnet sind. M . . .

XX.

Der egyptische Erdgeyer [81]).

Der egyptische geheiligte Vogel des Bellonius, welchen der D. Shaw *Achbobba* nennet, ist auf den sandigen Wüsten, bey den egyptischen Pyramiden, heerdenweise zu sehen. Er bringt seine meiste Zeit auf der Erde zu. Alle Arten verdorbnes Fleisch sind für ihn, wie für die meisten Geyer, ein schmackhaftes Gericht. „Er ist, wie Bellonius „erzählet, ein schmutziger, unbelebter Vogel. Wer „sich in Gedanken einen Vogel vorstellet, der so gut, „als

81) Der geheiligte Vogel der Egyptier. Egyptischer Erdgeyer. Der egyptische Bergfalke. Hallens Vögel. p. 186. n. 125. Chapon de Pharaon, ou de Mahomed. Hasselquist. Auf türkisch: Safran Bacha, von seinem gelben nakten Kopf. *Belon Hist. Nat. des Ois.* p. 110 und 111. avec Fig. Sacré d'Egypte. Hierax, Accipiter aegyptius. *Briss. Av.* Tom. I. p. 131. n. 3. Vultur aegyptius. Le Vautour d'Egypte. Sacer aegyptius *Bell. Johnst.* Achbobba, *Shaw.* Arab. *Rachaeme*, oder Rokhome, welches ohngefähr so viel bedeutet, als weiß, wie Marmor. Vultur Percnopterus capite nudo, gulâ plumulosâ. Hasselqu. Reise. p. m. 286 — 289. Abhandl. d. schwed. Akad. der Wissensch. XIII. B. p. 203. Falco montanus aegyptiacus. *Cours d'Hist. Nat.* T. III. p. 225. n. 1. *Linn. S. N.* XII. p. 123. n. 7. *Vultur Percnopterus.*

M...

„ als ein Hünergeyer, bey Leibe ist, und ein am „ Ende sein gekrümmtes Mittelding von Schnabel, „ zwischen dem Schnabel eines Raben, und eines „ Raubvogels, Beine, Füße und einen Gang, nach „ Art eines Raben, hat, dessen Vorstellung kömmt „ am besten mit unserm Vogel überein, der in „ Egypten sehr gemein, anderwärts aber seltsam „ ist, ob es gleich auch in Syrien einige giebt, und „ mir auch in Karamanien einige zu Gesichte ge„ kommen sind." Uebrigens entdeckt man allerley Abwechselungen der Farben an diesem Vogel, der, nach Bellonius Muthmaßung, der *Hierax*, oder *accipiter aegyptius* des Herodotus ist, und bey den alten Egyptiern so sehr, als der Ibis, verehret wurde, weil sie beyde die Schlangen, und andre unreine Thiere vertilgen, die Egypten verunreinigen [82]. „ Bey Kairo, heißt es beym D. Shaw [83], fanden „ wir ganze Heerden von *Achbobbas*, die sich, wie „ unsre Raben, von Aase nährten . . . Vielleicht „ ist es der egyptische Sperber, von welchem „ Strabo saget, er sey, wider die gewöhnliche Art „ solcher Vögel, nicht sonderlich wild; denn der *Ach-*

82) S. *Belon.* Hist. Nat. des Oiseaux p. 110. 111. mit einer Figur, woraus man sehen kann, daß der Schnabel einem Adler- oder Sperberschnabel viel ähnlicher siehet, als einem Geyerschnabel. Indessen kann man wohl vermuthen, daß in der Figur dieser Theil schlecht vorgestellet ist, weil der Verfasser in seiner Beschreibung saget, der Schnabel halte das Mittel zwischen dem Schnabel eines Raben, und eines Raubvogels, und wäre am Ende gekrümmet, wodurch die Form eines Geyerschnabels deutlich angezeiget wird. A. d. V.

83) *Voyage de Shaw.* Tom. II. p. 9 und 92.

„ *Achbobba* gehört unter die Vögel, die niemanden „ etwas zuwider thun, und bey den Mahometanern „ heilig, und sehr in Ehren gehalten werden. Der „ Bacha giebt aus diesem Grunde täglich zween „ Ochsen zu ihrer Fütterung her, welches noch ein „ Ueberbleibsel des alten egyptischen Aberglaubens zu „ seyn scheinet.“ Eben diesen Vogel mennet Paul Lukas[84]), wenn er sagt: „ Man findet noch iezt „ in Egypten solche Sperbers, die man ehemals, „ wie den Ibis, göttlich verehret hat. Es ist ein „ Raubvogel, so groß, wie ein Rabe, dessen Kopf „ einem Geyerkopf, die Federn aber den Falkenfe„ dern gleich sehen. Die Prediger des Landes wu„ sten durch das Sinnbild eines dergleichen Vogels „ große Geheimniße vorzustellen. Sie ließen ihn auf „ ihren Spitzsäulen, und auf den Mauern ihrer Tempel „ aushauen, um die Sonne dadurch anzudeuten. Die „ Lebhaftigkeit seiner Augen, die er beständig nach „ diesem Gestirne richtet, sein schneller Flug, seine „ lange Dauer des Lebens, alles schien ihnen ge„ schickt, ein Sinnbild der Sonne vorzustel„ len. u. s. w.“ Uebrigens mag dieser noch nicht genug beschriebene Vogel wohl eben der brasilianische Geyer seyn, den wir im XXIIten Artikel beschrieben haben.

84) Voyage de *Paul Lucas*. Tom. III. p. 204.

Anhang.

Anhang.

Wenn Hr. von Büffon glaubt, dieser Vogel sey noch nicht so deutlich, als man wünschen könnte, beschrieben; so hat ihm vielleicht eine Abneigung, die er hin und wieder in seinen Schriften gegen die Schüler des nordischen Plinius, und besonders gegen Hrn. Haßelquist äußert, nicht erlaubt, in den Abhandl. der schwed. Akad. der Wissenschaften l. cit. die Haßelquistische Beschreibung desselben ausführlich nachzulesen, der unter seinem egyptischen Bergfalken unstreitig keinen andern, als unsern geheiligten Vogel der Egyptier andeuten wollen. Da ich mit Recht voraussezen darf, daß kaum der dritte Theil unsrer Leser die Abhandl. der schwed. Akad. besitzen mögte, will ich das Vorzüglichste der Haßelquistischen Beschreibung, in Ermangelung einer genauen Abbildung, hier mit beyfügen.

Der Kopf des egyptischen Bergfalken, sagt Hr. Haßelquist, hänget niederwärts, und hat beynahe die Gestallt eines Dreyecks. Oben bis über den Scheitel ist er platt, an den Seiten, hinten um die Augen etwas rund, vorne, vor und unter den Augen zeiget sich eine länglichte, tiefe und breite Grube. Uebrigens ist er völlig kahl und runzlicht; nur längs über die Scheitel geht eine ungleiche Reihe weniger haarförmiger Federn, die am Kinne häufiger vorkommen. Am Ende des Schnabels zeigen sich vor den Augen, längs hin einige steiffe Haare. Die

Augen

Augen befinden sich näher am Schnabel, als am Ende des Kopfs, und stehen ziemlich weit aus dem Kopf heraus. Die Augäpfel sind groß und schwarz; der Augenring, der fast gar nicht erscheinet, weil er von den Augenliedern bedeckt wird, ist weiß, die Augenlieder selbst sind beweglich, und können auf- und niedergezogen werden. Auf den Augenbraunen sitzen tiefe, am innern Ende dicke, am äußern spitzige Haare. Die Ohren sind an den Seiten des Kopfes, bey dessen Ende mit großen Oefnungen, und einer freyen, doppelt liegenden Haut umgeben, und ganz kahl, bis auf den äußersten Rand, der mit weichen Haaren besetzet ist. Er hat einen großen, starken länglichten, oder cylindrischen, an der Spitze zusammengebogenen, sehr krummen Schnabel. Seine Krümmung wird vom obern Schnabel gebildet, welcher ungleich länger ist, als der untere. Die zitrongelbe Schnabelhaut (*Cera*) erstrecket sich vom hintersten Theile des Schnabels über die Nasenlöcher hervor, und pfleget also mehr, als die Hälfte des Schnabels zu bedeken. Uebrigens ist sie dik, vest, gleich, und von gelber Farbe. Die Nasenlöcher befinden sich näher am Ende, als an der Spitze des Schnabels, und näher am untersten Rande, als am Rücken des Kinnbackens. Die länglichte, gleiche Zunge hat auswärts gebogene Ränder, zwischen denselben eine lange Vertiefung, und etwas stumpfe Spitze.

Der Hals ist kurz, cylindrisch, und gleich oben mit aufrecht stehenden Federn bedekt, unten hin mehrentheils kahl, nur mit einigen dünnen Federn bestreuet, am Ende wieder mit Federn bewachsen. Rücken und Bauch sind platt, und eingebogen; die

Schul-

Schultern etwas erhöhet, und runzlicht, die Seiten etwas platt. Die Flügel haben eine senkrechte, seitwerts gekehrte Richtung, ohne einen Theil des Rückens zu bedecken. Der Schwungfedern sind acht und zwanzig von unterschiedener Länge. Der Schwanz ist spitzig, und mit vierzehn Schwungfedern (*Rectrices*) versehen, welche von der äußersten bis zur mittelsten allmählig zunehmen.

Die Füße haben, in Betrachtung des Körpers, ihre gehörige Länge; die dicken Beine sind länglich rund, am Knie schmäler, und überall mit Federn bedekt; die untern Füße cylindrisch, kahl, und überall mit häufigen Erhöhungen versehen. Die Krallen sind, wie an den meisten Geyern, beschaffen; die Fänger, oder Klauen groß, und über die Maaßen stark. Die mittelste ist oben zu rundlicht, und nicht so stark gekrümmet, als die Seitenfänger.

An den Männchen und Weibchen wird man einen merklichen Unterschied in den Farben gewahr. Das Weibchen ist überall weiß, und hat schwarze Schwungfedern. Der Hahn ist über den ganzen Körper grau, am Hals aber, und an den Schultern schwärzlicht, mit einigen weißen Flecken bestreut. Am Hahn ist der Kopf ganz zitronfarbig, an der Sie blaßgelb, die Klauen sind schwarz, die Füße grau.

Die Länge vom Scheitel, bis zum Aeußersten des Schwanzes, beträgt zween Fuß, des Schnabels zween Zoll, der Klauen $\frac{1}{2}$ Zoll, des Schwanzes $\frac{1}{2}$ Fuß. Die Breite quer über den Rücken $1\frac{1}{2}$ Spanne.

Eigenschaften des egyptischen Erdgeyers.

Das Ansehen dieses Vogels ist so widerwärtig, und man könnte wohl sagen, so furchtbar, als man sich einen Vogel vorstellen kann. Wer ihn mit seinem kahlen, runzlichten Kopfe, großen kohlschwarzen Augen, schwarzem gekrümmten und räuberischen Schnabel, mit seinen grausamen, stets zum Raube bereit stehenden Fängern, mit aufgerichteten Federn am Hals lebendig, und seinen ganzen Körper mit Unreinigkeit und stinkenden Aäsern beschmußt sehen sollte, der würde gern eingestehen, daß er unter den abscheulichen Vögeln eben das ist, was der Honigvogel, der Pfau und gemalte Vogel (Oiseau peint) unter den schönen vorstellen.

Sein Geschrey ist anfänglich zischend, und endigt sich mit einem unangenehmen Gekreische. Der Flug gehet nicht hoch, und er entfernt sich nie weit von dem Orte seines Aufenthaltes. Er läßt sich durch nichts, auch nicht einmal durchs Schießen schrecken. Zwar verläßt er, nach einem Schuß, einen Augenblik seine Stelle, kömmt aber gleich wieder zurük, und wenn man einen von diesen Vögeln getödtet hat, so kommen sie zu hunderten um den Todten zusammen, eben so, wie es unsre gemeine Krähen (Cornix cinerea Linn.) zu machen pflegen. So viel man weis, ist es der einzige Raubvogel, der mit Hunden in Gesellschaft lebt, und sich verträget [85]. Seine Nahrung

[85]) In Kairo sind alle Gaßen mit Hunden angefüllt, weil sie, nach Mahomeds Gesezen, für unrein gehalten werden. Diejenigen

Nahrung ist Fleisch von weggeworfenen Aäsern und Eingeweiden, nebst dem Abgange von geschlachtetem Vieh. Er hält sich um Kairo in unsäglich großen Erdhügeln auf, die von dem Abgange und Unrath, welcher aus der Stadt an eingefallene Häuser geführet wird, entstanden sind, und täglich stärker anwachsen. Auch in Syrien wird er angetroffen.

Auf dem großen Platze Romeli, welcher unten vor dem Schloße von Kairo ist, und zum Richtplatze dienet, kommen sie des Morgens und Abends in großer Menge mit den Geyern zusammen. Sie thun dieses nicht umsonst, weil sich in der muselmännischen Religion die Ausübung der Barmherzigkeit auch bis auf die unvernünftigen Thiere verbreitet. Es wird aus diesem Grunde den Geyern jeden Tag, beym Auf- und Untergang der Sonne, auf erwähntem Platz eine gewiße Menge frisches Fleisch ausgetheilet, und zwar nach Verlassung der Testamente frommer Leute, welche zu dieser Absicht Mittel hinterlassen haben.

jenigen aber, welche keine Herberge in der Stadt fanden, suchten dergleichen außerhalb den Thoren, und nahmen daselbst mit unsern Vögeln einerley Wohnplatz ein. Beyderley Thiere halten sich friedfertig beysammen auf, leben von einerley Nahrung, bauen ihre Wohnplätze, und nähren ihre Jungen beysammen, ohne daß man eines dem andern Schaden zufügen sähe. Haßelquist. l. c. Man lese hierbey nach, was im IIten Jahrgang der hiesigen Mannigfaltigkeiten von S. 627 ꝛc. von den Begegnungen gesagt ist, welche den Hunden in Egypten, und bey den Türken wiederfahren.

Wenn die Karavane von Mekka jährlich ihre Reise nach Kairo antritt, folgt ihr jedesmal eine ansehnliche Menge dieser Vögel, weil sie da, wo die Karavane ihr Lager aufschlägt, und viel zum nöthigen Genuß einschlachtet, ihren reichlichen Unterhalt finden.

Nutzen dieses Erdgeyers.

Kaum hat irgend ein lebendiges Geschöpfe von der Vorsicht eine wichtigere Beschäftigung in der Haushaltung der Natur bekommen, als dieser Vogel bey Kairo, und es wird schwerlich ein wildes Thier an einem Orte mehr wesentlichen Vortheil stiften, als dieser Vogel dieser Stadt gewähret. Wo so viel tausend Pferde, Esel, Maulesel und Kameele Tag für Tag gebraucht werden, als in Kairo, da ist es natürlich, daß jährlich viel hundert sterben. Die Türken sind, ihren Gedanken vom Schicksale gemäß, das allersorgloseste Volk von der Welt, in Absicht auf die Reinlichkeit ihrer Wohnplätze. Kaum nehmen sie sich die Mühe, todte Aäser aus der Stadt zu bringen. In unterschiedenen kleinen Städten läßt man sie auf den Gassen vermodern, und nirgends werden sie eingegraben, oder auf abgesonderte Plätze geführet. Sie lassen selbige vielmehr an den großen Fahrwegen liegen, wo man allenthalben auf Reisen den abscheulichsten Anblik findet.

Man kann sich vorstellen, was eine solche Menge von modernden Aäsern für Wirkungen an den egyptischen Landstrichen haben müßten, wofern die weise Natur hier nicht Vormünderin der sorglosen Einwohner

ner wäre. Der Vogel aber, von dem hier die Rede ist, kömmt ihrem Unglück zuvor, und erhält unfehlbar das Leben vieler tausend Menschen, die ohne ihn sich tödtliche Krankheiten, von dem giftigen Gestanke, zuziehen würden. So bald ein Aas um Kairo herausgeworfen ist, sieht man, wie es von hunderten dieser Vögel umgeben wird, welche demselben, in Gesellschaft ihrer Vertrauten, der Hunde, bald ein Ende machen, ehe seine giftige Ausdünstungen die Luft anstecken können. Diese Thiere finden demnach ihre gewünschte Nahrung, die Stadt aber den unbeschreiblichsten Vortheil, welcher von denenjenigen, denen er am meisten zu gute kömmt, am wenigsten bemerket wird.

Daß eben dieser Vogel auch bestimmt sey, Egypten von dem, nach Abfluß des Wassers übrig bleibenden Ungeziefer, als Fröschen, Eidexen 2c. zu reinigen, läugnet Herr Haßelquist im Ganzen, weil dieses Geschäfte von der Natur meistens gewißen schnepfenartigen und Schwimmvögeln, die bishero niemand hinlänglich beschrieben, anvertrauet worden.

M . . .

XXI.

Der Geyerkönig 86).

S. die 428te illumin. Platte und unsere XIXte Kupfert.

Der Vogel aus dem südlichen Amerika, welchen die europäischen Einwohner dasiger Kolonien den Geyerkönig nennen, ist wirklich der schönste Vogel

86) Der Geyerkönig mit dem Ritterbande. Der Mönchsgeyer. Der Geyerritter. Rex Warwouvenum orient. Hallens Vögel. p. 184. n. 123. Fig. 9. Der König der Geyer, der Mönch. Kuttengeyer. Vultur Monachus. Rex Warwouwarum in Ostindien. *The King of the Vultures*, *Edw.* The *Warwauer or Judian Vulture.* Engl. Alb. S. Kleins Vogelhist. p. 88. und Ordo Avium p. 46. Seeligmanns Vögel. I. Band. Tab. 3. *Edw.* Av. Tom. I. Tab. 2. Le Roi des Vautours. Rex Vulturum. Warwouwen. *Alb.* Tom. II. p. 2. 4te illuminirte Tafel. Vautour des Indes. Buffon. Planch. enluminées, No. 428. Ornithol. in 8vo. T. I. p. 238. Pl. VI - - - Roi des Vautours. Roi des Zopilotles. Le Moine. Holl. *Monck.* Cours d'Hist. Nat. Tom. III. p. 226. n. 3. Pl. V. *Brisson. Av.* Tom. I. p. 135. Ed. Paris. p. 470. Planch. 36. Rex Vulturum. *Cosquauthli* Mex. siue *Aura.* De Laët *Hist. novae* orbis. p. 232. *Coscaquauthli. Regina aurarum.* Fernandes *Hist. Mexic.* p. 319. it. *Hist. Nov. Hisp.* p. 20. Eusebii Nieremb. &c. p. 224. *Linn. S. N.* Ed. XII. p. 122. n. 3. Vultur *Papa.* Berlin. Sammlungen IV. Band, p. 173 — 179. mit einem Kupfer. M.

Büff. Naturh. d. Vögel 1. T. F. d.

Vogel dieses Geschlechts [87]). Hr. Brisson hat ihn sehr gut und ausführlich nach dem Urbild beschrieben, das im Königlichen Kabinet aufbehalten wird. Auch Hr. Edwards, der in London viel dergleichen Vögel gesehen, hat von denselben sowohl eine richtige Beschreibung, als zuverläßige Abbildung geliefert. Wir wollen hier die Bemerkungen beyder Schriftsteller und ihrer Vorgänger mit denenjenigen vereinigen, die wir selbst über die Gestallt und natürliche Eigenschaften dieses Vogels zu machen Gelegenheit gefunden. Daß er ein wirklicher Geyer sey, beweisen sein kahler Kopf und Hals, worinn das unterscheidendeste Merkmal dieses Geschlechts bestehet. Indessen gehört er nicht unter die größten Gattungen, weil sein Leib, von der Spitze des Schnabels bis ans Ende des Schwanzes gerechnet, nicht über zween Fuß, und zween, bis drey Zoll beträget. An Größe pflegt er einem kalekutischen Huhn, oder einer Pute zu gleichen, weil er verhältnißmäßig nicht so große Flügel, als andre Geyer, hat, ob sie gleich, wenn er sie anleget, bis an die Spitze des Schwanzes reichen, der in der Länge kaum acht Zoll ausmacht. Der

87) Wie man den Adler um seiner vorzüglichen Größe, Heldenmuth und Stärke willen, den König der Vögel zu nennen pflegt, so hat man diesen Vogel um seiner vorzüglichen Schönheit willen, zum König der Geyer gemacht. Es giebt außerdem unter den kleinen Vögeln auch noch allerley Könige, die sich durch allerley Vorzüge des äußern Ansehens, diesen Titel erworben haben, als der König der Paradiesvögel, Zaunkönig, Wachtelkönig, Schneekönig, Blumenkönig u. s. w. von welchen allen in der Folge hinlängliche Nachrichten ertheilet werden sollen.

M . . .

starke, dicke Schnabel ist oben ganz gerade, und blos an seiner Spitze gekrümmt. Bey einigen ist er überall, bey andern blos am vordern Ende roth gefärbt, in der Mitte hingegen mit einem schwarzen Fleck bezeichnet. Um die Wurzel des Schnabels schlägt sich eine orangenfarbige, breite Haut herum, die von beyden Seiten, bis hinten auf den Kopf reichet, und die länglichte Nasenlöcher in sich enthält. Zwischen denselben erhebt sich diese Haut, wie ein gezakter beweglicher Kamm, der, nach den unterschiedenen Bewegungen des Kopfes, bald auf die eine, bald auf die andere Seite fällt. Die Augen werden von einer scharlachrothen Haut eingefasset. Im Regenbogen, oder Augenring glänzet eine liebliche Perlenfarbe. Kopf und Hals erscheinen ganz von Federn entblößt, und mit einer Haut bedekt, welche oben auf dem Kopfe fleischfarbig, hinterwärts lebhaft roth, vorwärts aber etwas verbleicht aussiehet. Unter dem Hintertheil des Kopfes erhebt sich ein Büschel schwarzer Pflaumfedern, von welchem sich auf beyden Seiten, unter der Kehle, eine runzlichte Haut von bräunlicher, hinterwärts mit braun und roth gemischten Farbe verbreitet. Außerdem ist sie mit kleinen Streifen schwarzer Pflaumfedern bezeichnet. Auch die Backen, oder Seitentheile des Kopfes sind mit schwarzen Dunen bedecket. Zwischen dem Schnabel und den Augen, hinter den beyden Winkeln des Schnabels erblikt man an beyden Seiten einen braunlich purpurfarbenen Flecken. Vom obern Theil des Halses steigt auf beyden Seiten ein Strich schwarzer Dunen herab. Den Raum zwischen diesen beyden Strichen füllet ein verschossenes Gelb. Die Seiten des Oberhalses fallen aus dem Rothen ins Gelbe. Unter dem kahlen

Theil

Theil des Halses findet sich eine Art von Halskrause, die aus langen, weichen, dunkel aschgrauen Federn bestehet. Sie geht um den ganzen Hals herum, hängt vorn an der Brust herab [88]), und ist so weit, daß der Geyer, wenn er sich zusammenziehet, seinen ganzen Hals, und einen Theil des Kopfs in derselben, wie in einer Mönchskappe, verbergen kann. Deßwegen hat auch wohl dieser Geyer von einigen Naturforschern die Benennung eines Mönchs, oder Kuttengeyers erhalten [89]).

An der Brust, am Bauch, an den Dickbeinen unter dem Schwanze hat er weiße, ins Aurorfarbige spielende Federn, da sie hingegen am Bürzel, und oben auf dem Schwanze bey einigen solcher Vögel schwarz, bey andern weiß zu seyn pflegen. Die übrigen Schwanzfedern sowohl, als die großen Schwungfedern, sind allemal schwarz, die leztern aber gemeiniglich noch mit einem grauen Saum eingefasset. In der Farbe der Füße und Klauen herrscht unter den Geyerkönigen einige Verschiedenheit. Manche haben schmutzig weiße, oder gelbliche Füße, und schwärzliche Klauen, bey andern pflegen jene sowohl, als

diese,

88) Der Halszierrath eines Geyerkönigs hat fast eben die Form und Lage, wie die Federpalatinen, welche das schöne Geschlecht ehemals um den Hals zu tragen, und über die Brust herabhängen zu lassen pflegte. Man könnte die leztern beynahe für eine künstliche und vortheilhafte Nachahmung dieses natürlichen Halsschmuckes halten. M.

89) Vultur Monachus. *Monach.* Avem Moritzburgi vidi, cujus figura in aviario picto Barcithano. *Calvitium* quasi rasum habet, *collum nudum in vagina cutanea, cinereis lanatis fimbriata, recondere potest.* Klein. Ord. Av. p. 46.

diese, ins Röthliche zu fallen. Ihre Klauen sind übrigens kurz, und mit kleinen starken Haken versehen.

Eigentlich kommen diese Vögel nicht sowohl aus Ostindien, wie einige Schriftsteller melden [90]), sondern vielmehr aus dem südlichen Theil von Amerika. Im Königl. Französischen Kabinet wird einer aufbehalten, der aus Kayenne (in Guiana) dahin versendet worden. Navarette [91]) sagt von diesem Vogel: „Zu Akapulko habe ich den König „der Zopiloten, oder den Geyerkönig, einen der „schönsten Vögel auf dem Erdboden, gesehen u. s. w." Herr Perry, der zu London einen ordentlichen Handel mit fremden Thieren treibt, versicherte dem Herrn Edwards, dieser Vogel werde nur allein aus Amerika nach Europa gebracht. Hernandes beschreibt ihn in seiner Geschichte Neuspaniens auf eine solche Art, daß man sich, in Absicht seines Vaterlandes, gar nicht irren kann. Fernandes, Nieremberg und de Laet [92]), welche sämtlich den Hernandes

90) Albin behauptet im III. Th. seiner Vogelgesch. p. 2. n. 4. er habe seinen beschriebenen Geyerkönig durch das holländische Schiff Pallampank aus Ostindien erhalten. Auch Edwards versichert, wie die Leute, welche dergleichen Vögel auf dem Londner Markte zur Schau ausstellten, alle darinn überein kämen, daß Ostindien ihr Vaterland wäre. Dennoch glaubet er selbst, sie gehörten in Amerika zu Hause. A. d. V.

91) Recueil des Voyages par *Purchaß.* p. 753.

92) In Neuspanien giebt es unglaublich viele und mancherley schöne Vögel, unter welchen der Cosquauthli, oder Aura, wie die Mexikaner ihn zu nennen pflegen, vorzüglich berühmt ist. Er hat ohngefähr die Größe des egyptischen Huhns,

des ausgeschrieben, stimmen damit einmüthig überein, daß dieser Vogel in den mexikanischen Gegenden und Neuspanien sehr gemein sey. Da ich nun überdies bey Durchsuchung aller nur möglichen Reisebeschreibungen von Afrika und Asien gar keine Sylbe von diesem Vogel antreffen können; so muß er wohl den südlichen Theilen des neuen vesten Landes eigenthümlich angehören, in den alten Welttheilen aber gar nicht gefunden werden.

Man könnte mir zwar einwenden, da sich, nach meiner eigenen Angabe, der brasilianische Adler Ouroutaran, ohne Unterschied, in Afrika sowohl, als in Amerika zeiget, so dürfte man wohl die Möglich-

Huhns, und ist am ganzen Leibe mit schwarzen Federn bedeckt, außer am Hals, und um die Brust, wo sie aus dem Schwarzen ins Röthliche fallen. Die Flügel sind schwarz, mit Aschfarbe vermischt; der übrige Theil purpurfarbig und rothbraun. Sie haben krumme Klauen, und einen papageyenartigen, vorne rothen Schnabel, ohne Nasenlöcher, schwarze Augen, rothbraune Augäpfel, rothe Augenbraunen, eine blutrothe, sehr faltige Stirn, deren Falten er einziehen und ausbreiten kann, wie ein Puter. Man wird auf derselben auch etwas von einem krausen Haar, wie es die Neger haben, gewahr. Der Schwanz ist, wie an dem Adler, oben schwarz, unten grau ... Es giebt auch noch einen andern Vogel, eben dieser Gattung, welchen die Mexikaner *Tzopilotl* nennen. S. De Laet *Hist. du nouveau monde* Lib. V. Chap. IV. p. 143 und 144.

Anm. Der zweete Vogel, oder *Tzopilotl* der Mexikaner ist ein Geyer; denn der Geyerkönig führt auch den Namen eines Königs der Zopiloten. A. d. V.

lichkeit nicht so zuversichtlich abläugnen, daß auch wohl der Geyerkönig in Afrika sich aufhalten könne. Der eine von beyden Vögeln hat freylich nicht weiter, als der andere zu fliegen, um von einem vesten Lande zum andern zu gelangen; sie können aber doch gleichwohl ihre Luftreisen mit sehr ungleichen Kräften anstellen 23). Die Adler können überhaupt viel besser, als die Geyer fliegen, und gegenwärtiger scheint, man sage, was man wolle, sich nicht weit von seinem Vaterlande zu entfernen, welches von Brasilien bis nach Neuspanien reichet. In kühlern Gegenden wird er gar nicht angetroffen. Er pflegt sich ungemein für der Kälte zu scheuen. Da er also nicht über das Meer, zwischen Brasilien und Guinea, fliegen, und keine nördliche Länder bestreichen kann; so gehört auch der Geyerkönig, als ein ganz eigenthümlicher Bewohner der neuen Welt, auf die Liste derjenigen Vögel, welche der alten Welt gar nichts angehen.

Uebrigens muß man von diesem schönen Vogel sagen, daß er eben so wenig reinlich, als edel und groß-

23). Hernandes versichert indessen, daß dieser Vogel sehr hoch fliege, und seine Flügel ungemein ausbreite. In seinem starken Fluge widersteht er den größten Stürmen des Windes. Man sollte denken, daß Nieremberg ihn deswegen reginam aurarum, oder Königin der Lüfte genennet habe, weil er in seinem Fluge der ganzen Macht eines Sturmes, und allen Winden trotzet; allein das Wort Aura stammt nicht aus dem Lateinischen, sondern von dem abgekürzten Worte Ouroua her, welches der indianische Name von einem Geyer ist, den wir im folgenden Artikel beschreiben wollen. A. d. V.

großmüthig ist. Er vergreift sich nur an den allerschwächsten Thieren, und nährt sich blos von Ratten, Eidexen, Schlangen, und sogar vom Unflath, sowohl der Menschen, als einiger Thiere. Darzu kömmt noch ein so häßlicher Geruch, daß auch die Wilden selbst sich nicht überwinden können, von seinem Fleisch zu essen 94).

94) Hr. Klein l. c. sagt, The Vultur des Albins Tom. III. n. 1. mit nackendem Hals und Kopf, und einem Lichtkreis von der Art umgeben, wie man die Heiligen zu malen pflegt, wird auch der Sonnengeyer genennet, und scheinet, wofern er gut gemalt worden, das Weibchen des Geyerkönigs zu seyn. Er hat einen schwarzen Schnabel, und himmelblaue Füße. Der Körper ist gelb, bis auf die Hälfte der Flügel und des Schwanzes, die etwas gezeichnet sind. Von dem aus langen wollichten Federn gebildeten Ring um den Hals hat er die Benennung des Sonnengeyers erhalten. M . . .

XXII.

Der brasilianische Geyer.

Urubu [95]).

Man sehe die 187te illuminirte und unsre XXte Kupferplatte.

Der Vogel, welchen die Indianer in Guiana *Ouroua*, oder *Aura*, in Brasilien aber *Urubu*, in Mexiko *Zopilotl* nennen, dem aber unsre Franzosen in St. Domingo, und unsre Reisebeschreiber den

91) Der brasilische Geyer. Urubu. Holl. *Menschen-Eeter*. Tropitotl. Aura. Hallens Vögel. p. 192. n. 130. *Suguncur* der Peruaner. Ebend. p. 193. Der Kahlkopf. G. Kleins Vogelhist. p. 85. n. VII. Bankrofts Naturg. von Guiana. p. 91. Kolbens Vorgeb. der guten Hoffnung. 4to. p. 384. Der Adler. Aigle. Oiseau à fiente. Der Mistgeyer, oder Mistvogel. *Urnbu* der Indianer in Brasilien. Marcgr. *Hist. Nat. Bras.* p. 208. *Ourona* der Indianer zu Kayenne. Meleagris Guianensis torquatus, duplici ingluvie foras propendente. *Onrona*. Barrere *Ornith.* p. 76. Corvus calvus, torquatus, duplici ingluvie foras propendente, *Cornoran* der Amazonen. *Hist. de la France equinoxiale* p. 129. — *Aura*. Gallinaca aut Gallinaco aliis *Eufeb. Nieremb.* p. 224. *Zopilotl* sive *Aara*. Hernandes p. 331. *Huexolotl* Fernandes p. 37. — *Zamaro* auf den Küsten des südlichen Amerika. *Suyuntu* der Peruaner. Nieremb. *Ibid.* p. 224. *Guinar* der Neger.

Tab. XX.* Der Brasilianische Geyer. Pag. 231

Büff. Naturh. d. Vögel 1. T. Büff. fol.

den Beynamen des Kaufmanns (Marchand) gegeben, ist noch eine besondere zu den Geyern gehörige Gattung; weil er eben die natürliche Eigenschaften, und einen krummen Schnabel, wie die Geyer, auch einen kahlen Kopf und Hals, wie diese, hat; ob man gleich auch mit den Putern eine gewiße Aehnlichkeit an ihm entdecket [96]), wodurch er von den Spaniern und Portugiesen den Namen *Gallinaça*, oder *Gallinaço* erhalten. Er ist nicht größer, als eine wilde Gans, und scheint einen kleinen Kopf zu haben,

Neger. *Adans* Voy. du Senegal. p. 173. — *Gallinache* ou *Marchand*. Voy. de Desmarchais. Tom. III. p. 323. Marchand. *Hist. des Avanturiers*, par *Oexmelin*. Tom. II. p. 13. Die Engelländer in Jamaika nennen ihn *Carrion Crow*, die europäischen Engelländer aber *Turkey Buzard* - *Buse à fig. de Paon*. Catesby T. I. Tab. VI. *Nota*. Turkey Buzard bedeutet im Englischen keinen pfauenförmigen Weyhen, sondern so viel, als Dindon Buse, oder einen weyhenartigen Puter. Es ist also hier nicht richtig übersetzt. — Cf. Seeligm. Vögel. I Th. Tab. II. Buteo specie Gallo-pavonis. *Sloan*. Jam. Tom. II. p. 294. f. 254. Vultur Gallinae africanae facie. *Brown* Jam. p. 471. Vultur pullus, capite implumi, cute crassâ, rugosâ, ultra aperturas nasales laxata, recto. Vultur bras. *Willughby*, *Raj. Klein. & Briss. Aves*. Tom. I. p. 135. n. 10. Ed. Par. p. 468. *Vautour du Bresil*. Holl. *Stront-Vogel*. Span. *Poullaces*. Acosta *Hist. des Indes*. p. 196. *Cours d' Hist. Nat.* Tom. III. p. 226. * *Piailleur* des Francois de la Guiane, *Carancro* de la Louisiane. *Valm. de Bom Dict.* d' Hist. Nat. Tom. I. p. 479. Cosquauth in Neu spanien. Tropillot, oder Tzopilotl in Indien. *Linn. S. Nat.* Ed. XII. p. 122. n. 5. *Vultur aura*. v. B. u. M.

96) Daher ihn *Sloane* l. c. Vultur Gallinae africanae facie nennet.

ben, weil dieser, so wie der Hals, bloß von einer kahlen, mit einzelnen schwarzen Haaren besezten Haut bedekt ist. Auf dieser höckerichten Haut erblikt man ein Gemische von weißer, blauer und röthlicher Farbe. Wenn die Flügel zusammen gelegt sind, ragen sie ein wenig über den Schwanz hervor, der an sich schon eine ziemliche Länge hat. Der Schnabel ist gelblich weiß, und nur vorne gekrümmet. Die Schnabelhaut bedecket beynahe die Hälfte des Schnabels, und ist röthlich, der Augenring aber orangenfarbig, die Augenlieder weiß, die Federn des ganzen Körpers braun, oder schwärzlich, mit einem veränderlichen grünen und dunkel purpurfarbigen Wiederschein, die Füße bleyartig, die Klauen schwarz, die Nasenlöcher, in Vergleichung länger, als an andern Geyern 97). Er ist auch eben so niederträchtig, aber noch unreinlicher und gefräßiger, als irgend ein anderer Geyer, indem er sich vielmehr von todtem Aas und Luder, als von lebendigem Fleische nähret. Er fliegt indessen ziemlich hoch, und schnell genug, um einen Raub verfolgen zu können, wenn es ihm nicht an Herzhaftigkeit fehlte. Allein er begnüget sich mit lauter Aas, und wenn er irgend einen Anfall wagt, so geschieht es nicht anders, als in großer

97) Ich habe geglaubt, eine kurze Beschreibung dieses Vogels geben zu müssen, weil ich bemerkte, daß die Beschreibungen der Schriftsteller mit denjenigen, was ich selbst gesehen, unvollkommen übereinstimmeten. Da indessen der Unterschied nicht beträchtlich ist, so läßt sich vermuthen, daß er blos einzelne, oder individuelle Abänderungen betrift, folglich können die andern Beschreibungen in ihrer Art eben so vollkommen, als die meinige, seyn.

A. d. V.

großer Gesellschaft, um zahlreich und stark genug zu seyn, auf ein schlafendes, oder verwundetes Thier zu jagen.

Der Kaufmann des Desmarchais ist eben der Vogel, den Kolbe am angef. Orte unter dem Namen des Adlers vom Vorgebirge beschreibet. Er befindet sich auf dem vesten Lande von Afrika sowohl, als vom südlichen Amerika. Weil man ihn aber selten, oder gar nicht in mitternächtlichen Ländern siehet, so scheint er seinen Flug über das Meer, zwischen Brasilien und Guinea, genommen zu haben. Hans Sloane, der viele dieser Vögel in Amerika gesehen und beobachtet hat, versichert, sie flögen, wie die Hünergeyer (Milans), und pflegten immer sehr mager zu seyn. Da sie also einen hohen Flug, und leichten Körper haben, können sie gar wohl den Raum des Meeres, welches das veste Land sowohl der alten, als der neuen Welt von einander trennet, durchzogen haben. Hernandes behauptet, sie fräßen sonst nichts, als Aas und Koth von Thieren und Menschen, versammleten sich auf großen Bäumen, und schößen heerdenweise von selbigen herab, um das vorräthige Luder zu verzehren. Er sezet noch hinzu, daß ihr Fleisch von einem noch üblern Geruch, als das Fleisch von Raben sey. Auch Nieremberg saget, sie flögen sehr hoch und in ganzen Völkerschaften, brächten die Nacht auf Bäumen, oder sehr erhabnen Felsen zu, welche sie des Morgens verließen, um sich bewohnten Oertern zu nähern; ihr Gesicht wäre sehr durchdringend, und sie könnten von einer ansehnlichen Höhe, auch von einer beträchtlichen Weite, die zu ihrer Aezung dienlichen Aeser entdecken. Ferner sagt er, sie hielten sich ungemein stille, ließen weder ein Geschrey, noch jemals einen Gesang von sich hören. Ein seltnes Gemurmel wäre alles, wodurch man ihre Gegenwart bisweilen hören könnte. In den sudlichen Ländern von Amerika wären sie sehr gemein. Ihre Jungen wären anfänglich im ersten Alter ganz weiß, und bekämen erst im zunehmenden eine braune, oder schwärzliche Farbe.

Markgraf erzählet in seiner Beschreibung dieses Vogels, daß er weißliche Füße, schöne und gleichsam rubinfarbige Augen, eine rinnenförmige und an den Seiten sägenförmig ausgezakte Zunge habe. Vom Ximenes wird versichert, diese Vögel flögen beständig sehr hoch, und in großer Anzal, sie schößen gemeinschaftlich über einerley Beute herab, und verzehrten sie, bey größter Eintracht, bis auf die Knochen, überladeten sich aber dermaßen, daß es ihnen unmöglich wäre, sich wieder empor zu schwingen. Eben dieser Vögel gedenkt auch Akosta unter dem Namen *Poullazes*. „Sie haben, sagt „er, eine ganz ungemeine Leichtigkeit, ein sehr „scharfes Gesicht, und sind zu Reinigung der „Städte besonders geschickt, weil sie um dieselbe „nichts von Aas und Luder übrig lassen. Die „Nächte bringen sie auf Bäumen und Felsen zu, „des Tages fliegen sie nach den Städten, lassen sich „auf dem Gipfel der höchsten Bäume nieder, und „spüren von da die erwartete Beuten aus. Ihre „Jungen haben weiße Federn, die hernach mit zu„nehmendem Alter schwarz werden.

„Ich glaube, sagt Hr. Desmarchais, daß „diese Vögel, welche bey den Portugiesen *Gallinaches*, „und bey den Franzosen zu St. Domingo

„*Mar-*

„ *Marchans* heissen, eine Art von Truthänen sind [98]),
„ welche, statt von Körnern, Früchten und Pflanzen, wie die andern Puter zu leben, sich an eine Nahrung von todten Körpern und Aas gewöhnet haben. Sie folgen gern den Jägern auf ihrer Spur, besonders solchen, die blos um des Felles willen Thiere jagen, und ihnen das Fleisch zurüklassen, das endlich faulen, und, ohne die Freßbegierde dieser Vögel, der Luft höchst schädliche, anstekende Dünste mittheilen würde. Diese Vögel sind also das kräftigste Vorbauungsmittel wider die Epidemien bößartiger Krankheiten. Denn so bald sie ein Aas, oder einen todten Körper ansichtig werden, locken sie sich einander zusammen, stoßen, wie die Geyer, auf denselben, verzehren in einem Augenblick das Fleisch, und lassen die Knochen so rein und sauber zurük, als ob sie mit einem Messer aufs mühsamste abgeschabet wären. Die Spanier auf den großen Inseln und Terra-Firma, imgleichen die Portugiesen, welche sich an den Orten aufhalten, wo man Leder bereitet, sind außerordentlich für diese Vögel eingenommen, weil diese, zu ihrem größten Vortheil, alle todte Körper verzehren, und folglich die Ansteckung der Luft verhindern. Sie verurtheilen die Jäger, welche sich an ihnen vergreifen, zu großen Geldstrafen.

98) Anm. d. V. Obgleich dieser Vogel am Kopf, am Hals, und an Größe des Körpers den Putern gleichet, gehört er doch nicht unter dieses Geschlecht, sondern vielmehr unter die Geyer, deren Sitten und natürliche Eigenschaften er nicht allein, sondern auch einen krummen Schnabel, und Geyerkrallen hat.

„ Der Schutz, welchen sie dieser Art von Truthähnen „ wiederfahren lassen, hat ihre Zahl außerordentlich „ vermehret 99). Man findet sie an vielen Orten „ in Guiana, Brasilien, Neuspanien, und auf „ den großen Inseln. Sie haben einen aashaf- „ ten Geruch, der sich durch nichts vertreiben läßt. „ Wenn man sie auch gleich, so bald sie getödtet „ worden, ausnimmt, so ist doch alle Mühe, die- „ sen

99) Adanson in seiner *Voyage du Senegal* p. 173 erzählet, er habe zu Senegall gewiße schwarze Vögel wahrgenommen, welche sowohl in Ansehung der Größe, als der Federn so viel Aehnlichkeit mit indianischen Hähnen, oder Putern gehabt, daß man sie leicht für solche halten können. Er hatte deren mit einem Schuß zweene getödtet, einen Hahn und eine Sie. Beyde trugen auf ihrem Kopf einen schwarzen hohlen Helm, an Gestallt und Größe, wie der Kopfhelm des Kasuar. Am Hals hatten sie eine lange Platte, wie ein glänzendes Kalbspergament. Am Hahn sahe sie roth aus, am Weibchen blau. Dieser Vogel mag wohl der *Gallinache* der Portugiesen, oder *Marchand* der Franzosen auf den amerikanischen Inseln seyn. Die Neger heissen ihn *Guinar*. Die Einwohner dieser Gegend betrachten ihn als einen *Marabou*, d. i. als ein geheiligtes Thier, vielleicht, weil er größtentheils von den kleinen Schlangen lebt, welche hier so häufig sind, und von den Negern so abergläubisch verehret werden. Sie konnten es nicht ausstehen, daß ich ihre geheiligte Vögel meinem Vergnügen so leichtsinnig aufopferte, und hielten mich für einen Zauberer, daß ich ihrer zween mit einem Schuße tödten können, weil diese Vögel, ihrer Meynung nach, vollkommen schußfrey, und keiner Wunde fähig waren. Ihr Aberglaube gieng so weit, daß sie mir noch an selbigem Tage den Tod, wegen meines großen Verbrechens, prophezeyheten.

„ sen Geruch zu ersticken, vergeblich. Ihr hartes „ lederartiges, faßrichtes Fleisch behält unter allen „ Umständen seinen unerträglichen Gestank.

„ Die Adler auf den Vorgebirgen, sagt „ Kolbe [100]), nähren sich ohnstreitig von verrekten „ Thieren. Ich habe selbst oft Geribbe von Kühen, „ Ochsen und andern Thieren gesehen, wovon sie „ das Fleisch abgenaget hatten. Ich rede nicht ohne „ Ursache von Geribben. Denn diese Vögel pflegen „ das Fleisch so künstlich von den Knochen und von „ der Haut abzulösen, daß nichts übrig bleibt, als „ ein vollkommnes Knochengebäude, das aber noch „ mit seiner unbeschädigten Haut überzogen ist. Ja „ es ist nicht einmal zu merken, daß das Fleisch ab„ gezehret worden, bis man ganz nahe dabey kömmt. „ Sie bewerkstelligen dieses nach folgender Methode: „ Zuerst öfnen sie das Thier am Bauche, reißen „ das Gedärme heraus, und fressen es. Hernach „ stellen sie sich in diese Höhlung, und lösen das „ Fleisch ab. Die Holländer nennen auf dem Vor„ gebirge diese Adler gar oft *Stront-Vogels*, oder „ *Stront-Jagers* [1]), d. i. Mistjägers, oder Mist„ vögel.

100) S. dessen Beschreibung des Vorgebürges der guten Hofnung. Frankf. 1745, 4to. p. 384. 385. oder Description du Cap de bonne Espérance par *Kolbe*. Tom. III. p. 158. 159.

1) Dieser Adler wird vom *Catesby* in Nat. Hist. of Carol. Tab. VI. ingl. vom Herrn *Sloane* Nat. Hist. of Jam. &c. *Turkey Buzzard*, oder Türkischer Raubvogel genennt.

Anmerk. des Herausgebers vom Kolbe.

„Oftmals trägt sichs zu, daß ein Ochs, den „man aus dem Pfluge spannet, und allein nach „Hause wandern läßt, sich unterweges niederleget, „und ausruhen will. Wenn diese Adler ihn wahr„nehmen, fallen sie ganz gewiß über ihn her, und zer„reißen ihn. Wollen sie eine Kuh, oder einen Ochsen „anfallen, so versammlen sie sich in zahlreicher Men„ge, und stoßen alsdann zu Hunderten, und meh„rern zugleich auf ihre Beute herab. Ihr Auge „ist so scharf, daß sie ihren Raub von einer gewal„tigen Höhe, von welcher sie das beste Gesicht kaum „zu entdecken vermag, deutlich wahrnehmen kön„nen. Sobald sie nun ihre Zeit ersehen, fallen sie „allemal in gerader Linie darauf herunter.

„Diese Adler sind etwas größer, als die wilden „Gänse. Ihr Gefieder ist theils schwarz, theils „hellgrau, meistentheils aber schwarz, ihr Schna„bel groß, gebogen, und sehr spitzig, ihre „Klauen groß und scharf."

Hr. Katesby erzählet folgendes von diesem Vogel: „Er wieget vier, und ein halbes Pfund. Der „Kopf und ein Theil seines Halses ist roth, kahl „und fleischicht, wie beym Puter, mit ganz ein„zelnen schwarzen Härchen besezt, der Schnabel „zween, und einen halben Zoll lang, halb mit „Fleisch bedekt, an der Spitze weiß, und wie ein „Falkenschnabel gekrümmet. An den Seiten des „Oberschnabels aber bemerkt man keine Haken. „Die Nasenlöcher sind ungemein groß, weit of„fen, und stehen ungewöhnlich weit von den Au„gen vorwärts. Die Federn des ganzen Körpers „haben eine dunkel purpurfarbige und grüne Mi-

schung.

„ schung. Die Beine sind kurz und fleischfarbig, „ die Krallen, oder Zeen so lang, als an den Haus- „ hähnen, die schwarze Klauen aber nicht so krumm, „ als an den Falken. Sie leben von lauter Aas, „ und fliegen unaufhörlich nach dieser Aezung herum. „ Sie können sich lange im Flug erhalten, und mit „ vieler Leichtigkeit empor schwingen und niederlassen, „ ohne daß man eine besondere Bewegung ihrer Flü- „ gel bemerkte. Um ein einziges Aas versammlen „ sich eine große Menge solcher Vögel, und es ist ein „ Vergnügen, die kleinen Streitigkeiten gegenwär- „ tig mit anzusehen, die bey Verzehrung einer sol- „ chen Mahlzeit vorfallen [a]). Zuweilen hat ein „ Adler bey einem solchen Fest den Vorsitz, und weis „ durch sein Ansehen diese Vögel so lange voll Ehr- „ furcht entfernt zu halten, als ihm die Mahlzeit „ schmecket. Der Sinn des Geruchs ist bey ihnen „ bewundernswürdig. Sobald nur ein Aas vorrä- „ thig ist, sieht man sie von allen Seiten herbey- „ kommen. Sie drehen sich bey dieser Gelegenheit „ beständig in der Luft herum, lassen sich allmählig „ herab, und fallen endlich mit Ungestüm über ihre „ Beute her. Man glaubt gemeiniglich, sie fräßen „ gar nichts Lebendiges; allein ich weis, daß einige „ derselben Lämmer getödtet haben, und daß die „ Schlangen ihre gewöhnlichste Nahrung sind. Sie „ haben die Gewohnheit, daß ihrer viele sich zusam- „ men auf alte Fichten, oder Cypressen setzen, und „ des Morgens viele Stunden lang mit ausgebreite-

[a]) Dieser Umstand stimmt nicht wohl mit dem überein, was Nieremberg, Markgraf und Desmarchais von der Stille und Eintracht dieser Vögel beym Fraß erzählen. A. d. V.

„ ten Flügeln daselbst verweilen s). Sie fürch-
„ ten keine Gefahr, und man kann, besonders wenn
„ sie fressen, ihnen sehr nahe kommen, ohne sie zu
„ stöhren.“

Wir glaubten alles umständlich anführen zu müssen, was man von der Geschichte dieser Vögel weis; denn gemeiniglich muß man die natürlichen Sitten in den fremdesten und weitesten Gegenden aufsuchen. Unsere Thiere, sogar unsere Vögel, die uns allenthalben auszuweichen suchen, haben von ihrer eigenthümlichen oder natürlichen Lebensart nur wenig beybehalten können. Wir mußten also nothwendig diesen Geyer der amerikanischen Wüsteneyen zum Beyspiel nehmen, wenn uns daran gelegen war, zu wissen, wie unsere Geyer sich betragen würden, wenn sie bey uns nicht beständigen Unruhen in solchen Gegenden ausgesezt wären, die viel zu stark bewohnet sind, um ihre grosse Versammlungen, ihre Vervielfältigung und gesellige Mahlzeiten verstatten zu können. Wir haben bisher ihre ursprüngliche Sitten gesehen. Ueberhaupt aber, und allenthalben sind sie gefräßig, niederträchtig, eckel, häßlich, und, gleich den Wölfen, eben so schädlich in ihrem Leben, als unbrauchbar nach ihrem Tode.

s) Anm. d. V. Durch diese Gewohnheit, mit ausgebreiteten Flügeln zu sitzen, wird es noch zuverläßiger, daß diese Vögel zum Geschlechte der Geyer gehören, die alle, wenn sie ruhen, ihre Flügel ausgebreitet behalten.

XXIII.

Der Greifgeyer [a].

Wenn das Vermögen, zu fliegen, eine wesentliche Eigenschaft eines Vogels ausmachet, so ist allerdings der Greifgeyer für den größten unter allen zu halten. Mit dem Strauß, dem Kasuar,

a) Der Greif, mit einem Helmgewächse. Hallens Vögel. p. 194. n. 151. Der Greifgeyer. Kleins Vogelhist. p. 86. Berl. Samml. IV. B. p. 292. Vultur Gryps. *Klein.* Ord. Av. p. 45. Der Lämmergeyer der Alpen. *Buffon.* Orn. Tom. I. p. 273. Der Condor. S. Teesdorpfs Beschr. des Kolibrit rc. in 4to, p. 20. Nota 22. Condor. *Cuntur* in Chilo und Peru. *Ouyrad-Ouassou* (Ouyra-Ouassou) bey den Maragnonen, wo es eben so viel heißt, als Aura major, oder ein großer Raubvogel; denn von Lery merket an, das Wort Ouara, Ouyra, Aura wäre zu Topinampu eine Geschlechtsbenennung der Raubvögel. Cuntur der Peruaner, Condor der Spanier. S. Hist. du nouveau monde par *de Laet.* p. 330. *Ouyrad-Ouassou.* Ebend. p. 553. *Oiseau de proie* nommé *Condor.* S. Journ. des Voyages *du P. Feuillée.* Tom. II. p. 640. *Condor.* Voyage de la Mer du Sud, par M. *Fresier.* p. 111. — *La Condamine* Voyage de la Riviere des Amazones. p. 175. oder dessen Reisen rc. Erf. 1763. p. 261. Oiseau d'une grandeur prodigieuse, appellé *Con-*

und Bastartstrauß, deren Flügel und Federn gar nicht zum Flug eingerichtet sind, und welche sich auch deswegen gar nicht vom Erdboden in die Höhe schwingen können, darf er auch gar nicht in Vergleichung gebracht werden. Sie stellen, so zu sagen, unvollkommne Vögel, oder Gattungen von zweybeinigen Landthieren vor, die eine Mittelart zwischen der Klasse der Vögel und vierfüßigen Thiere, wie die Roußetten, Rougetten und Fledermäuse zwischen den vierfüßigen Thieren und Vögeln, ausmachen.

Der Greifgeyer besitzet sogar in einem höhern Grad, als der Adler, alle die Eigenschaften, und alles Vermögen, welches die Natur den allervollkommensten Gattungen dieser Klasse von Wesen mitgetheilet hat. Er ist, von der Spitze des einen ausgespannten Flügels, bis zur Spitze des andern, wohl achtzehn Fuß breit, und hat, nach diesem Verhältniß, einen eben so großen und starken Körper, eben so großen Schnabel und Klauen, und nicht weniger Muth, als Stärke u. s. w. Wir können wohl nicht besser thun, als wenn wir, um von der Form und den Verhältnissen seines Körpers

Contour ou *Condur*. Voy. de *Desmarchais*. Tom. III. p. 320. Ornith. de *Salerne*. p. 10. *Guyons* Ostindien. Frf. 1749. 8vo. p. 137. *Avis ingens* Euseb. Nierembergii & *Raj. Aves*. p. 11. *Gryphus*. Le *Condor*. Brisson. Av. Tom. I. p. 137. n. 12. Edit. Paris. p. 473. *Cours d'Hist. Nat.* Tom. III. p. 228 ꝛc. Cf. p. 217. *Valm. de Bomare* Dict. d'Hist. Nat. Tom. I. p. 168—176. *Vautour des Agneaux*. Roc. Ruch. bey den oriental. Völkern. Büffon. Vultur Gryphus. *Linn. S. Nat.* Ed. XII. p. m. 121. n. I.

v. B. u. M.

pers einen richtigen Begriff zu geben, die Beschreibung des Paters Feuillee [s]) wörtlich anführen, weil er unter allen Reisebeschreibern und Naturforschern der einzige ist, welcher von ihm die ausführlichste Nachricht hinterlassen hat.

„ Der Greifgeyer, sagt er, ist ein Vogel des „ Thales Ylo in Peru . . . Ich ward einen der„ selben gewahr, der auf einem hohen Felsen saß. „ Ich näherte mich ihm auf einen Flintenschuß, und „ brennte mein Gewehr loß; weil aber meine Flinte „ nur mit grobem Schrot geladen war, so konnte „ der Schuß nicht völlig seine starke Federdecke durch„ dringen. An seinem Flug aber konnte ich wohl se„ hen, daß er verwundet war. Er schwang sich sehr „ nachläßig in die Luft, und es schien ihm ungemein „ sauer zu werden, einen andern, fünf hundert „ Schritt entfernten Felsen am Ufer des Meeres zu „ erreichen. Ich ladete daher meine Flinte noch„ mals mit einer Kugel, und jagte sie dem Vogel „ unter der Kehle hinein. Jezt sah ich ihn für über„ wunden an, und lief auf ihn loß, um ihn zu hoh„ len. Er kämpfte noch mit dem Tode, warf sich „ aber, bey meiner Annäherung, gleich auf den Rü„ cken, und vertheidigte sich mit seinen ofnen Klauen „ so standhaft gegen mich, daß ich nicht wußte, von „ welcher Seite ich ihn packen sollte. Ich glaube „ sogar, wenn er keine tödtliche Wunde von mir be„ kommen hätte, daß es mir viel Mühe gekostet ha„ ben würde, meinen Zweck zu erreichen. Endlich „ schleppte ich ihn von der Höhe des Felsen herab,

„ und

s) v. Journ. des Voyages du P. Feuillée. p. 640.

„ und brachte ihn, mit Beyhülfe eines Bootsknech-
„ tes, in mein Zelt, um ihn abzuzeichnen, und mit
„ natürlichen Farben auszumalen.

„ Die genau von mir ausgemessene Flügel hat-
„ ten, von einer Spitze zur andern, eilf Fuß, und
„ vier Zoll. Die grosse Schwungfedern, die
„ glänzend schwarz aussahen, waren zween Fuß, und
„ zween Zoll lang. Die Stärke, oder Dicke seines
„ Schnabels hatte mit dem Körper selbst ein ge-
„ naues Verhältniß. Er betrug in der Länge drey
„ Zoll, und sieben Linien. Der Oberschnabel
„ war zugespitzt, gekrümmt, und vorn am Haken
„ weiß, übrigens durchgängig schwarz. Der ganze
„ Kopf war mit kleinen, kurzen, dunkelbraunen
„ Pflaumfedern bedekt, die Augen schwarz, mit ei-
„ nem braunrothen Augenring, sein ganzes Ge-
„ fieder, auch unter dem Bauche, bis an die Spi-
„ tze des Schwanzes, hellbraun, der Mantel aber
„ etwas dunkler, die Schenkel, bis auf die Knie,
„ mit eben solchen braunen Federn bedekt, wie der
„ übrige Körper. Das Hüftbein betrug in der
„ Länge zehn Zoll, und eine Linie, das Schienbein
„ fünf Zoll, zwo Linien. Der Fuß bestand aus
„ drey Vorderkrallen, und einer Hinterkralle.
„ Die lezte hatte 1 $\frac{1}{2}$ Zoll, und nur ein Gelenke; sie
„ endigte sich in eine schwarze Klaue, von ohnge-
„ fähr neun Linien. Die größte, oder mittelste
„ Vorderklaue hatte 5 Zoll, acht Linien, drey
„ Gelenke, deren leztes mit einer eben so schwarzen
„ Klaue von 9 Zoll, und neun Linien bewafnet war;
„ an der innern, drey Zoll, und zwo Linien langen
„ Kralle, zählte man zwey Gelenke, und bemerkte
„ daran einen eben so langen Fänger, als an der
größ-

„ größten Kralle. Die äußere hatte drey Zoll, vier „ Gelenke, und eine Klaue von einem Zoll. Das „ Bein und die Krallen fand ich mit schwarzen, die „ leztern aber mit größern Schuppen, als das erste, „ besezet.

„ Diese Thiere lassen sich mehrentheils auf den „ Gebirgen nieder, wo sie genugsame Nahrung an„ treffen. Sie besuchen die Ufer nicht ehe, bis Re„ genwetter einfällt. Weil sie gegen die Kälte sehr „ empfindlich sind, suchen sie an den Küsten sich zu „ erwärmen. Ob indessen gleich diese Berge unter „ dem heißen Erdgürtel sich befinden, so läßt sich „ dennoch die Kälte daselbst sehr merklich spüren. „ Man siehet sie fast das ganze Jahr hindurch unter „ dem Schnee versteckt, vorzüglich aber im Winter, „ in welcher Jahreszeit wir den 21ten dieses Mo„ nats (Junii nämlich) eingelaufen waren.

„ Die wenige Nahrung, welche diese Vögel an „ den Ufern des Meeres finden, wenn die Ungewit„ ter nicht eben große Fische dahin geführet haben, „ zwinget sie, niemahls lange daselbst zu verweilen. „ Gemeiniglich kommen sie des Abends dahin, brin„ gen die ganze Nacht an denselben zu, des Morgens „ aber kehren sie wieder nach ihrem ordentlichen Auf„ enthalt zurücke. “

Hr. Frezier [6]) redet von diesem Vogel mit folgenden Worten: „ Wir tödteten eines Tages einen „ Raubvogel, **Kondor** genannt, dessen ausge-

„ spannte

[6]) S. dessen Voyage de la mer du Sud. p. 111.

„ spannte Flügel neun Fuß breit waren. Auf seinem „ Kopfe saß ein brauner Kamm, den wir aber nicht, „ wie bey den Hähnen, eingeschnitten und gekerbet „ fanden. Er hatte vorn an der Kehle, wie der Pu„ter, eine rothe, kahle Haut, und ist gemeiniglich „ so dick und stark, daß er ein Lamm bequem ent„führen kann. Garcilasso versichert, man fände „ in Peru Vögel dieser Art, welche, bey ausgespann„ten Flügeln, sechzehn Fuß im Durchmesser hätten.

In der That scheinen die beyden durch den Pater Feuille und Fresier beschriebne Greifgeyer von der kleinsten Art und noch ganz jung gewesen zu seyn. Denn andre Reisende legen ihm insgesammt eine viel beträchtlichere Größe bey [7]). Der Pater Abbeville und Laet versichert, der Greifgeyer sey zweymal grösser, als der Adler und habe so viel Stärke, daß er ein ganzes Schaf entführen und verzehren könne. Selbst eines Hirsches pflegt er nicht gern zu schonen, und ist fähig, einen Menschen ganz bequem umzureissen [8]). Man hat Vögel dieser Art gesehen, wie

7) Ad Oram, (inquit *D. Strong*) maritimam Chilensem, non procul à *mochâ insulâ*, alitem hanc (*Cuntur*) offendimus, clivo maritimo excelso, propè litus, insidentem. Glande plumbeâ trajectae & occisae spatium & magnitudinem socii navales attoniti mirabantur: quippè ab extrêmo ad extrêmum alarum extensarum commensurata tredecim pedes latitudine aequabat. Hispani regionis istius incolae interrogati affirmabant, se ab illis valdè timere, ne liberos suos raperent & dilaniarent. *Raji* Syn. Avium. p. 11.

8) S. Hist. du nouv. Monde, par *de Laet*. p. 553.

wie Akosta 9) und Garcilasso 10) versichern, daß der Durchmesser von der Spitze des einen bis zur Spitze des andern ausgebreiteten Flügels funfzehn bis sechzehn Fuß betrage. Sie haben einen so starken Schnabel, daß es ihnen leicht fällt, eine Kuhhaut aufzureissen. Zween solcher Vögel können eine Kuh tödten und aufzehren. Sie enthalten sich nicht einmal der Menschen. Glüklicher Weise giebt es nur wenige Greifgeyer. Eine Menge derselben würde bald alles nutzbare Vieh aufzehren 11).

Herr

9) Die Vögel, welche die Peruaner Kondors nennen, sind außerordentlich groß, und so stark, daß sie nicht allein einen Hammel, sondern wohl ein ganzes Kalb aufreißen und verzehren. S. Hist. des Indes, *par Jean Acosta*, p. 197. A. d. V.

10) Diejenigen, welche die Größe des Konturs, welchen die Spanier *Condor* nennen, ausgemessen haben, fanden, daß er seine Flügel sechzehn Fuß breit ausspannen konnte. . . . Sie haben einen so starken und harten Schnabel, daß es ihnen gar nicht schwer fällt, eine Ochsenhaut mit selbigem zu durchbohren. Zween solcher Vögel wagen es schon, eine Kuh, oder einen Stier anzufallen, und sind gar wohl fähig, einen von beyden zu zwingen. Sie haben es schon versucht, junge Knaben, von zehn bis zwölf Jahren, zu ihrer Beute zu machen. Ihr Gefieder gleichet einigermaßen den Elsterfedern. Auf der Stirne haben sie einen Kamm, der sich von den Hanenkämmen dadurch unterscheidet, daß er nicht eingekerbet ist. Ihr Flug ist übrigens zum Entsetzen. Wenn sie sich auf die Erde herab lassen, betäuben sie die Menschen durch das erschreckliche Lärm und Geräusch ihrer Flügel. S. *Hist. des Incas*. Tom. II. p. 201. A. d. V.

11) S. Hist. du nouv. Monde, par *de Laet*. p. 330.

Herr Desmarchais saget ausdrüklich [12]):
„ Diese Vögel haben über achtzehn Fuß im Durch-
„ messer der ausgespannten Flügel, dicke, starke, ha-
„ kenförmige Krallen und bey diesen Waffen so viel
„ Verwegenheit, nach dem Zeugniß der amerikani-
„ schen Indianer, eine Hirschkuh oder andere junge
„ Kuh so herzhaft, als ein Kaninchen, anzufallen
„ und mit sich fortzunehmen. Sie haben ohngefähr
„ die Größe, wie ein Hammel. Ihr Fleisch ist le-
„ derartig und schmecket nach Aas. Sie haben auf-
„ ser einem scharfen Gesicht, einen gesetzten, oft grau-
„ samen Blick Die Wälder besuchen sie gar nicht,
„ weil sie zur Bewegung ihrer grossen Flügel allzu-
„ viel Raum nöthig haben. Desto öfter aber
„ trift man sie an den Ufern des Meeres, grosser
„ Flüsse, und auf natürlichen Wiesen [13])."

Herr

12) S. dessen Reise. Tom. III. p. 321. 322.

13) Auf eben diesen Greifgeyer lassen sich auch folgende Stellen anwenden: „Auf der Insel Loubet, sagt G. Spilberg, an den peruanischen Küsten, fiengen die Bootsknechte zween außerordentlich große Vögel, die eben solche Schnäbel, Flügel und Krallen, wie die Adler, aber einen Hals, wie ein Schaf, und einen Kopf, wie ein kalekutischer Hahn, oder Puter, hatten. Ihre Figur war demnach eben so befremdend, als ihre Größe. S. *Recueil des Voy. de la Compagnie des Indes de Hollande.* Tom. IV. p. 528. . . . In den Vogelbehältnissen des Kaysers in Mexiko, sagt Anton des Solis, fanden sich Vögel von so außerordentlicher Größe und Verwegenheit, daß man sie für Ungeheuer anzusehen pflegte. Sie hatten eine ganz erstaunenswürdige Leibesgestallt, und eine dermaßen unbändige Freßbegierde, daß ein gewisser Schriftsteller von ihnen be-

Herr Gray [14]) und fast alle Naturalisten, welche nach ihm geschrieben haben, als Klein, Halle, Brisson rc. rechnen den Kondor zum Geschlecht der Geyer, weil sein Kopf und Hals ganz von Federn entblösset ist. Man könnte doch aber die Richtigkeit dieser Anordnung noch in Zweifel ziehen, weil er mehr von dem Naturell der Adler, als der Geyer an sich hat. Er ist, wie die Reisebeschreiber sagen, beherzt und ungemein verwegen. Er stößt, ohne weitere Beyhülfe, ganz allein auf einen Menschen, und kann leicht ein Kind von zehn bis zwölf Jahren umbringen [15]). Er macht eine ganze Heerde von Schafen stutzig

behauptet, sie brauchten zu jeder Mahlzeit einen ganzen Hammel. S. *Hist. de la Conquête du Mexique*. Tom. I. p. 5.

14) Hujus generis (Vulturini) esse videtur avis illa ingens Chilensis, *Cuntur* dicta; Avis ista ex descriptione rudi, qualem extorquere potui, quin Vultur fuerit ex *Aurarum* dictarum genere minimè dubito. A nautis ob caput calvum seu implume pro *Gallopavone* per errorem initio habita est, ut & *aura* à primis nostrae gentis (Anglicae) Americae colonis. *Ray Syn. Avium*. p. 11. 12.

15) Es hat sich oftmals zugetragen, daß ein einziger dieser Vögel, Kinder von zehn, bis zwölf Jahren getödtet und gefressen hat. S. *Transact. Philos.* n 208. Sloan. —— Der berühmte Vogel, der in Peru *Cuntur*, oder mit einem veränderten Worte Condor genennet wird, und welchen ich an unterschiedenen Orten auf den Gebirgen der Provinz Quito angetroffen, befindet sich auch, wenn man mir die Wahrheit berichtet hat, in den niedrigen Gegenden der Ufer des Maraguon. Ich habe von diesen Räubern einige über einer Heerde Schafe schweben gesehen, und es ist

stutzig und wählt unter denselben seinen Raub nach eignem Belieben 16). Rehböcke, Hirschkühe, zahme Kühe und grosse Fische tödtet und entführet er ohne Bedenken. Folglich lebt er, wie die Adler, von den Früchten seiner Jagd, von lauter lebendigem Raube, mit gänzlicher Ausschliessung des Aases. Diese Gewohnheiten sind alle mehr den Adlern, als den Geyern

ist wahrscheinlich, daß blos der Anblik des Schäfers sie abhielt, etwas ernstliches zu wagen. Die Meynung ist beynahe durchgängig angenommen, daß dieser Vogel einen Rehebock, zuweilen auch wohl gar ein Kind mit sich durch die Lüfte führet, und zu seiner Beute macht. Von den Indianern wird ihm auf unterschiedene Art nachgestellet. Die witzigste darunter ist, wie man vorgiebt, folgende: Man stellt ihm zur Lokspeise das Bild eines Kindes, von einem sehr klebrichen Thone, vor Augen, worauf er mit einem so schnellen Fluge schießet, und seine Krallen so vest hineinschläget, daß es ihm nicht möglich ist, sie wieder herauszubringen. S. Voyage de *la Riv. des Amazones*, par *Mr. Condam.* p. 172. Der Hr. Kondamine macht sich kein Bedenken daraus, diesen Greifgeyer für den größten Vogel, nicht allein in Amerika, sondern auch unter allen denen zu halten, die sich in die Luft erheben. Diese nähere Bestimmung scheint eine Ausnahme des Straußes in sich zu schlüßen. S. Hrn. de la Kondaminens Reise rc. p. 262. v. B. u. M.

16) „Wenn sie ein Lamm von der Heerde wegnehmen wollen, sagt Hr. Fresier, so stellen sie sich in die Rundung um sie herum, und gehen mit ausgebreiteten Flügeln auf sie loß, damit, wenn sie solche zusammen in die Enge getrieben haben, sich diese nicht wehren können.“ Dieses Vorgeben würde mehr Wahrscheinlichkeit haben, wenn die Greifgeyer den Schäfer nicht fürchten müßten, und nicht vielmehr allein, als in Geselschaft, zu jagen pflegten. M.

Geyern eigen. Indessen scheint mir dieser noch ziemlich unbekannte Vogel, welcher durchgängig überaus sparsam angetroffen wird, doch nicht blos an die südlichen Länder von Amerika gewöhnet zu seyn. Ich bin vielmehr überzeugt, daß er in Afrika eben so wohl, als in Asien und vielleicht wohl gar in Europa, gefunden wird. Garcilasso [17]) hatte Recht, als er behauptete, der Kondor von Peru, oder von Chili wäre der Vogel, welchen die orientalischen Völker *Ruch* oder auch *Roc* zu nennen pflegten, der in den arabischen Geschichten eine grosse Rolle spielt und von Markus Paul beschrieben worden. Es war auch nicht ohne Grund, daß er den Markus Paul mit den arabischen Mährchen zugleich anführte, weil in seinen Erzählungen das Fabelhafte allenthalben hervorsticht. „Auf der Insel Madagaskar, sagt „er, findet sich eine wunderbare Gattung von Vö„geln, die man *Roc* nennet. Sie haben viel Aehn„lichkeit mit einem Adler, sind aber ungleich grösser, „als diese — — denn ihre Schwungfedern sind „wohl sechs Ruthen (Toises) lang und ihr Körper „von einer verhältnißmäßigen Grösse [18]). Sie „haben viel Gewalt und Stärke, daß ein einziger „solcher Vögel, ohne weitere Beyhülfe, sogleich ei„nen Elephanten anhält, mit sich in die Höhe nimmt

 „und

17) *Hist. des Incas.* Tom. I. p. 27.

18) Nach dem Ray hält eine der größten Schwungfedern 1 ½ Schuh im Umfange, und ist an der einen Seite flach, an der andern bauchig, von Farbe schwarzbraun, 3 Quentchen, 17 ½ Gran schwer — Sollte dieses Maas und Gewicht nicht etwas übertrieben seyn? M . . .

„ und wieder auf die Erde fallen läßt, um ihn zu „ tödten, und sich hernach an seinem Fleisch zu sättigen [19].“

Ueber diese Nachricht ist es gar nicht nöthig, erst kritische Betrachtungen anzustellen. Genug, wenn man ihr eine Menge zuverläßigerer Umstände und Begebenheiten entgegen setzet, wie die vorhergehenden waren, und wie alle, die noch folgen sollen, beschaffen sind.

Mir scheint der Vogel, welcher beynahe so groß, als ein Strauß beschrieben war, und von welchem in der Geschichte der Schiffahrten nach den östlichen Ländern [20]) geredet wird, in einem Werk also, das der Herr Präsident von Brosses mit so viel Einsicht und Mühe in Ordnung gebracht, eben der

19) Description geographique &c. par *Marc Paul.* Lib. III. Chap. 40.

20) An den Zweigen des Kalapassenbaums, waren gewisse Nester aufgehänget, welche großen eyrunden Körben ähnlich sahen, die unterwärts offen standen, und aus ziemlich starken Baumzweigen unordentlich zusammengeflochten zu seyn schienen. Ich war nicht so glüklich, auch die Vögel, welche sie erbauet haben mogten, wahrzunehmen; die benachbarten Einwohner versicherten mir aber, sie kämen ziemlich mit der Figur derjenigen Adlergattung überein, welche bey ihnen *Neann* genennt würde. Wenn man die Größe dieser Vögel nach der Größe ihrer Nester beurtheilen darf, so könnten sie nicht viel kleiner seyn, als ein Strauß. S. Hist. des Navigations aux terres australes. Tom. III. p. 104.

der amerikanische Kondor oder der afrikanische Roc' gewesen zu seyn. Ich halte so gar den Raubvogel der Gegenden Tarnasar [21]), einer ostindischen Stadt, der viel grösser ist, als ein Adler, und dessen Schnäbel zu Griffen an Degen gebraucht werden, eben so wohl, als den senegallischen Geyer [22]), welcher Kinder entführet, für unsern beschriebnen Greifgeyer, und zweifle keinesweges, daß der wilde lappländische Vogel [23]), so dick und groß als ein Hammel, wovon Regnard und Martiniere

21) In regione circa *Tarnasar*, urbem Indiae, complura avium genera sunt, raptu praesertim viventia, longè aquilis proceriora: nam ex superiore rostri parte ensium capuli fabricantur. Id rostri fulvum, coeruleo colore distinctum . . . Aliti verò color est niger & item purpureus, intercursantibus pennis nonnullis. *Lud. Patritius apud Gesnerum*. Av. p. 206.

22) In Senegall giebt es Geyer, so groß als die Adler, welche die kleinen Kinder verzehren, wenn sie eines, außer Gesellschaft, antreffen können. S. Voyage *de la Maire*. p. 106.

23) In dem moskowitischen Lappland bemerkt man einen wilden perlfarbigen Vogel, so dick und so groß, als ein Schaf, mit einem Katzenkopf, blitzenden, rothen Augen, einem Adlerschnabel, und eben solchen Füßen und Fängern, als die Adler haben. S. Voy. des pays septentrionaux, par *la Martinière*. p. 76. avec une fig. . . . In Lappland giebt es nicht weniger Vögel, als vierfüßige Thiere. Adler findet man daselbst im Ueberfluß, und unter denselben außerordentlich große, daß einer von ihnen, wie ich schon anderwärts erinnert habe, junge Rennthiere zu entführen im Stande ist, um seinen Horst mit solcher Beute auszuspeisen,

Meldung gethan und dessen Horst oder Nest Olaus Magnus in Kupfer stechen lassen, eben dieser Vogel gewesen. Wir dürfen indessen unsre Vergleichungen so weit nicht zusammen suchen, sondern blos fragen, zu welcher andern Gattung man wohl den deutschen Lämmergeyer zählen solle? Dieser in Deutschland und in der Schweitz zu verschiedenen Zeiten so oft erschienene, den Adler an Größe so weit übertreffende Geyer, kann unmöglich ein anderer Vogel, als der Kondor, seyn. Gesner hat aus einem sehr glaubwürdigen Schriftsteller (dem Georg Fabricius) folgende Nachrichten ertheilet:

Die Bauern zwischen den beyden Städten Nisen und Brezan in Deutschland, verlohren täglich einige Stücken ihres Zuchtviehes. Als in den Wäldern lange vergeblich darnach gesuchet worden, erblickten sie endlich ein sehr grosses auf drey Eichbäumen, aus Ruthen oder aus Reisern und Baumzweigen erbautes Nest, welches einen so grossen Raum einnahm, daß ein Wagen bequem darunter stehen konnte. In diesem Nest fanden sie drey junge Vögel die schon so groß waren, daß der Durchmesser ihrer ausgespannten Flügel an sieben Ellen ausmachte. Sie hatten stärkere Beine, als ein Löwe, und schon so grosse starke Klauen, als die Finger eines Menschen. Es lagen in diesem Nest unterschiedene Kalbs- und Schaffelle

stiken, welchen diese Vögel auf die höchsten Bäume zu bauen pflegen. Daher diese junge Rennthiere beständig von jemanden gehütet werden müssen. S. Regnard Voy. de Lapponie. p. 181.

selbe. Die Herrn Vallmont von Bomare [24]) und Salerne sind mit mir gleicher Meynung, daß der Lämmergeyer der Alpen [25]) eigentlich der peruanische Kondor sey. Er kann, sagt Herr Bomare,

seine

[24]) S. *Vallm. de Bomare* Diction. d'Hist. Nat. Tom. I. Art. *Aigle.*

[25]) Der große Raubvogel, welcher gemeiniglich der Lämmergeyer genennet wird, horstet auf den höchsten Felsen. Es ist ein Adler von der allergrößten Art, dessen ausgespannte Flügel zwölf, bis vierzehn Fuß im Durchmesser haben. Dieser Tyrann der Lüfte verfolgt aufs grausamste die Heerden der Ziegen und Schafe, die Gemsen, Hasen und Murmelthiere 2c. S. Geogr. exacte & complete de la Suisse &c. *par M. Faesi.* I. Part. à Zurch. 1765. & *Gazett. de l'Eur.* 65. Mars. p. 46. Wenn er an einem steilen Felsen ein Thier wahrnimmt, welches ihm zum bequemen Raube zu stark vorkömmt, so richtet er seinen Schwung so ein, daß er das Thier in einen Abgrund stürzet, um seine Beute mit Bequemlichkeit verzehren zu können. Wenn man den Unterschied in den Farben ausnimmt, so passet alles, was man vom Greifgeyer saget, auf den sogenannten Lämmergeyer der Alpen. Einer von der größten Art wagte sich in der Schweitz noch vor wenigen Jahren an ein dreyjähriges Kind, und würde selbiges zuverläßig mit genommen haben, wenn der Vater, auf das Geschrey seines Kindes, nicht mit einem tüchtigen Prügel zu Hülfe geeilt wäre. Weil nun dieser Vogel sich von der platten Ebene nicht leicht in die Höhe schwingen konnte, so fiel der Vater den Räuber an, der seine Beute fahren ließ, um sich zu vertheidigen, nach einem hartnäckigen Streit aber, unter wiederhohlten Schlägen, todt auf der Stelle niedersank. Die Gouverneurs in der Schweitz theilen oft ansehnliche Belohnungen unter diejenigen aus, welche dergleichen schädliche Thiere zu tödten wagen. v. *Cours de Hist.*

seine Flügel vierzehn Fuß weit ausbreiten und führet einen beständigen Krieg mit Ziegen, Schafen, Gemsen, Hasen und Murmelthieren.

Herr Salerne giebt uns auch noch von einem besondern und ganz zuverläßigen Vorfall Nachricht, welcher allerdings verdienet, in seinem ganzen Umfang noch erzählet zu werden. „Im Jahr 1719 tödtete „Herr Deradin, der Schwiegervater des Herrn „Du Lak, auf seinem Schloß zu Mylourdin, im „Kirchspiel St. Martin d'Abat, einen Vogel, der „achtzehn Pfund wog und seine Flügel achtzehn Fuß „breit ausspannen konnte. Er schwebete seit eini„gen Tagen um einen Teich herum, und wurde mit „zwo Kugeln unter dem Flügel verwundet. Sein „Körper war oberwärts schwarz, grau und weiß ge„schäkt, am Bauch aber scharlach roth, und hatte „krause Federn. Man speisete davon so wohl auf „dem Schlosse zu Mylourdin, als auf Chateau „neuf sur Loire. Sein Fleisch wurde sehr hart „und an Geschmack ziemlich muldrig befunden. „Ich habe nur eine der kleinsten Flügelfedern dieses „Vogels gesehen und untersuchet. Sie war dicker, „als die stärkste Schwanenfeder. Dieser seltsame „Vo-

Hist. Nat. Tom. III. p. 217 rc. Auf der Insel Zetland in Schottland ist ebenfalls ein Gesetze gemacht, daß jeder Hausvater selbigen Distriktes, demjenigen eine Henne geben soll, der einen dieser grausamen Hammeldiebe getödtet hat. S. Thomas Preston in den Philos. Transact. No. 473. S. 62.

M ...

„Vogel scheinet wohl der so genannte Kuntur oder „Kondor zu seyn [26]).“

In der That kann die Eigenschaft seiner ausserordentlichen Größe als ein entscheidender Charakter betrachtet werden. Und obgleich der Lämmergeyer der Alpen vom peruanischen Kondor in Ansehung der Farben des Gefieders unterschieden ist, so kann man doch nicht umhin, sie zum wenigsten so lange für Vögel von einerley Gattung zu halten, bis man von einem und dem andern eine genauere Beschreibung erhält.

Die Nachrichten der Reisebeschreiber melden einstimmig, daß der peruanische Kondor so schäckicht, als ein Elster, oder schwarz und weiß gemischt sey. Der grosse Vogel, den man in Frankreich auf dem Schlosse zu Mylourdin geschossen hatte, war ihm folglich nicht allein in der Größe, weil er seine Flügel achtzehn Schuhe breit ausspannen konnte, und achtzehn Pfunde wog, sondern auch in Ansehung der schwarz und weiß gemischten Farben, vollkommen ähnlich. Daher läßt sich aus höchst wahrscheinlichen Gründen schlüssen, daß diese vorzügliche Hauptgattung von Vögeln, zwar nicht sonderlich zahlreich, aber doch auf dem alten und neuen vesten Lande hin und wieder vertheilet sey. Da sie auch ihren Unterhalt in allerley Arten von Beute finden und kein ander Geschöpf, als die Menschen zu fürchten haben, so

26) S. Ornithol. de Salerne. p. 10.

enthalten sie sich der bewohnten Oerter und werden blos in grossen Wüsteneyen oder auf hohen Gebirgen angetroffen [27]).

[27]) Die Wüsteneyen der peruanischen Provinz Pachakamak sind vermögend, einen geheimen Abscheu einzuflößen, weil man darinn keinen einzigen Vogel singen höret. In dieser ganzen Kette von Gebirgen ist mir weiter kein Vogel zu Gesichte gekommen, als der sogenannte Kondur, welcher so groß ist, als ein Schaf, auf den ödesten Bergen sich aufhält, und sich von Würmern erhält, welche häufig im Sande sich erzeugen. S. *Nouveau Voy. autour du Monde*, par le Gentil. Tom. I. p. 129. Im Herbste, und des Nachts sollen sie, wie Halle l. c. sagt, an den Küsten auch Austern und Fische fangen. v. B. u. M.

Von den
Hünergeyern und Weyhen.

Die Hünergeyer und Weyhen, als unedle, schmutzige und niederträchtige Vögel, müssen billig auf die Geyer folgen, weil sie diesen, in Ansehung der natürlichen Eigenschaften und Sitten, am ähnlichsten sind. Obgleich den Geyern wenig Großmuth eigen ist, so muß man ihnen doch wegen ihrer Größe und Stärke schon einen sehr ansehnlichen Rang unter den Vögeln einräumen. Die Hünergeyer und Weyhen, die sich dieses Vorzuges nicht rühmen dürfen und viel kleiner, als jene sind, ersetzen, was ihnen von dieser Seite fehlt, und übertragen diesen Vortheil noch, durch ihre zahlreichere Menge. Allenthalben sind sie viel gemeiner und beschwerlicher, als die Geyer. Sie wagen sich öfter und näher an bewohnte Oerter, als diese, bauen auch ihre Nester an viel zugänglichern Oertern. Es ist etwas ungemein Seltnes, einige dieser Vögel in wüsten Gegenden zu erblicken. Sie pflegen durchgängig fruchtbare Hügel und Ebenen unfruchtbaren Bergen vorzuziehen; weil ihnen jede Beute gleich angenehm ist, und alles, was ihnen vorkömmt, für sie eine dienliche Nahrung ausmachet; weil auch überdies jedes Erdreich desto mehr von Insekten, kriechenden Thieren, Vögeln und kleinen vierfüßigen Thieren bevölkert ist, je mehr es Pflan-

Pflanzen und Gewächse hervorbringet. Ihr gewöhnlicher Aufenthalt ist an den Füßen der Berge, und in solchen Gegenden, wo das häufigste Wildprett, Federvieh und Fische zu finden sind. Man kann sie weder beherzt, noch zaghaft nennen. Sie besitzen eine gewisse dummdreuste Frechheit, welche ihnen das Ansehen einer gelassenen Verwegenheit ertheilet, und sie von aller Kenntniß drohender Gefahren zu entfernen scheint. Man kann sich ihnen weit leichter nähern und sie viel bequemer umbringen, als die Adler und Geyer. Wenn sie eingekerkert werden, sind sie weniger, als irgend ein anderer Raubvogel einiger Abrichtung fähig; daher man sie von je her aus der Liste der edlen Vögel ausgestrichen und aus den Falkenierschulen verbannet hat. Von alten Zeiten her ist ein im höchsten Grad unverschämter Mensch mit einem Hünergeyer und eine auf eine traurige Art viehische Weibsperson mit einer Weyhe verglichen worden [28]).

Obgleich diese beyde Vögelarten der Hünergeyer und Weyhe, sich in Ansehung des Naturells, der Größe und des Körpers [29]), der Form des Schnabels

[28]) So sehr ich mich auch bemühet, von diesem Gleichniß einen deutlichen Begriff zu bekommen, so ist es mir doch eben so unmöglich gewesen, das eigentliche tertium comparationis, als in andern Schriften die Erklärung, besonders des letzten Vergleichs, zu finden. M.

[29]) *Miluus regalis* magnitudine & habitu *Buteoni* conformis est . . . *Crura* illi sunt crocea, humiliora, buteonis utcrû poplites propendentibus plumis, similiter ferrugineis alaris, obteguntur. *Schwenkf. Aves Siles.* p. 303.

bels und vieler anderer Eigenschaften, ziemlich gleichen, so läßt sich doch der Hünergeyer sehr leicht, sowohl von den Weyhen, als von allen andern Raubvögeln, durch einen einzigen Charakter unterscheiden, den man gar nicht mühsam entdecken darf. Sie haben einen gabelförmigen Schwanz, dessen mittlere Federn weit kürzer sind, als an den Seiten und folglich Mitten einen in der Ferne schon deutlich wahrzunehmenden Zwischenraum lassen, welcher zu dem uneigentlichen Zunamen des Adlers mit dem gabelförmigen Schwanz [30]), Anlaß gegeben. Er ist auch verhältnißmäßig mit weit längern Flügeln, als die Weyhen, versehen, und kann viel hurtiger, als diese, im Flug fortkommen. Ueberdies bringt ein Hünergeyer sein ganzes Leben in den Lüften zu, fast niemals pflegt er sich zu setzen und jeden Tag unermeßliche Räume zu durchstreichen. Diese beständige Bewegung hat nicht etwan eine Uebung in der Jagd, eine Verfolgung des Raubes, oder gewisse Entdeckungen zur Absicht, weil die Hünergeyer gar nichts von der Jagd wissen; sondern es scheint, als ob sie natürlicher Weise beständig herumfliegen müßten und im Flug ihre liebste Stellung fänden. Man kann sich bey der Art ihres Fluges unmöglich der Verwunderung enthalten. Ihre lange schmale Flügel scheinen ganz unbeweglich zu seyn; der Schwanz hingegen ist unaufhörlich in Bewegung, und scheint alle ihre Wendungen und Schwingungen zu regieren. Es wird ihnen gar nicht schwer, sich in die

30) Aigle à queue fourchue.

die Luft zu erheben und sie können sich mit einer Leichtigkeit aus den Höhen herablassen, als ob sie von einer schregen Ebne herunter glitschten. Sie scheinen in der Luft vielmehr zu schwimmen, als zu fliegen. Bald schiessen sie hurtig fort, bald lassen sie nach und schweben ganze Stunden lang über einer Stelle, ohne daß man auch nur die geringste Bewegung ihrer Flügel wahrnehmen könnte.

XXIV.

Tab. XXI. Der Hunergeyer. Pag. 267.

Büff. Naturh. d. Vögel I. T.

XXIV.

Der Hünergeyer [31]).

(Man sehe nach die 422te illuminirte grosse und unsre XXIte Kupferplatte.)

In unserm Himmelsstrich giebt es nicht mehr als eine Gattung von Hünergeyern, welche von unsern Franzosen Milan royal oder der königliche Geyer genennt wird, weil er zum Vergnügen der Prin-

31) Der Hünergeyer. M. Der Weihe, mit gablichtem Schwanze und Fischerhosen. Hallens Vögel. p. 212. n. 146. Der Scheerschwänzel. Kleins Vogelhist. p. 96. n. XIII. Der Weyhe, Weiher, Hünerdieb. Eberhards Thiergesch. p. 67. Stoßer, Weyhe. Glente. S. Pontopp. Dänn. p. 165. Franz. *Milan royal.* Alt Französ. *Escouffe, Escouffle. Huan. Milion.* Lat. *Milvus.* Von den Kreisen, welche dieser Vogel in der Luft beschreibet, wird er auch *Circumforaneus, Circus, Κίρκος.* Ital. *Milvio, Nibbio, Poyana.* Span. *Milano.* Holl. *Wouwe, Wou.* Engl. *Kite,* oder *Glead.* Pohln. *Kania.* Schwed. *Glada.* Griech. Ἰκτῖν genannt. Diese Benennung bedeutet so viel, als Iltis (Putois), und ist wahrscheinlicher Weise diesem Vogel von den Griechen beygeleget worden, weil er den Hünern, und anderm Federvieh eben so gefährlich und tödlich ist, als der Iltis. Die Lateiner nennen ihn *Milvus*, quasi *mollis avis*, wegen sei-

Prinzen diente, welche mit Falken oder Sperbern auf ihn jagten und ihren Kampf begierig mit ansahen. In der That ist es kein gemeines Vergnügen, zu sehen, wie dieser feige Vogel, dem es weder an Waffen und Stärke, noch an Flüchtigkeit fehlet, um sich muthig beweisen zu können, dennoch dem Kampf bestürzt auszuweichen und dem viel kleinern Sperber zu entfliehen sucht, indem er in einem beständigen Wirbel sich in eine Höhe schwinget, wo er sich in den Wolken verbergen kann, bis der Sperber ihn erreichet, ihn unablässlich mit seinen Flügeln, Fängern und Schnabel bekämpfet und endlich mit sich, als eine nicht so wohl verwundete, als zerschlagne, und mehr aus Furcht, als durch Stärke überwundne Beute, zur Erde herabstürzet.

Der

seiner bekannten Feigheit. Die altfranzös. Namen *Huan*, oder *Huo*, und das holländ. *Wouwe*, scheinen von dem Ton seines Geschreyes *Hu-o* ihren Ursprung herzuleiten. Der engl. Name *Glead*, und das Schwedische *Glada* kommen vielleicht daher, weil der Hünergeyer beständig durch die Luft zu glitschen scheinet. *Milion* ist eine Verstümmelung des Wortes *Milan*. Cf. *Belon*. Hist. Nat. des Oiseaux p. 129. *Albini Aves*. Tom. I. p. 4. (illumin. Kupferpl.) *Milan royal*. *British Zoology*. Pl. A. 2. mit illumin. Fig. Milvus regalis *The Kite*. Brisson. *Ornith*. Tom. I. p. 118. n. 35. Id. nom. Milvus *Gesn*. p. 610. *Aldr*. p. 392. *Johnst*. *Sibb*. *Raji*. p. 17. Milvus vulgaris caudâ forcipatâ. *Willughb*. Ornith. 41. Tab. 6. Accipiter ignavus f. Lanarius rubeus Alb. *Schwenkf*. Falco caudâ forcipatâ. *Klein* l. c. Falco albicans. *Barr*. *Falco Milvus*. Linn. *Syst*. *Nat*. XII. p. 126. n. 12. *Fauna* Suec. §. 57. *Cours d'Hist. Nat*. Tom. III. p. 208. v. H. u. M.

Der Hünergeyer, dessen ganzer Körper nicht über zwey und ein halbes Pfund wieget, und dessen Länge, von der Spitze des Schnabels bis an die Fußsohlen, nicht über sechszehn bis siebenzehn Zoll beträgt [32]), kann doch seine beyde Flügel beynahe fünf Fuß weit ausspannen. Die kahle Haut, welche die Wurzel des Schnabels bedecket, ist von gelber Farbe, wie der Augenring und seine Füße, der Schnabel hornfarbig und gegen die Spitze schwärzlich, die Fänger aber sind ganz schwarz. Er hat ein eben so durchdringendes Gesicht, als einen raschen Flug, und schwebet oft in einer Höhe, die unser Blick nicht zu erreichen vermag. Von dieser Höhe spüret er mit seinen Augen dennoch seine Beute und seine Nahrung aus und stösset auf alles, was er ohne Widerstand fortschleppen und verschlingen kann. Er wagt sich nur an die kleinsten Thiere und an die schwächsten Vögel, besonders haben die jungen Küchelchen alles von ihm zu fürchten. Allein der blosse Zorn und Eifer ihrer Mutter ist schon hinlänglich, einen so feigen Räuber abzuschrecken und zu verjagen [33]).

„Die

31) Hr. Halle sezt seine Länge, von der Schnabelspize bis zum Schwanz, auf 28 Zoll, die Ausspannung seiner Flügel auf 64 Zoll. M . . .

32) Vor Entzückung, wenn er eben eine Beute zu erhaschen Gelegenheit gehabt, soll er ein helles Geschrey hören lassen. M . . .

„Die Hünergeyer, schreibt einer von meinen „Freunden 34), sind unter allen die feigesten Vögel. „Ich habe gesehen, daß ihrer zween einen Raubvogel, „mehr in der Absicht verfolgten, ihm seinen Raub „abzujagen, als auf ihn zu stossen, und sie waren „doch nicht einmal fähig, ihre Absicht zu erreichen. „Die Raben bieten ihnen troß, und jagen auf diese „zaghafte Räuber, die eben so gefräßig und unersätt„lich, als feigherzig sind. Ich bin ein Augenzeuge, „daß sie von der Fläche des Wassers kleine todte, „halb verfaulte Fische gehohlt und geschmauset ha„ben. Einen andern Hünergeyer traf ich, als er in „seinen Krallen eine lange Schlangenart mit sich „fortnahm. Bey noch andern sah ich, wie sie auf „den Aesern verrekter Pferde und Ochsen sich etwas „zu gute thaten. Von einigen habe ich wahrge„nommen, daß sie auf das Geschling oder Eingewei„de, das einige Weiber an einem kleinen Flusse wa„schen und reinigen wollten, plötzlich herabschossen, „und es ihnen beynahe von der Seite hinwegrissen. „Ich ließ mir einmal einfallen, einem jungen Hü„nergeyer, welchen die Kinder in dem Hause, wo „ich wohnte, aufzogen, eine ziemlich grosse junge „Taube vorzuhalten, die er sogleich ganz und mit al„len Federn verschlukte."

Diese Gattung von Geyern ist in Frankreich, besonders in den Provinzen Franche-Comté, Dauphiné, Bugey, Auvergne und allen andern sehr gemein, die sich in der Nähe von Gebirgen befinden. Sie

34) Hr. Herbert, den ich schon als einen großen Beobachter der Vögel angeführet.

Sie gehören eigentlich nicht unter die Zugvögel, denn sie bauen hier zu Lande ihre Nester in die Felsenklüfte. Der Verfasser der brittischen Zoologie, Herr Pennant, saget [35]) ebenfalls, daß sie auch in Engelland horsten und sich das ganze Jahr hindurch daselbst aufhalten [36]). Die Sie leget zwey bis drey Eyer, die, nach Art aller Eyer der fleischfressenden Vögel, runder sind, als die Eyer der Hüner. Die Eyer des Hünergeyers haben eine weißliche mit blaßgelben Flecken vermischte Farbe. Gewisse Schriftsteller haben behauptet, er baue sein Nest in den Wäldern auf alte hohe Fichten oder Eichen. Wir können aber, ohne dieses Vorgeben völlig abzuleugnen, versichern, daß man sie gemeiniglich nur in Felsenlöchern entdecket.

Die Gattung scheint im ganzen alten vesten Lande von Schweden bis nach Senegal vertheilet zu seyn [37]); Ich weiß aber nicht gewiß, ob sie sich auch im neuen vesten Lande befindet, weil die amerikani-

 schen

35) Some have supposed these to the Birds of passage but in England they certainly continue the whole Year. *British Zoology*. Spec. VI. *The Kite.*

36) Privilegio munitus Londini. *Bellonii* Iter. p. 108. Vorat quisquilias, pullos gallinaceos, *tempestates praesagit*; suprà nubes volitans serenitatem aëris, clamore pluvias. *Linn.* M.

37) Es ist wohl kein Zweifel, daß der Hünergeyer sich in den nördlichen Ländern ebenfalls aufhält, weil der Archiater von Linné denselben in seinem Verzeichniß schwedischer Vögel, unter der Benennung: Falco cerâ flavâ, caudâ forcipatâ, corpore ferrugineo, capite albidiore (Faun. Suec. n. 59) ebenfalls anführet. Die Zeugnisse reisender Ge-

schen Berichte derselben gar nicht Erwähnung thun. Es giebt aber einen gewissen Vogel, der in Peru zu Hause gehören soll, und in Karolina blos zur Sommerszeit wahrgenommen wird. Er hat einen eben so gabelförmigen Schwanz, als der Hünergeyer. Herr Katesby hat ihn unter dem Namen des Habichts mit dem Schwalbenschwanz [38]), und Brisson un-

Gelehrten beweisen zugleich, daß er sich auch in den wärmsten afrikanischen Provinzen aufhält. In Guinea, sagt Hr. Boßmann, findet man auch noch eine Gattung von Raubvögeln, welches die eigentlichen Hünergeyer sind. Sie nehmen, außer den Küchelchen, oder jungen Hünern, von deren Raube sie den Beynamen erhalten, alles mit, was sie nur entdecken und erhaschen können, es mag Fleisch, oder es mögen Fische seyn. Dabey sind sie dermaßen dreuste, daß sie oftmals den Weibern der Neger, die Fische, welche sie auf den Markt zum Verkauf bringen, und auf den Straßen ausrufen, unter den Händen wegstehlen. S. Voyage de Guinée. p. 278. Nicht weit von der senegallischen Wüste, sagt ein anderer Reisender, findet man einen Raubvogel von der Gattung der Hünergeyer, welchen die Franzosen *Ecouffe* zu nennen pflegen . . . Seinem Heißhunger ist jede Art von Speisen willkommen. Vor Schießgewehr ist er nicht sonderlich schüchtern. Sowohl gekochtes, als rohes Fleisch reitzt seine Freßbegierde so heftig, daß er den Botsleuten zuweilen den Bissen vor dem Munde wegnimmt. S. *Hist. générale des Voyages*, par M. l'Abbé *Prevost*. Tom. III. p. 306.

38) Hist. Nat. de la Caroline, *par Catesby*. Tom. I. p. 4. Pl. 4. mit einer illuminirten Kupferplatte. Seeligmans Vögel. I Th. Tab. VIII. Accipiter caudâ furcatâ. Epervier à queue d'Hirondelle. N. Die Beschreibung dieses Vogels hat man im folgenden Band unter den fremden Vögeln zu suchen. v. B. u. M.

unter der Benennung des karolinischen Geyers 59) beschrieben. Ich bin sehr geneigt zu glauben, daß es eine mit unserm Hünergeyer verwandte Gattung sey, welche dessen Stelle im neuen vesten Lande vertreten mag.

Es giebt aber auch eine andere noch näher verwandte Gattung, die sich in unserm Himmelsstrich als ein Zugvogel sehen läßt, und gemeiniglich der schwarze Hünergeyer genennet wird.

59) *Briss. Av.* Tom. I. p. 118. n. 36. Ed. Paris. p. 418. Milvus Carolinensis. Milan de la Caroline.

XXV.

Der schwarze Hünergeyer *).

S. die 472te illuminirte Kupferplatte.

Aristoteles unterscheidet diesen Vogel vom vorhergehenden, den er schlechtweg Milvus oder Hünergeyer nennet, da er hingegen diesen mit dem Beynamen des ätolischen Hünergeyers beleget [41]), weil er zu seiner Zeit in Aetolien wahrscheinlicher Weise viel gemeiner war, als anderwärts. Bellonius gedenkt ebenfalls dieser beyden Hünergeyer [42]); er irret aber darinn, wenn er den ersten (Milan royal) für schwärzer, als den zweeten ausgiebt, den er demohnerachtet

*) Der ätolische, schwarze Hünergeyer. Der Mäuseadler, oder Aar. *Brisson.* Aves. Tom. I. p. 117. n. 34. Milvus niger. Le Milan noir. *Belon.* Hist. Nat. des Ois. p. 131. Id. nomen. Milvus. *Charlet.* Milvus aetolius. *Aristot.* & *Aldrov.* Milvus niger. *Schwenckf. Sibb. Rzac.* Milvus. Primum genus *Johnst.* Holl. *Kuken - Dieff.* Engl. *Black - Gled.* Buff. *Ornith.* Tom. I. p. 286. Milan noir ou Etolien d'Aristote. *Cours d'Hist. Nat.* Tom. III. p. 207. M . . .

41) Pariunt *Milvi* ova bina magnâ ex parte, interdum tamen & terna, totidemque excludunt pullos; sed qui *Aetolius* nuncupatur, vel quaternos aliquando excludit. *Aristot.* Hist. Animal. Lib. VI. Cap. 6.

42) loco allegato.

erachtet den schwarzen genennet hat. Vielleicht ist es ein blosser Drukfehler; denn es ist ausgemacht, daß der gewöhnliche Hünergeyer vom andern an Schwärze weit übertroffen wird. Indessen hat keiner von den alten, oder auch neuern Naturforschern den sichtbarsten Unterschied unter diesen beyden Vögeln angedeutet, welcher darinn bestehet, daß der eigentliche Hünergeyer einen gabelförmigen, der schwarze hingegen einen in seiner ganzen Breite beynahe völlig gleichen Schwanz hat. Beyde Vögel können aber deswegen gar wohl sehr verwandte Gattungen seyn, weil sie, bis auf die Form des Schwanzes, in allen andern Charakteren mit einander übereinkommen. Der gegenwärtige ist zwar etwas kleiner und schwärzer, als der vorhergehende, doch sind an seinen Farben die Federn eben so vertheilet, die Flügel eben so schmal und lang, der Schnabel eben so gestalltet, die Federn eben so schmal und länglich, und alle seine natürliche Gewohnheiten mit der Lebensart eines eigentlichen Hünergeyers vollkommen übereinstimmend.

Aldrovandus versichert, die Holländer nennten diesen schwarzen Hünergeyer *Kuiken-Dief* oder den Räuber junger Hüner, und er wäre, wenn ihn gleich der schwalbenschwänzige an Größe überträfe, dennoch stärker und geschwinder, als dieser; Schwenkfeld giebt ihn dagegen für schwächer und feiger aus, und sagt, er jage blos auf kleine Feldmäuse, Heuschrecken und kleine Vögel, die zum ersten mal ihr Nest verlassen. Er füget noch hinzu, daß diese Gattung in Deutschland sehr gemein sey. Ohne dieses zu leugnen, wissen wir doch zuverläßig, daß der schwarze Hünergeyer in Frankreich und Engelland viel seltner, als der schwalbenschwänzige ist. Dieser

gehöret

gehöret unter die Vögel des Landes, welche sich das ganze Jahr hindurch bey uns aufhalten. Der schwarze hingegen ist ein Zugvogel, der im Herbst unsern Himmelsstrich verläßt, um in wärmere Länder zu ziehen. Bellonius war ein Augenzeuge von ihrem Zug aus Europa nach Egypten. Sie versammlen sich Heerdenweise, und ziehen zur Herbstzeit in zahlreichen langen Reihen über den Pontus Euxinus 43); im Anfang des Aprils kommen sie wieder in eben der Ordnung zu uns nach Europa zurück. Den ganzen Winter hindurch ist Egypten ihr Aufenthalt. In diesem Lande sind sie so zahm, daß sie die Städte besuchen und sich in die Fenster bewohnter Häuser setzen. Sie haben einen so sichern Blick und Flug, daß es ihnen gar nicht schwer fällt, Stücken Fleisch, die man ihnen vorwirft, in der Luft aufzufangen.

43) Migrat trans Pontum Euxinum in Asiam; ultimo Aprilis tot Pontum Euxinum praetervolantes vidit per 14 dies, ut numerum hominum superaret, *Bellonius*. *Linn*. Syst. Nat. l. cit. M . . .

Ende des Ersten Theils.

1772.

Nachricht.

Um einigen unserer Leser die Einrichtung dieser Büffonschen Naturgeschichte der Vögel deutlich, die Vorzüge der deutschen Uebersetzung aber vor dem Original desto begreiflicher zu machen, hat es mir nothwendig zu seyn geschienen, folgende Punkte nicht unerinnert zu lassen, daß nämlich

1.) Die Nummern der bey jedem Vogel, unter seiner Benennung, angeführten illuminirten Platten sich auf das grosse Vogelwerk des Hrn. von Büffon beziehen, wovon der Herr Uebersetzer im Entwurf des ganzen Werkes S. XVII. in der 8ten Anm. einige Nachricht gegeben.

2.) Daß alle im vorstehenden Innhalte dieses Bandes mit einem * bezeichnete Platten im Original der kleinen Büffonischen Vogelgeschichte nicht enthalten, sondern als Vermehrungen zu betrachten sind, welche ich zur mehrern Vollständigkeit unsrer deutschen Uebersetzung aus dem grossen illuminirten Werke des Herrn von Büffon, aus den prächtigen Werken des Ratesby, Edwards und Frisch getreulich nachzeichnen und stechen lassen.

3.) Daß die an unterschiedenen Orten vorkommende lateinische Noten aus diesem Grunde nicht übersetzet worden, weil der Hauptinnhalt allemal schon im Text enthalten ist, und Herr von Büffon mit Fleiß die eignen Worte des Aristoteles, Schwenkfeld, Albinus ꝛc. unverändert beyfügen wollen, damit man sehen möge, aus welchen Quellen er geschöpfet und wie er seine Vorgänger bey seiner mühsamen Arbeit genutzet habe.

4.)

4.) Daß dieser Theil, dessen Abdruck sehr zeitig vollendet war, aus diesem Grunde nicht eher abgeliefert werden konnte, weil ich unterschiedene Abbildungen fremder Vögel erst auf eine mühsame Art herbeyschaffen, zeichnen und in Kupfer stechen lassen mußte.

5.) Daß nunmehr der Vte Theil der allgemeinen Naturgeschichte, nach diesem aber der IIte Theil von den vierfüßigen Thieren, und so bald, als dieser vollendet ist, der IIte Theil von den Vögeln und so fort, in gleicher Ordnung, gedruckt werden sollen. Ob der Herr Uebers. auch bey diesem Bande so viel Eyfer und Mühe, als in den vorigen, bewiesen, davon will ich das Publikum selbst urtheilen lassen. Wenigstens ist gegenwärtiger Band, so wohl durch 14 Kupfertafeln, als durch viel Anmerkungen und Zusätze ansehnlich bereichert und von meiner Seite nichts gesparet worden, was zu einer günstigen Aufnahme eines so gemeinnützigen Werkes etwas beytragen kann. Berlin, den 9. Septbr. 1772.

Joachim Pauli.

www.ingramcontent.com/pod-product-compliance
Lightning Source LLC
Chambersburg PA
CBHW021402210326
41599CB00011B/976

* 9 7 8 3 7 4 3 4 7 1 1 9 1 *